套管钻井管柱优化设计与可靠性分析

宋生印 林元华 刘 强 等著

石油工业出版社

内 容 提 要

本书系统介绍了套管钻井管柱优化设计及完钻后剩余强度、疲劳寿命预测评估。主要内容包括：套管钻井管柱屈曲、弯曲行为；摩阻和扭矩计算模型方面的研究成果及数值分析软件开发；钻井套管螺纹接头有限元分析及套管钻井管柱振动与减振技术；套管钻井套管柱与岩石间磨损的试验研究及完钻后套管及接头的剩余强度、套管钻井管柱和接头的疲劳寿命及不同存活度下的可靠性分析；套管钻井作业参数优化选择方法以及套管钻井专用螺纹脂。

本书适于钻完井工程技术人员阅读。

图书在版编目(CIP)数据

套管钻井管柱优化设计与可靠性分析 / 宋生印等著
. —北京：石油工业出版社，2019.10
ISBN 978-7-5183-3625-8

Ⅰ. ①套… Ⅱ. ①宋… Ⅲ. ①套管钻井-套管柱-最优设计②套管钻井-套管柱-可靠性-分析Ⅳ.
①TE925

中国版本图书馆 CIP 数据核字(2019)第 212188 号

出版发行：石油工业出版社
（北京安定门外安华里 2 区 1 号楼　100011）
网　　址：www.petropub.com
编辑部：(010)64523583　图书营销中心：(010)64523633
经　　销：全国新华书店
印　　刷：北京中石油彩色印刷有限责任公司

2019 年 10 月第 1 版　2019 年 10 月第 1 次印刷
787×1092 毫米　开本：1/16　印张：14.25
字数：340 千字

定价：70.00 元
（如出现印装质量问题，我社图书营销中心负责调换）

《套管钻井管柱优化设计与可靠性分析》
编 写 组

组　　长　　宋生印

副组长　　林元华　刘　强

成　　员　　刘养勤　杨　钊　冯　春　王　　鹏　韩新利

　　　　　　刘文红　潘志勇　王建军　李东风　王　力

　　　　　　王耀光　林　凯　覃成锦　李　　磊　白　强

　　　　　　李广山　齐月魁　申昭熙　上官丰收　李德君

前　　言

　　套管钻井作为一种十分新颖并富有创造性的新技术，已经引起国内外石油企业的高度重视，其改变了常规钻井的作业方式，将井下破岩钻进和下套管作业同步进行，具有钻井与完井一体化的技术特征。与传统的钻井方式相比，套管钻井技术具有许多优点，最为明显的三大优点是：（1）大大降低钻井成本。加拿大和美国根据套管钻井经验进行经济分析，认为利用套管钻井技术可以降低钻井成本30%~50%。（2）减少井眼复杂问题，提高井身质量。套管钻井技术利用独特的边钻进边下套管，大大降低了井下复杂事故的发生。（3）钻机更加轻便，简化装备结构，易于搬迁和操作。

　　近年来，中国三大油公司都纷纷开展套管钻井研究和应用。中国石油所属的吉林油田既开展了表层套管钻井又开展了油层套管钻井，大庆油田开展尾管套管钻井，大港油田在滩海开展批钻表层套管钻井。中国石化在河南油田开展了表层套管钻井工作。中海油在塘沽分公司开展了海上表层套管钻井工作。据不完全统计，国内采用套管钻井施工了近百口井，取得了很好的经济效益。中国石油集团石油管工程技术研究院重点在套管钻井套管柱优化设计和寿命评估方面开展系统研究。

　　地面驱动式套管钻井（目前我国大都采用该技术），无论是顶驱还是转盘驱动，必须要通过旋转井下套管柱来传递扭矩以实现破岩钻进。因此，套管钻井时，作为钻柱的套管柱要受到拉、压、弯、扭、振动等复杂载荷的联合作用。而套管钻井中的套管柱，不仅仅要保证钻井作业的正常进行，还必须确保套管在完钻后具有足够的剩余强度和剩余寿命以便能完成后续的固井、完井以及生产作业。也就是说下列问题成为油田工程部门关心的核心技术问题：如何优化选择和设计套管及螺纹？如何评价其屈曲、弯曲、摩阻、磨损后的剩余强度和疲劳寿命？如何从设计、选材入手，确保套管钻井完钻后具有足够的强度和寿命以满足油气井井筒完整性和安全可靠性？如何选择合适的套管钻井作业工艺参数及配套的关键技术？本书的目的就是要回答这些技术问题，帮助钻井工程技术人员选好、设计好套管钻井管材，用好套管钻井技术。

本书以作者承担的国家"863"项目和中国石油天然气集团有限公司相关科研项目及其成果总结提炼而成。第一章介绍了国内外套管钻井技术研究与应用现状及技术进展；第二章、第三章分别介绍了套管钻井管柱屈曲、弯曲行为，摩阻和扭矩计算模型方面的研究成果及数值分析软件开发；第四章、第五章介绍了钻井套管螺纹接头有限元分析及套管钻井管柱振动与减振技术研究；第六章、第七章介绍钻井套管与岩石间磨损的试验研究及钻井后套管及接头的剩余强度；第八章、第九章介绍套管钻井管柱和接头的疲劳寿命及不同存活度下的可靠性分析；第十章介绍套管钻井作业参数优化选择方法；第十一章介绍套管钻井专用螺纹脂的研究开发。

本书在编写过程中，得到了中国石油集团石油管工程技术研究院、吉林油田钻井院、大港油田工程院、大庆油田钻井院等单位相关领导和同志的帮助与支持，在此表示衷心的感谢！由于笔者水平有限，书中难免存在疏漏和错误之处，敬请读者批评指正！

目　　录

第一章　套管钻井技术简介

套管钻井作为一种十分新颖并富有创造性的新技术，已经引起国内外石油企业的高度重视。套管钻井技术是指在钻进过程中用套管代替传统的钻杆，通过套管向井下传递水力和机械能量的一种新型钻井技术，完钻后井内套管柱用作固井套管。套管钻井改变了常规钻井的作业方式，将井下破岩钻进和下套管作业同步，具有钻井与完井一体化的技术特征，既可降低工程费用，又可减少井下复杂和事故的发生，当然，也降低了钻杆相关的费用，因而具有良好的发展和应用前景。

套管钻井技术的产生为钻井技术的发展带来了新的活力，套管钻井技术与传统钻井技术相比的三大优点在于：(1)大大降低钻井成本。国外套管钻井试验的经验认为，利用套管钻井技术可以降低钻井成本30% ~50%。(2)减少井眼问题，提高井身质量。套管钻井技术利用独特的边钻进边下套管，大大降低了井下复杂事故的发生。(3)广泛的应用范围。套管钻井技术可应用于直井、水平井、斜井、开窗侧钻井、尾管钻井等。

美孚技术公司(Mobil Technology Co.)对套管钻井技术进行了系统的研究，并提出了一种分类方法，将套管钻井技术分为套管非旋转类和套管旋转类。因尾管是套管的一种，所以将尾管钻井也列入了套管钻井技术的范围。具体分类情况见表1-1。

表1-1　套管钻井技术分类

大类	子类	名称	结　　构	说　　明
管柱非旋转类	NCR1	尾管钻井	下入工具+注水泥用抽汲皮碗+马达+管下扩眼器+可管内回收的钻头	大尺寸尾管，用钻杆最后回收，钻头收回管内固井，如阿—温系统
	NCR2	套管钻井	回收用锁定短节+MWD+管下扩眼器+可管内回收的钻头	有马达，带MWD，可用钢丝绳/钻杆多次取下，能定向钻进
管柱旋转类	CR1	套管钻井	尾管悬挂器+震击器+反扣尾管打捞矛+马达+管下扩眼器+可管内回收的钻头	用钻杆最后回收或留在井下，如一次性系统及阿—温系统
	CR2	尾管钻井	下入工具+大流量旁通尾管悬挂器+震击器+马达锁定短节+马达+旋转短节+管底薄壁扩眼钻头+可管内回收的钻头	只能用钻杆最后回收，如贝—休系统
	CR3	尾管钻井	下入工具+大流量旁通尾管悬挂器+生产尾管(割缝尾管)+钻头	无马达，用钻杆最后回收或留井下，如有内管柱的休—克系统
	CR4	尾管钻井	大流量旁通尾管悬挂器+下入工具+大流量旁通尾管悬挂器+管底薄壁扩眼钻头+回收用锁定短节+可管内回收的钻头	无马达，用钢丝绳/钻杆最后回收或留井下，如无内管柱的休—克系统
	CR5	尾管钻井	大流量旁通尾管悬挂器+下入工具+大流量旁通尾管悬挂器+管底薄壁扩眼钻头+回收锁定短节+可管内回收的钻头	可用钢丝绳/钻杆最后回收或留井下，如一次性系统及阿—温系统

大类	子类	名称	结　构	说　明
管柱旋转类	CR6	套管钻井	管底薄壁扩眼钻头+回收用锁定短节+管下扩眼器+可管内回收的钻头	可用钢丝绳/钻杆多次取下，无马达，不能定向钻进
	CR7	套管钻井	管底薄壁扩眼钻头+回收用锁定短节+MWD+导向马达+管下扩眼器+可管内回收的钻头	带 MWD 和导向马达，可用钢丝绳/钻杆多次取下，可定向钻进

第一节　套管钻井技术的优点

套管钻井技术是钻井工程的一次技术性革命，它能为油田经营者带来巨大的经济效益，它与常规钻杆钻井相比具有明显的优势：

（1）减少起下钻的时间。用钢丝绳起下钻要比传统的用钻杆起下钻大要快 10 倍以上。

（2）可以简化井身结构，节约钻井成本；在海上钻井时，可以实现无隔水管作业。

（3）减少意外事件的发生。由于套管钻井的井眼自始至终有套管伴随到井底，大大减少了常见的地层膨胀、井壁坍塌、冲刷井壁、井筒内形成键槽或台阶等意外事件。

（4）节省与钻杆和钻铤有关的采购、运输、检验、维护和更换的费用。

（5）因为井筒内始终有套管，也不再有起下钻杆时向井筒内的抽汲作用，消除了因起下钻柱带来的抽汲作用和压力脉动，使井控状况得到改善。

（6）起下钻时能保持钻井液连续循环，可防止钻屑聚集，也减少了井涌的发生。

（7）改善水力参数、环空上返速度和清洗井筒的状况。向套管内泵入钻井液时因其内径比钻杆大，减少了水力损失，从而可以减少钻机钻井泵的配备功率。钻井液从套管和井壁之间的环形空间返回时，由于环空面积减小，提高了上返速度，改善了钻屑的携出状况。

（8）钻机更加轻便，简化钻机结构，易于搬迁和操作，降低钻机费用。原因如下：

① 水力参数的改善降低了对钻机钻井泵功率的需求。

② 可以取消二层平台和钻杆排放区域。

③ 不再使用钻杆。

④ 套管钻井是基于单根套管进行的。不再需要采用类似双根或三根钻杆构成的立根钻井方式，因此井架高度可以减小，底座的重量可以减轻。对于钩载巨大的深井钻机而言，建造一台基于单根钻井的钻机，其井架和底座要的结构和重量比基于立根钻井的钻机简单得多。

综上所述，利用套管钻井，钻井成本将大大下降。据 Tesco 公司估计，打一口井深为 3048m(10000ft)的井，和传统钻井方式相比，预计可节约费用 30% 以上。

第二节　国外套管钻井技术特点及发展简况

套管钻井是指在钻进过程中，直接采用套管(取代传统的钻杆)边钻进边下套管，完钻后套管直接留在井内实施固井作业的一种钻井工艺。套管钻井技术将钻进和下套管合并成一个作业过程，不需要常规的起下钻作业，下套管之前的划眼、通井等作业，因此不仅可以较大幅度降低成本，还可以在某些特殊地层进行钻井作业时降低复杂情况发生率。经过统计，套管钻井技术作为中浅井新的钻井方式，钻井成本可降低 10% ~ 30%。目前国外 Weatherford 公司、Baker Hughes 公司和 Tesco 公司都拥有该项技术；Weatherford 公司以不更换钻头的表层套管钻井为特色，立足一只套管钻头尽可能的获得最大进尺，Baker Hughes 公司则主推尾管钻井技术，Tesco 公司以可回收井下钻具，可更换井底钻头的套管钻井技术而被业内人士所知。

国外加拿大 Tesco 公司和美国 Weatherford 公司对套管钻井进行了实验研究，形成了具有自身特点的工艺技术与井下工具。其中 Tesco 公司于 1999 年上半年将套管钻井技术推向市场，与雪佛龙，荷兰壳牌，PDO，BP 和 Conoco 等公司合作陆续完成了 140 多口井的套管钻井作业，进尺达 $22.5 \times 10^5 \mathrm{m}$，套管尺寸为 $4\frac{1}{2}$in ~ $13\frac{3}{8}$in。

一、Tesco 公司的套管钻井技术特点

1. 套管钻井钻机

（1）为了从套管内起下底部钻具组合并进行井下控制、操作等作业，必须给钻机配备电动或液、气动的专用小型绞车系统。

（2）天车和游车都应该是分体式配置，以确保钢丝绳处在套管的中心位置。

（3）在顶部驱动装置的上部要配备钢丝绳防喷器和密封装置，以实现对钢丝绳的密封。

2. 套管钻井的井下系统

套管钻井的井下系统（图 1-1）主要由三部分组成：一是下井、回收工具；二是底部钻具组合；三是连接在套管柱末端的坐底套管。用钢丝绳起下的底部钻具组合一般由锁定和密封总成、分隔箍、钻井浮箍、扩眼器和领眼钻头等组成，根据需要还可以增加井下液马达（直液马达或弯壳液马达）、随钻测量和随钻测井（MWD 和 LWD）工具，也可以接取心工具和取心钻头进行取心作业。起下钻时，井底钻具组合穿过套管，可以避免对井壁的损害，保证了起下钻的安全。为了避免套管柱弯曲可在底部钻具组合下端串接 1~2 根钻铤以增加钻压。套管钻井的定向钻进过程在很多方面与常规钻井类似，主要的差别在于导向马达和旋转导向工具要能够穿过套管下入到井中，并能够回收。造斜率一般取决于使用的套管尺寸。造斜率的上限取决于套管的疲劳极限。目前 Tesco 公司已开发出 ϕ339.7mm，ϕ224.5mm，ϕ193.7mm，ϕ177.8mm，ϕ139.7mm，ϕ114.3mm 等 6 种尺寸的井下钻具系统。

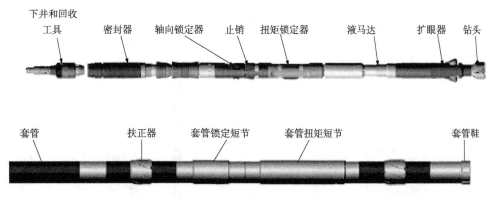

图 1-1　套管钻井井下系统

3. 套管

就套管本身而言，大多数套管接头具有较大的抗扭和抗疲劳能力，但多数小尺寸套管的接头抗扭能力不足。随着套管钻井技术的推广，一些生产商开始开发套管钻井使用的低成本优质接头。完钻后，套管必须保持完好才能在完井中起到常规套管的作用。地面试验表明，除了最底部的几根套管连接处发生磨损外，其他管柱都保持完好。为了解决这一问题，需要在接头处安装防磨扶正器。

4. 套管钻井的工艺过程

进行套管钻进时，底部钻具组合锁定在坐底套管的锁定短节上，并通过钢丝绳与一部专门用于起下钻头的绞车相连接。与常规钻井一样，套管钻井也可以有旋转钻进方式、滑动钻进方式和滑动—旋转钻进方式。旋转钻进方式的动力源于地面，由顶部驱动装置带动套管柱旋转并向底部钻具组合传递扭矩，进行旋转钻进，同时也可以在底部钻具组合上安装井下电动机实现滑动钻进。当需要更换钻头时，将锁定装置松开，利用绞车通过套管将底部钻具组合起出，而不必将套管起出井眼；在起钻过程中可保持钻井液连续循环；换上新钻头后，再用绞车通过套管将底部钻具组合送入，锁定在套管端部，十分快捷。套管钻井技术也可以钻定向井和水平井，还可以进行取心和欠平衡钻井。

二、Weatherford 公司的套管钻井技术特点

1. 套管钻井工具工艺管串组合

ϕ406.4mm 钻鞋×0.79m+ϕ339.7mm 浮箍×0.46m+ϕ339.7mm 套管(梯形螺纹)×若干米。梯形螺纹套管可提供较大的扭矩和拉力。钻鞋、浮箍和前三根套管需用套管胶粘接，防止再次开钻钻钻鞋、浮箍过程中的套管退扣。

2. 顶驱与套管的连接工具(俗称捞矛)

威德福 BBL 套管钻井技术的最主要的工具有两样：一是连接套管和顶驱的转换接头；二是用来钻进的钻鞋。转换接头有两种：一种是称为"水补心"(WATERBUSHING)的接头(图1-2)；另一种称为套管驱动器(图1-3)。

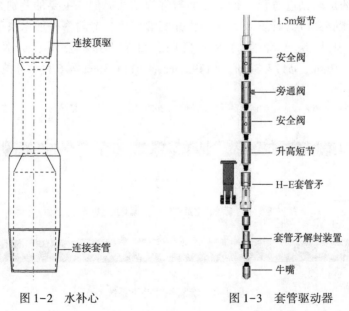

图 1-2 水补心   图 1-3 套管驱动器

水补心接头一端是钻杆螺纹与顶驱连接，另一端是套管螺纹与套管连接。虽然水补心可以满足套管钻井的所有技术要求，但其最大的缺点是浪费时间。在钻进过程中，每接一根套管，都要有一次卸扣和两次上扣操作。由于套管上扣的时间比钻杆的上扣时间长，因此，使用套管钻井所节省的时间就可能由于使用水补心而被抵消。

套管驱动器(Casing Drilling Spear)是一种类似于处理井下事故的驱动器，由1.5m短节、安全阀、旁通阀、升高短节、H-E套管矛、套管矛解封装置和牛嘴组成。一端与顶驱连接，另一端可以插入套管里，通过下压和左右旋转即可上、卸扣，简化了接套管的操作程序，节省了套管上扣时间，保证了安全作业。值得一提的是，这种套管驱动器也可以用于下套管作业，在下套管遇阻、遇卡时可以开泵循环，转动套管，减少阻力和上提拉力。

3. 钻鞋

Weatherford公司生产的φ406.4mm钻鞋见图1-4。

(1) 钻鞋主切削采用三翼的PDC刀翼式，刀翼上敷焊上小粒的硬质合金。

(2) 修边刀翼镶嵌金刚石复合片，硬质合金保径。

(3) 钻鞋底端本体为可钻性较好的硬质合金铝，管体部分为普通套管材质。

(4) 钻鞋底部镶有六个铜套水眼。

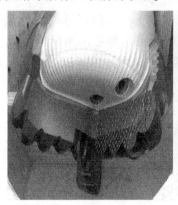

图1-4　钻鞋

4. 浮箍

采用弹簧半球式并配合防旋转胶塞的浮箍，确保长时间钻进、循环使用后，固井时的密封(图1-5)。

5. 套管

(1) 套管钻井中全部使用梯形螺纹套管，确保传递扭矩和承受拉力；

(2) 使用液压套管钳上扣，采用专用密封脂，并实施扭矩监测，确保上扣质量。

6. 钻井液

应根据地层特征进行选择，大港油田平原和明化镇组地层造浆严重，一般选择预水化膨润土钻井液。由于井眼与套管环空间隙较小、环空返速高，该钻井液完全能达到携砂的要求。

图1-5　浮箍

7. 固井

采用常规固井和钻井液直接顶替水泥浆两种方法。

（1）套管钻井钻进至预计深度后循环。拆去相关设施接水泥头，采用常规套管固井方法。

（2）钻井液直接顶替固井是将提前配好的一组合立柱（一根短套管+套管头+驱动器+旁通短节+两根钻杆）钻到预计深度，对好套管头与隔水导管，在旁通短节上接好水龙带，即可进行固井注水泥作业。

为了显著提高现有技术的经济效益，减少起下钻更换底部钻具组合和磨铣作业的次数，Weatherford 公司开发出一种完全不同的套管钻井方法。这种方法采用一种专门设计的可钻掉钻头，像常规钻头接在钻柱上那样，这种专用钻头直接连接在套管柱的底部，由连接在顶驱上的转换接头传递扭矩，通过旋转套管以常规方式进行钻井作业。专用钻头的独特之处就是可以被常规钻头完全钻掉，而且由于有一个浮箍作为套管柱的一部分一同下井，钻至要求井深后可以立即进行注水泥作业。采用这种方法就可以实现一趟钻作业，节省钻井时间和作业成本。

这种套管钻井新方法在全球范围内现场应用 200 多次，成功率达 99%，所要求的井段钻进顺利，钻掉钻头没出现什么问题，套管尺寸从 $\phi508mm$ 到 $\phi114.3mm$。这项新技术促进了相关新工具、新系统的开发应用，其中包括 2002 年下半年推出为硬地层设计的、装有 PDC 切削结构的第三代钻头体系，套管钻井驱动器和液压操作的扭矩头以及张开式钻头体系等。张开式钻头具有标准 PDC 钻头的特点，但钻出的井眼要大 40%，可以替代常规扩眼器。

三、国外套管钻井技术发展

早在 20 世纪 50 年代就有很多陆上钻井公司用套管钻生产井，钻达油气层后对套管进行固井作业，钻头留在井下。到 20 世纪 70 年代史密斯公司曾在墨西哥湾应用套管钻井技术，但当时的钻进距离都非常短。到了 80 年代末期，在采矿业，小井眼绳索连续取心钻进技术曾一度引起过人们的极大兴趣，该技术使用了钢丝绳回收的取心筒，钻达目的层后将钻柱用作套管固井，同时取心钻头留在井底。需要继续钻进时，可采用更小尺寸的钻柱，从而降低了钻井成本，节约了钻井时间。因此这种采矿业用的小井眼钻进系统可以认为是套管钻井系统的先驱。同一时期，在一些稠油油藏的开发中，人们用割缝生产尾管钻达目的层，然后进行砾石充填。这种技术在尾管下连接了一次性钻头和扩眼器，尾管柱是焊接成一体的，采用了泡沫钻井液以降低钻井和砾石充填过程中对产层的伤害。在此期间，有的钻井公司还借助套管鞋扩眼器完成下套管作业。

套管钻井的专利最早出现在 20 世纪 60 年代。1989 年到 1995 年期间是现代套管钻井技术酝酿和形成的阶段，陆续出现了一些与套管钻井有关的钻井工具、钻井装备和钻井工艺专利。

1996 年到 1998 年是套管钻井技术快速发展阶段。在这一期间，许多石油公司对其进行了研究和开发。

加拿大 Tesco 公司在 20 世纪 80 年代后期阿科研究开发公司（Arco R&D）研发的绳索连续取心技术的基础上，自 1995 年起开始套管钻井技术研究。其出发点就是节省钻井时间、降低钻井成本。液压技术和液压设备是该公司的技术专长，为此该公司专门设计和开发出了一种全液压的套管钻井车载钻机。1998 年 6 月中旬，Tesco 公司在其研究开发中心（Tesco R&D Center）院内钻了第一口套管钻进试验井，耗资 4 百万美元。接着该公司又在该井中钻了 1 个定向井眼和 1 个侧钻井眼。后来该公司又在大院内完成了另外 1 口试验井，用套管钻井技术钻成 1 个水平井眼和 1 个"S"形井眼。2 口井先后用 ϕ229.2mm、ϕ93.7mm、ϕ177.8mm、ϕ139.7mm 和 ϕ114.3mm 5 种尺寸的套管钻进，总进尺达 2774m，证明了套管钻井的可行性。

Tesco 公司已基本形成了一套颇具特色的配套设备和套管钻井工艺技术，其套管钻井系统已经在 200 多口工业井中得到应用，工业井中进尺大约 87000ft，其钻进范围从表层井眼到 9576ft 井深，使用的套管尺寸有 ϕ114.3mm、ϕ177.8mm、ϕ244.47mm，可用于 ϕ139.7mm、ϕ219.07mm 以及 ϕ339.71mm 套管的钻井工具已经研制成功。1999 年上半年陆续在加拿大的阿尔伯塔省进行了数口浅层直井的现场应用。此后又完成了 1 口定向井，以进一步评价和改进套管钻井技术及其工具。在实际生产中，该公司不断改进有关工具并扩大了钻井用套管的尺寸，又钻成了数口定向井和水平井，并进行了取心作业。2000 年以来，该公司先后与雪佛龙、荷兰壳牌、PDO 等公司合作，在墨西哥湾、阿曼、北海数百口井中成功实施了套管钻井作业。

为了降低深水钻井的成本，并解决"时间敏感型地层"裸露产生的井眼稳定问题，英国 Sprerry-Sun 公司，利用套管钻井技术开展了海上无隔水管钻井作业的研究，在其多分支井技术的基础上，充分利用了多分支井技术中使用的液力回收工具，可用钢丝绳或钻杆回收井下套管钻井系统。

利用常规钻井技术在压差很大的地层间钻进时，会出现严重的压差卡钻和钻井液漏失，造成井壁坍塌、掉钻具等事故甚至弃井，而尾管钻井技术却能够成功地克服这一难题。Amoc 挪威公司是最早应用尾管钻井技术的公司。1993 年该公司在北海的 Valhall 油田用尾管加特殊钻头的休斯—克里斯坦森尾管钻井系统对产层压力严重衰竭，而产层的上部为高压地层的井进行了尾管钻井作业，到 1998 年完成了几口井，同时还使用了管下扩眼器加领眼钻头的阿莫科—挪威尾管钻井系统。

1995 年，贝克—休斯公司研制开发了贝克—休斯尾管钻井系统，并在印度尼西亚的 Arun 气田进行了 3 次成功的应用，但因存在内管柱难以释放和取出，以及当时使用的 ϕ120.7mm 井下涡轮钻具在钻 ϕ215.9mm 井眼时功率不足的难题，迫使作业者放弃了这一技术。1997 年，贝克—休斯公司、贝克石油工具公司（Baker oil Tools）和美孚勘探开发技术中心（Mobile E&P Technical Center）联合开发出了一种可靠的释放工具，同时采用了新型高输出功率的井下涡轮钻具，提高了整个尾管钻井系统的可靠性。1997—1998 年，使用 ϕ177.8mm 尾管钻井系统以及膨胀式套管外封隔器，在 Arun 气田进行了 6 次钻井作业，只用了几小时就完成了困难井段的钻进。在 Valhall 和 Arun 油田，尾管钻井技术目前已经成为钻加密井和老井侧钻井的标准方法。

1996 年，墨西哥 Pemex 公司结合小井眼设计和无油管完井技术，开始尝试用油管代替钻杆钻生产套管井段，完钻后将钻井用油管用作生产套管和无封隔器的油管使用，将其再次下入井内完井。迄今为止，该公司已用该技术完成了 150 口气井。2000 年初，在墨西哥 Burgos 盆地，该公司又在油管钻井的基础上，用套管代替钻杆进行钻井。Pemex 公司除用套管和油管代替钻杆外,其他完全与常规钻井技术相同,不存在从套管内回收井底工具的问题。

英国 BBL 公司对套管钻井技术进行了独到的研究,提出了利用可膨胀钻鞋进行套管钻井的理论,并设计和制造出了几种套管钻井鞋产品,这些产品已经在现场实践中得到成功的应用。2003 年 4 月,该公司宣布其技术也成功地在半潜平台上得到应用,具有重大的历史意义。

套管钻井技术正日益引起世界石油界的关注,近期几家公司采取了联合资助、共同开发、成果共享的方式来加速其发展。2000 年上半年,Tesco 公司和斯伦贝谢油田专业服务公司(Schlumberger oilfield Services)成立了一个提供套管钻井专业服务的联合体。Tesco 公司负责套管钻井作业中使用的可回收井下钻具组合及相关工具的服务和开发,斯伦贝谢油田专业服务公司提供钻井、采油和管理服务。1996 年,美孚技术公司、BP Amoco 公司、雪佛龙公司(Chevron)、德士古公司(Texaco)和休斯—克里斯坦森公司合作成立了一个名叫 MoB-PTech 的研究小组,专门对套管钻井技术进行研究开发。该研究小组将套管钻井中的水力学条件列为首先研究的内容。首先建立一个水力学模型以确定钻头清洁、井眼清洁和钻井液等效当量循环密度的最佳状态;然后将该模型推广到更大的尺寸范围进行套管钻井的应用,其中环空水力学模型的内容包括在 ϕ311.1mm 以下井眼中的小环空间隙条件下钻柱的偏心和钻柱旋转所产生的影响,下一步还要外推到更大尺寸的井眼和管柱。试验工作在美国俄克拉何马州 Tulsa 的贝克—休斯油井试验设施内进行。

套管钻井中钻头的处理主要有两种方法:一种是 Tesco 公司提出的用钢丝绳更换钻头的技术;另一种是应用威德福(Weatherford)公司开发的可钻式钻头,该钻头本身具有可钻性,可以被任何一种牙轮钻头或 PDC 钻头钻掉,在钻达设计井深后,不需要对钻头进行任何回收处理,就可以立即实施固井作业。威德福公司可钻式钻鞋(Drillshoe™)于2000 年开发成功,迄今已经研制出三代产品。其中第一代与第二代可钻式钻鞋在结构和外形上完全相同,只是切削齿的材料不同(第二代可钻式钻鞋的切削齿为金刚石,而第一代的为碳化钨合金)。

2011 年中国石化阿根廷项目钻井施工作业中,应用了 Tesco 公司表层套管钻井技术。套管钻井机械钻速 30~65m/h,远远高于以往(2010 年之前)一开常规钻杆钻井的机械钻速。表层套管钻井省去了起钻、通井、循环和下套管的时间,经统计,一开使用套管钻井的作业井实际机械钻速范围为 30~65m/h,而以往一开使用常规钻杆钻井的作业井的机械钻速范围为 24~38m/h,与一开使用常规钻杆钻井的作业井相比,一开使用套管钻井技术的作业井机械钻速占有优势,作业时效更高,从而缩短了整个建井周期。与 2010 年之前的相同区块一开常规钻井数据相比,相同井数、相同钻井进尺下钻进时间减少了 67h,节约钻井日费33 万美元。

近年来,随着旋转导向钻井工艺技术的成熟,Tesco 公司与 ConocoPhillips 和Schlumberger 等公司合作,首次将可回收式井下钻具套管钻井技术与随钻测量 LWD/MWD和旋转导向钻井技术等集成,形成了旋转导向套管钻井技术,该技术适用于易发生漏失和井壁稳定性差的低压油田或老油田。旋转导向套管钻井技术目前已在美国德州南部、欧洲北海、南美和中东等地区成功进行了商业化应用,套管直径范围为 ϕ139.7~ϕ339.7mm,能够适应从直井到水平井的各种井型,在复杂区域内有效解决了常规钻井技术无法解决的问题。Tesco 公司在自己的内部技术分类中，将可回收井底定向钻具套管钻井技术分为 3 级，旋转导向套管钻井技术分为 4 级。Tesco 公司旋转导向套管钻井技术建立在其特有的可回收式井底定向钻具套管钻井系统之上，可回收式井底定向钻具套管钻井系统是采用一种定位在井下套管柱末端的利用钢丝绳索回收底部定向钻井工具总成的系统。

第三节　国内套管钻井技术现状

我国对于套管钻井技术的研究相对较少，还处于起步阶段，只有几十口井的应用，但是从其良好的效果来看，前景应当是相当广阔的。

目前国内的套管钻井技术主要应用在表层套管钻井方面。在大庆、吉林、大港、胜利、渤海、南海西部、新疆等油气田都有应用。因 Weatherford 公司较早进入中国市场进行套管钻井服务，故海上油田一般以直接引进为主，如康菲渤海蓬莱 19-3 油田、中海油湛江分公司莺歌海盆地乐东气田表层套管钻井项目和中国石油与美国 Apache 合作开发的赵东油田。陆地油田一般是参考和借鉴 Weatherford 公司的套管钻井技术，在此基础上进行本土化的改进，如大庆、吉林、胜利、河南和新疆等油田。国内陆地油田和海上油田的现场施工表明该技术的经济性达到预期目标。

2002 年 1 月，中国海洋石油有限公司在渤海和南海东部勘探井中成功地应用了套管钻井技术，该技术在中国海域的使用，取得了 3 个第一：（1）第一次在中国海域使用套管钻井技术钻表层获得成功；（2）第一次使用 ϕ508mm 套管，用套管钻井简化了井身结构，同时还成功地代替了传统的 ϕ672mm 隔水导管；（3）第一次使用 ϕ339.7mm 套管钻井，成功地代替了隔水导管。该技术的应用成功标志着，套管钻井技术的应用前景广阔，根据新钻井地区的实际情况，简化井身结构，缩短了钻井作业时间，提高了钻井速度，取得了很好的综合效益。同时，在大港油田滩海地区庄海 5 井中，利用 ϕ339.7mm 套管钻表层井眼也取得了成功。

在中国石油天然气集团公司科技局的大力支持下，吉林石油集团责任有限公司于 2003 年 11 月在白-92 套 B+3-4 井开展了陆上表层套管钻井先导性试验工作，并取得了成功。钻井所用套管为 ϕ177.8mm×6.91mm 的 J55 套管，短圆螺纹，接箍短 1mm 左右，保证上扣时两外螺纹端对接，减少扭矩。施工井深 300m。

2004 年 6 月大庆油田开展了表层套管钻井试验工作，所用套管为 ϕ339.7mm×9.65mm 的 J55 套管，施工井深 300m。

2004 年 10—11 月，吉林石油集团责任有限公司在总结先导性应用的基础上，在吉林油田扶余采油区进行了两口井的油层套管钻井试验。试验井号为：扶北 2-3 井及扶北 2-1 井。两口井完井井深分别为 497m、500m，所用套管为 ϕ139mm×7.72mm 的 P110 套管。该两口井所用的主要管柱方案为：方钻杆+套管钻井专用承扭保护器+BGC 套管（ϕ139mm）+完井钻头连接器+钻头。

表 1-2 是吉林油田两口油层套管钻井施工机械钻速与邻井机械钻速对比情况，其充分证明了套管钻井的机械钻速相当高，显示了套管钻井的优越性。显然这两口套管油层套管钻井取得了成功。

表 1-2 吉林油田套管钻井与邻井机械钻速对比

井号		井深	钻机速度 m/台·月	机械钻速 m/h	固井质量	平均建井周期，h			
						全井	迁装	钻进	完井
扶北 2		520	4680	20.31	优	102	22	48	32
扶北 3		570	8550	40.71	优	63	15	36	12
扶北 10		548	4567	23.66	优	102	10	73	19
扶北 16		562	9366	40.37	合格	50	10	27	13
扶北 6		540	10800	45	优	52	16	24.5	11.5
东 33-16		553	7900	31.30	优	73.5	20	32	21.5
以上 6 口井平均		548.80	8259	32.99		73.75	15.5	40.08	18.17
扶余 1~9 月 407 口平均		525.04	5777	27.01		80	16	44	20
套管钻井	扶北 2-3 井	497	119828	37.72	优	42	12	29	1
	扶北 2-1 井	500	10000	28.61	优	50	14	33	3

2005 年和 2006 年吉林油田、大庆油田以及大港油田先后开展了套管钻井应用实践。特别是吉林油田，利用套管钻井技术完成了 8 口油层套管钻井，并实现了套管钻井裸眼测井。为我国大面积推广应用套管钻井技术进行了有益的探索。

2007 年吉林油田在新民采油厂完成井深 1158.30m 的民+12-29 井的套管钻井是目前国内套管钻井最深井，并且是油层套管钻井。套管钻井周期 71.5h，机械钻速 37.23m/h，固井质量优质，该井缩短建井周期 20h 井深 1200m 的套管钻井应用。完钻后起出 9 个套管单根，实现裸眼测井。测井仪器共下井 3 次，测了 5 项：双侧向、声速、伽马、电极器、连斜等。该井投产后，其产量是邻井的 1 倍以上，说明套管钻井作业时间短，对油层伤害小。

到目前为止，吉林油田已利用套管钻井施工了 42 口表层套管和油层套管钻井。大庆油田开展了十几口尾管套管钻井，大港油田开展了滩海批钻套管钻井 20 余口。中石化河南油田完成 12 口井套管钻井。中海油塘沽分公司完成 14 口套管钻井工作。

吉林油田到 2005 年共完成 8 口井的试验性施工，并在国内陆上油田首次完成了井深 1000m 以上套管钻井现场试验，首创了国内套管钻井实现主力油层裸眼测井的工艺技术。大庆油田自行开展了工艺、套管、专用工具、钻鞋、设备及仪器研究和配套，2004 年成功地进行了 3 口井的表层套管钻井现场试验，简化了施工工序，缩短了钻井周期。自从 2003 年中石油大港油田滩海赵东合作项目成功应用威德福套管钻井技术之后，避免了因地层松软垮塌下套管时找不到井眼的问题，缩短了钻井周期，减少了钻井船占用。2004 年，中石油大港油田在滩海勘探中先后在庄海 401 等 2 口井上应用了单行程表层套管钻井技术，冀东油田也在老堡 1 井成功应用了该技术。

表 1-3 国内套管钻井技术应用情况

油田或公司	主要设备	技术特点	完成井概况	2007 年完成井数	共完成井数
大庆	套管转换接头	浅开发井下套管 φ273mm	表层、油层套管	4	7
吉林	套管夹持头、钻头脱接装置、固井短节	浅开发井下 φ273mm 套管	浅层	5	15

油田或公司	主要设备	技术特点	完成井概况	2007 年完成井数	共完成井数
冀东	威德福公司套管捞矛、钻鞋	用于 φ339.7mm 表层套管钻井	平台表层套管	4	5
中海油	威德福公司套管捞矛、钻鞋	用于 φ339.7mm 表层套管钻井	平台表层套管	4	不详
大港	套管驱动器、套管钻鞋	用于 φ339.7mm 表层套管钻井	滩海地区平台表层套管	15	38

2003 年大港油田集团公司采用 Weatherford 公司的表层套管钻井配套技术，在渤海湾赵东油田完成了 24 口井的表层井眼套管钻井作业；同年，在滩海地区庄海 5 井表层应用 φ339.7mm 套管钻井技术。2007 年完成了庄海 4×1 人工井场 13 口井表层套管"批钻"。

新疆准噶尔盆地红山嘴油田红-4 井区，使用套管钻井机械钻速普遍高于传统钻井方式，4 口井使用套管钻井的平均机械钻速为 31.84m/h，机械钻速同比提高 92.2%，显示了套管钻井强大的技术优势。此外，采用套管钻井钻进还具有的优势是在钻进完成后，不需要提钻、通井换套管等技术措施，节省了钻井时间，减少了一次提下钻而产生的柴油消耗与人工劳动，降低了钻井工人的劳动强度。新疆油田应用套管钻井与传统钻井对比见表 1-4。

表 1-4 新疆油田应用套管钻井与传统钻井对比

井号	井段 m	钻头	钻压 kN	钻速 r/min	机械钻速 m/h	钻井方式	钻速提高 %
H45295	0~58	MP2-381	20~50	70~80	16.57	传统钻井	
H45330	0~58	KYQ-350	10~20	0~40	34.12	套管钻井	106
H45382	0~58	KYQ-350	10~20	0~40	36.25	套管钻井	118
H45385	0~57	KYQ-350	10~20	0	24.78	套管钻井	49.5
H45380	0~58	KYQ-350	10~20	0~40	32.22	套管钻井	94

中海石油(中国)有限公司湛江分公司莺歌海盆地乐东 22-1 气田表层为未固结的灰色黏土层，经常出现表层井段钻完后，又被未固结的黏土层垮塌下来埋掉的现象，现场往往需要多次通井才能将套管下至设计位置，严重影响作业效率。为解决表层易垮塌的问题，中海石油（中国）有限公司湛江分公司应用 Weatherford 公司的套管钻井技术在南海莺歌海盆地的乐东 22-1 气田进行 8 口井的 φ339.7mm 表层套管和 5 口井的 φ508mm 的表层套管钻井施工。Weatherford 公司套管钻井是应用可钻式钻鞋（图 1-6）和套管作为钻柱进行钻井，边钻进边下套管，完钻后套管留在井内可以立即固井的一种新型钻井技术。主要设备有可钻式钻鞋、套管钻井矛（图 1-7）、套管钻井的内置式驱动装置、套管钻井所用的浮箍等。

实践表明，未使用套管钻井方式的作业井，

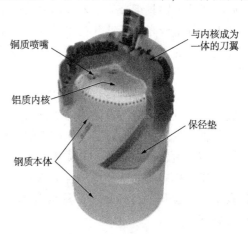

铜质喷嘴
与内核成为一体的刀翼
铝质内核
保径垫
钢质本体

图 1-6 套管钻井可钻式钻鞋

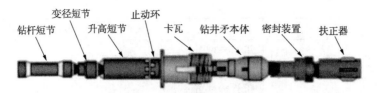

图 1-7 φ339.7mm 套管钻井矛总成图

表层平均作业时间为 2.88d；使用套管钻井方式的作业井，表层平均作业时间为 1.03d，综合作业费用按 150×10⁴元/d 计算，可以节省单井费用 277.5×10⁴元，在一定程度上降低了海洋钻井的作业成本。表 1-5 给出了中海油套管钻井和常规钻井作业时效对比。

表 1-5　中海油套管钻井和常规钻井作业时效对比表

井号	钻井方式	作业时间，d	机械钻速，m/h
LD15-1-A1	常规钻井	2.74	122.20
LD15-1-A2	常规钻井	3.53	81.71
LD15-1-A3	常规钻井	3.22	107.05
LD15-1-A4	常规钻井	2.01	121.22
LD22-1-A1	套管钻井	1.03	92.58
LD22-1-A2	套管钻井	0.97	75.18
LD22-1-A3	套管钻井	1.12	81.93
LD22-1-A4	套管钻井	1.01	76.74

第四节　国内外几种套管钻井技术原理

一、Tesco 公司套管钻井

加拿大 Tesco 公司套管钻井技术的核心是可回收式井下钻具组合，现场应用结果表明，可回收式井下钻具组合的下入成功率已达 100%，但平均回收率仅为 70%左右。采用可回收式井下钻具组合是套管钻井技术的主要内容，它是在小井眼绳索连续取心钻进技术的基础上发展起来的。在该套管钻井过程中，钻头和井下钻具组合的起下通过钢丝绳或钻杆在套管内进行，不再需要常规的起下钻作业。

Tesco 公司井下钻具组合系统由 3 部分组成：一是起下工具；二是井底钻具组合；三是坐底套管。进行套管钻进时，井下钻具组合锁定在坐底套管的锁定短节上。

起下工具包括锁定打捞矛、震击器、测量短节、加重杆、对中扶正器、上张力缓冲器、旋转短节、紧急释放短节和电缆插头等。

打捞矛用来将井下钻具组合下入井坐放到井底的坐底套管上，然后将起下工具从井下钻具组合上脱开。在将井下钻具组合起出时，打捞矛可将起下工具与井下钻具组合对接、锁紧并起出。

在起下作业中，震击器用来提供打开或关闭旁通以及锁定或解锁锁定销的震击力，通常需要 30kN 的震击力才能将井下钻具组合拉动。

测量桶中安装有标准的测量仪器。

加重杆用来在下入井下钻具组合时提供足够的重力，使钻具组合顺利通过井眼内的封隔装置并为钻具组合顺利坐放到坐底套管上提供撞击力。

上张力缓冲器在井下钻具组合起下过程中使钢丝绳保持均匀的张力，以便于钢丝绳绞车对钢丝绳的卷放。

旋转短节用来防止起下作业过程中钢丝绳缠绕打结。

紧急释放短节在钢丝绳受到的拉力过大时将锁紧式打捞矛紧急释放。

在钻大斜度井、定向井以及水平井时需要使用泵送方式下入起下工具，TM 公司正在加紧开发马达类泵送方式的下入工具，同时也在考虑采用电动回收井下钻具组合的方案。

井底钻具组合，钢丝绳起下的井底钻具组合一般由锁定和密封总成、分隔箍、管下扩眼器和领眼钻头等组成（图 1-8）。根据需要还可以加装井下涡轮钻具（直马达或弯壳马达）、随钻测量仪器（MWD/LWD），也可以接取心工具和取心钻头进行取心作业。为了避免套管弯曲，可在井下钻具组合下端串接 1~2 根钻铤以增加钻压，同时使套管柱承受拉应力作用。

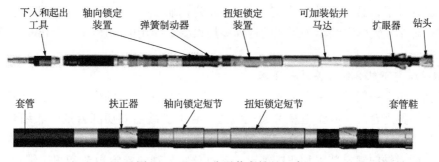

图 1-8　Tesco 公司井底钻具组合

井底钻具组合是套管钻井技术的关键，锁定和密封总成又是井底钻具组合的核心部件。该总成主要由轴向锁定装置、扭矩锁定装置、弹簧加压定位止动器、密封机构、旁通机构和稳定器组成。轴向锁定装置在套管柱和井底钻具组合之间传递压缩载荷和拉伸载荷。套管鞋上方有 1 个定位台肩，钻具组合到达定位台肩位置时，弹簧加压，定位止动器和定位槽啮合，同时驱动钻具组合内的 1 根心轴动作。使轴向锁定销锁定在轴向锁定短节上的轴向锁定槽内，同时关闭旁通阀。扭矩锁定装置有 3 个锁定销，可分别与坐底套管扭矩锁定短节上的 3 个扭矩锁定槽锁定，在套管柱和钻具组合之间传递扭矩。在锁定销与锁定槽锁定传递扭矩的状态下，还允许钻具组合作一定程度的轴向移动。锁定和密封总成内有 2 个方向相反的润滑脂皮碗式密封，可防止套管钻进过程中钻井液绕过钻具组合。在井下钻具组合的起下过程中，旁通阀打开可以保持钻井液循环，预防钻井液压力会驱动马达或使管下扩眼器张开。在钻具组合与套管鞋相对应的位置上装有 1 个稳定器以减少钻具组合在套管内的横向移动。

井下扩眼器的切削齿采用破岩能力极强的大直径 PDC 切削元件。其伸缩的工况由钻井液压力控制。在下入和回收过程中，其切削臂均处于收缩状态，可顺利从套管内通过。在钻井液压力的驱动下，其切削臂张开。

领眼钻头可以采用牙轮钻头，也可以用金刚石钻头；领眼钻头和扩眼器所钻的井眼大于套管柱外，能为套管和随后的固井注水泥作业提供足够的环空。定向井和水平井钻进时须将通用井下涡轮钻具更换为钻定向井用的弯壳马达，然后串接随钻测量仪器（MWD/LWD）、无磁钻铤、扩眼器和领眼钻头。在取心作业时只要将领眼钻头换成取心钻头，上接取心筒，到井底钻具组合上即可，取心完毕后，收缩管下扩眼器，解锁井底锁定机构，用钢丝绳起下工具将井底钻具组合连同取心筒和取心钻头一起起出。

坐底套管位于套管柱末端，由扶正器、定位台肩、定位止动器定位槽、轴向锁定短节、扭矩锁定短节和套管鞋组成。

轴向锁定短节和扭矩锁定短节分别与井底钻具组合的轴向锁定装置和扭矩锁定装置配合使用，用于在井底钻具组合和坐底套管间执行锁定和解锁的任务。套管鞋上装配有 PDC 切削元件（或硬质合金元件）。协助管下扩眼器和领眼钻头进行钻进作业，并在井下扩眼器的切削臂出现异常情况不能到位回收时起铣磨作用。

利用套管钻井技术在需要更换钻头或井下钻具组合时，往套管内部下入起下工具并解锁锁定装置，起出井下工具组合，更换完毕后，再将井下工具组合从套管内送入井底，锁定在套管末端的坐底套管上，起下过程中可保持钻井液的循环和钻柱的转动。

为了保证井下钻具组合的安全起下，Tesco 公司研制出了由钢丝绳防喷器、分体式天车、分体式游车、钢丝绳绞车等组成的地面专用设备。使用的钢丝绳直径 16mm，最大可承受拉力 190kN。

1. 钢丝绳井下钻具组合系统的下入

井下钻具组合一般采用泵送下入，下入过程中钻具组合上的旁通处于打开状态。钻井液绕过井下钻具组合的中心流道从旁通孔流过，管下扩眼器的切削臂处于收缩状态不会张开。当钻具组合上的止动器到达坐底套管定位台肩位置时，激发震击器进行几次震击，使旁通关闭，同时轴向锁定装置和扭矩锁定装置也分别与轴向锁定短节和扭矩锁定短节锁定，下入工具脱开。钻井液流向井下钻具组合中心流道，进入管下扩眼器。由于此时管下扩眼器的切削臂和钻头已经伸出到套管鞋之外，当钻井液的压力增加到一定值时，管下扩眼器的控制阀打开，管下扩眼器中的驱动机构在钻井液压力的驱动下将扩眼器的切削臂张开。一些常规的井下定向工具（弯外壳液马达、无磁钻具、MWD 工具和 LWD 工具）悬挂在工具组合下伸到套管鞋外面。

2. 井下钻具组合系统的起出

当完钻或要更换井下工具时，先将钢丝绳起出工具泵送到井下，打捞矛下入到井底后与井下钻具组合系统上的打捞颈对接。上提钢丝绳，激发液力震击器，使井下钻具组合上的旁通打开，同时解锁轴向锁定装置和扭矩锁定装置，此时钻井液不再流经钻具组合的中心，而从旁通孔流出，扩眼器切削臂在回位弹簧的作用下自动收缩复位，这时即可用钢丝绳起出工具起出钻具组合。扩眼器在起出作业中有时会因种种原因导致切削臂不能完全收缩回位，造成切削臂在套管鞋处遇卡，使井下钻具组合解锁后无法起出。这时需要先将井下钻具组合与套管锁定短节解锁脱开。然后旋转套管柱，由于套管鞋上镶有硬质合金或 PDC 切削齿，通过套管鞋的旋转可将切削刀臂铣磨掉，然后再将井下钻具组合起出。

3. 固井作业和钻水泥塞

套管钻井用的套管没有浮箍，固井时需要采用新的固井方法。最早的固井作业中使用了 1 个柔性刮塞和 1 个顶替塞，顶替塞由铝和橡胶制成，具有较好可钻性。固井时先向套管内泵入 1 个能刮去管壁滤饼的刮塞，通过加压，刮塞可被很容易地剪断并从套管鞋泵出。注完固井水泥后接着用顶替液泵入 1 个顶替塞，顶替塞坐放并锁定在轴向锁定接箍上作浮箍使用，顶替塞可把水泥的上返压力密封在顶替塞之下。需要继续钻进时，可在水泥凝固后，用较小直径的套管钻井系统下入到井底，将刮塞、固井浮箍和水泥环钻掉后继续钻进。

由于实际应用中难以确定顶替塞是否坐放并锁定于坐底套管，当套管尺寸较小时难以控制顶替液的量。同时顶替塞难以保证密封住水泥返压，钻掉也较难，所以改用了泵送浮箍的固井工艺。在注水泥之前先将浮箍泵送到位并锁定在坐底套管的锁定短节上，到位锁定的情况可根据返回的钻井液压力信号判断，浮箍到位后即可采用常规方法进行注水泥作业。目前使用的浮箍已经实现了与套管可靠的锁定，同时也能可靠地密封住固井水泥的回压。

1998 年 6 月，成功完成了第 1 口套管钻进试验井，后来又用 ϕ229mm、ϕ194mm、ϕ140mm 和 ϕ114mm 5 种尺寸的套管钻井系统进行了直井、定向井、开窗侧钻井、水平井和取心等实钻试验，累计进尺达 2774m。1999 年上半年，将 ϕ114mm 到 ϕ33lmm 的 7 种规格的套管钻井系统投入应用，先后与雪佛龙、荷兰壳牌、PDO 等公司合作，在美国、加拿大、墨西哥湾、阿曼和北海等地陆续成功地完成了 20 多口井的各类套管钻井作业。除了在美国怀俄明州的 1 口井尝试了泵送起下方式外，迄今为止的套管钻井作业都采用钢丝绳起下方式。实钻的统计结果表明：井下工具组合的下入成功率已达到 100%，取心的成功率也达到 100%。

TESCO 公司已经施工了近 300 口套管钻井，最大井深达 4000m。

二、Baker Hughes 公司尾管钻井

尾管钻井是指用常规钻井工艺钻到一定井深后，用钻杆柱与尾管钻井系统连接，并通过该系统进行钻进。尾管钻井过程中尾管是钻柱的一部分，钻进和下尾管在同一个作业过程中完成。尾管钻井技术虽然与套管钻井技术相似，但两者的区别在于套管钻井的井内钻柱从井底直到井口全部由套管组成，而尾管钻井的井内钻柱是由钻杆和尾管组成。

老油田进入开发生产的后期会出现储层压力衰竭、下部为低压产层上部是高压地层的现象。用常规钻井技术钻进，会发生严重的压差卡钻和钻井液漏失，造成井壁坍塌、断钻具甚至弃井，尾管钻井技术就是针对这一难题研究开发的。阿莫科挪威公司是最早进行尾管钻井的公司。1993 年，该公司用休斯—克里斯坦森尾管钻井系统在 Valhall 油田进行了首次尾管钻井作业，随后在 1995—1998 年，又使用该尾管钻井系统和阿莫克—温纳德尾管钻井系统施工了几口井。1998 年 11 月起，该公司开始使用贝克—休斯尾管钻井系统在 Valhall 油田进行钻井作业。

1995 年，Baker—Hughes 公司研制开发出了贝克—休斯尾管钻井系统（图 1-9）并在 Arun 气田进行了 3 次实钻应用，但因存在内管柱难以释放和起出以及当时的 ϕ120.7mm 液马达钻 ϕ215.9mm 井眼时功率不足等问题，效果较差。1997 年夏天，贝克—休斯、贝克石油工具和美孚勘探开发技术中心联合开发出了一种可靠的释放工具，同时采用了高输出功率的新型液马达，提高了整个尾管钻井系统的可靠性。1997—1998 年，先后使用 ϕ177.8mm 尾管钻井系统和膨胀式套管外封隔器在 Arun 气田进行了 6 次钻井作业。目前，休斯—克里斯坦森公司、Baker—Hughes 公司和贝克石油工具公司三方一直在积极合作，加快对贝克—休斯尾管钻井系统的改进，以拓展其应用范围。

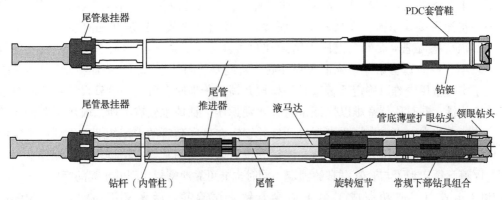

图 1-9　贝克—休斯尾管钻井系统的结构

贝克—休斯尾管钻井技术在北海 Valhall 和印尼 Arun 油气田的应用均为老井开窗侧钻。贝克—休斯尾管钻井系统于 1995 年在 Arun 气田首次使用，该气田产层垂深 2900～3200m，上部地层是高压盐水页岩层。最初所钻 3 口井都遇到了内管柱与尾管分离脱开困难的问题。经过技术改进，从 1997 年开始，该系统在 Arun 气田大量应用。在用贝克—休斯系统完成的井中，所下尾管长度 52～2079m，创尾管钻井下尾管长度 2079m 的纪录，尾管钻进进尺 0.8～60m。在该气田的施工过程中还采用了一种名为 SDD 的尾管悬挂器，它可以承受较大的旋转扭矩；外表面采用了硬质合金保护层，可减少在旋转钻井过程中的磨损；加大了尾管悬挂器的钻井液旁通流量，减少尾管悬挂器的环空压差。悬挂器与上层套管坐挂后，可通过两种方法使内、外管柱分离：一种是采用液力方法投球释放；另一种是采用机械方法旋转管柱脱开。两种方法都能在几分钟时间内很容易地将内、外管柱分离，保证内管柱顺利回收。

三、Weatherford 公司套管钻井

Weatherford 公司作为较早进行套管钻井技术的研究的石油公司之一，经过多年不懈的努力，研发成功了具有特色的套管钻井技术和设备，对其进行了不断地发展和完善，并得到广泛成功的应用，取得了良好的应用效果和经济效益。

Weatherford 公司套管钻井技术的核心在于使用一种易于被钻掉的套管钻井专用钻头，即钻鞋（DrillShoe）。其套管钻井的钻头是装在套管鞋上的，与传统的 PDC 钻头的结构一样，有刀翼、水眼，PDC 或金刚石复合片的镶嵌作为钻井用的切削齿，但由于是安装在套管鞋的位置，取代套管鞋，因此叫做钻鞋（图 1-10）。

应用 Weatherford 公司的套管钻井理论，用钻鞋钻井的方式也在油田上得到了较为广泛的应用，其简化井身结构和操作程序，节省钻井费用的巨大优势也得到了广泛的认可。

四、国内单/多行程套管钻井

国内开展套管钻井的几家单位，最常用的套管钻井技术要么是单行程，要么是多行程，其区分依据是可否更换钻头，因此也叫单行程套管钻井技术和可更换钻头多行程套管钻井技术。

所谓单行程套管钻井技术，就是指采用一只钻头钻完设计进尺，中途不进行起下钻和

(a) 第一代20in钻鞋   (b) 第二代13³⁄₈in钻鞋

图 1-10   Weatherford 公司第一、第二代钻鞋外观图

更换钻头作业的套管钻井技术，该技术适用于表层(技术套管)钻井及过油层的浅开发井钻井(图 1-11)。

　　所谓可更换钻头多行程套管钻井技术，就是指采用特殊的起下装置及井下工具系统，达到更换钻头的目的(图 1-12)。该技术可突破单行程套管钻井井深的限制，具有更大的适用范围。

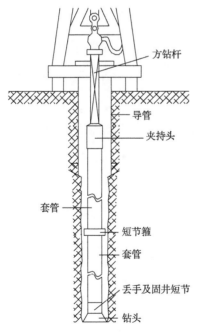
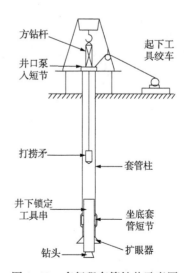

图 1-11   单行程套管钻井示意图   图 1-12   多行程套管钻井示意图

1. 单行程套管钻井技术

(1) 表层(技术套管)套管钻井系统。

开发适用于顶驱及转盘驱动方式的表层套管钻井工艺及配套工具，主要工具有可钻式

钻鞋、专用浮箍、套管夹持器等专用工具，形成满足表层套管钻井的配套技术。吉林油田、大港油田、河南油田、中海石油海上油田大多采用该技术。

（2）油层套管钻井系统。

开发适用于转盘驱动方式的过油层套管钻井工艺及配套工具，重点研制钻头脱接装置、固井浮箍及胶塞、套管夹持器等专用工具，在保证一只钻头钻达目的层的条件下，通过将钻头丢掉井底的方式实现主力油层裸眼测井，形成适用于浅开发井的套管钻井配套技术。吉林油田在浅层采油区块采用该技术。

2. 可更换钻头多行程套管钻井技术

中国石油工程技术研究院有限公司和吉林油田联合开发了适用于转盘驱动方式的可更换钻头多行程套管钻井工艺及配套工具。重点研制了随钻扩眼器、井下锁定装置、打捞工具、专用钢丝绳绞车系统及钢丝绳防喷器等专用工具，形成了适用于开发井的套管钻井配套技术。吉林油田、大港油田曾采用这种套管钻井技术。

第二章　套管钻井管柱屈曲和弯曲行为

套管钻井的钻压是靠一定数量的套管柱在井中的有效重量来施加的，而井眼中下部套管柱所能承受的轴向压缩力是有限的，当轴向压缩力和套管或井眼的几何形状产生的弯矩达到一定值时，套管柱将会失去稳定性而发生屈曲变形。

因而研究重点有如下两个方面：一是直井段套管柱屈曲的临界载荷预测模型；二是弯曲井段套管柱应力极限分析。

第一节　直井段套管柱屈曲的临界载荷能量法预测模型

井内钻井套管柱的下部只能承受有限的压力载荷，当压力载荷及套管或井眼的几何形状产生的弯矩达到一定值时，钻井套管失稳，发生弯曲。当套管弯曲后，如果没有井壁支撑，套管则不能承受压力载荷。确定钻井套管是否已经弯曲很重要，假如发生了弯曲，弯曲是否严重到引起磨损、高扭矩或高应力，这都是需考虑的因素。虽然对套管钻井系统来说，钻井套管弯曲不是一个很严重的问题，因为相对于井眼尺寸较大的套管直径大大削弱了弯曲作用且通常使应力保持较低。

失稳引起井斜问题：由于套管钻井时底部钻具的刚度相对较低，所以井斜的控制会是比较困难的问题。一旦发生井斜失控现象，就会带来严重后果。且钻井套管与井壁接触点在井内所处的位置确定了磨损是否发生在套管接箍处或是否影响套管本体。

多年来，许多人在钻柱受力与变形方面进行研究，但是由于问题的复杂性，对直井中钻柱的研究仍然存在许多分歧，直接影响实际钻柱的计算。我们根据室内模拟实验，验证了垂直井钻柱临界屈曲及后屈曲计算公式，为垂直井眼中底部钻具组合的变形计算奠定了基础。

一、垂直井中套管柱的临界屈曲预测计算公式

1950 年 Lubinski 给出了垂直井套管柱临界屈曲载荷计算式：

$$F_{cr} = 1.94 \sim 2.65 \sqrt[3]{EI\,q^2} \tag{2-1}$$

式中　F_{cr}——正弦（初始）屈曲临界值；

　　　EI——钻柱的抗弯刚度；

　　　q——单位长度钻柱浮重。

1992 年 J. Wu 用能量法推导出了直井中钻柱正弦和螺旋屈曲的临界值：

$$F_{cr} = 2.55\,(EI\,q^2)^{1/3} \tag{2-2}$$

$$F_{hel} = 5.55\,(EI\,q^2)^{1/3} \tag{2-3}$$

式中　F_{hel}——临界螺旋压弯载荷。

Miska 等应用能量法推导轻杆的螺旋屈曲行为，得出与上式同样的结果。

以上结果能否用于垂直井钻柱变形计算，一直没有得到证实。因此需要利用实验的方法对以上公式进行验证，其中最重要的是验证螺旋变形后钻柱与井壁接触力。

二、斜直井中钻柱的临界屈曲预测计算公式

采用能量法分析斜直井中钻柱的屈曲行为，并忽略钻柱自重所产生的轴向分布力的影响，就可得到如下斜直井中钻柱的临界屈曲预测公式：

$$F_{cr} = 2\sqrt{\frac{EIq\sin\alpha}{r}} \tag{2-4}$$

$$F_{hel} = 2\sqrt{\frac{2EIq\sin\alpha}{r}} \tag{2-5}$$

式中　α——井斜角，(°)。

式(2-4)与 Dawson 等人的结论一致，式(2-5)与 Chen 的结果吻合。研究表明，在倾斜井眼中管柱首先发生正弦屈曲，然后发生螺旋屈曲；在井斜较小的情况下，由于底部钻柱承受较大的压缩载荷，所以屈曲首先发生在管柱的底部；而在井斜角较大的井段中，由于摩擦力的作用，可能其顶部的压缩载荷较大而首先发生屈曲；由于井眼形状对管柱的限制，在弯曲井眼中屈曲不易发生。

第二节　套管柱在轴向力和扭矩作用下的螺旋屈曲

管柱缩短量、弯曲应力值、估算锁死条件和临界强度条件等，是钻井、完井过程中必须考虑的问题。广泛应用的力与螺距关系是通过最小势能原理推出来的。Mitchell 通过引入摩阻的影响改进了 Lubinski-Woods 模型。以前的屈曲模型和后屈曲模型都没有考虑扭矩的影响。下面分析了长管柱在轴向力和扭矩作用下的螺旋屈曲，推导了轴向力—扭矩—螺距关系式、侧向接触力和管柱缩短表达式，对扭矩的影响进行了分析。

一、数学模型

在模型推导过程中做了如下假设：

(1) 管柱屈曲后为螺旋形。

(2) 管柱足够长，端点条件不影响轴向力—扭矩—螺距关系式。

(3) 应用细长梁理论简化弯矩与曲率关系。

(4) 井眼圆直。

(5) 忽略摩阻影响。

(6) 变形能只考虑弯曲应变能。

螺旋线中心线方程为：

$$y = r\cos\beta \tag{2-6}$$

$$y = r\sin\beta \tag{2-7}$$

$$z = \frac{P}{2\pi}\beta \tag{2-8}$$

为建立线弹性系统的稳态临界值，需考虑总势能，即

$$V = U_b - \Omega_F - \Omega_T \tag{2-9}$$

其中 U_b 弯曲应变能，Ω_F 和 Ω_T 是外载和扭矩的势能。

把 Ω_F 和 Ω_T 代入总势能，得

$$V = \frac{8\pi^4 r^2 EIL}{p^4} - \frac{2\pi^2 r^2 FL}{p^2} - \frac{4\pi^3 r^2 TL}{p^3} \tag{2-10}$$

方程(2-10)把管柱屈曲总势能作为 p 和 r 的函数。稳定平衡的充分必要条件是 $\delta V = 0$ 和 $\delta^2 V > 0$。如果 $\delta^2 V < 0$ 则平衡不稳定，$\delta^2 V = 0$ 表示随遇平衡。

总势能一阶变分为：
$$\delta V = \frac{\partial V}{\partial p}\delta p + \frac{\partial V}{\partial r}\delta r \tag{2-11}$$

其中
$$\frac{\partial V}{\partial p} = -\frac{32\pi^4 r^2 EIL}{p^5} + \frac{4\pi^2 r^2 FL}{p^3} + \frac{12\pi^3 r^2 TL}{p^4} \tag{2-12}$$

$$\frac{\partial V}{\partial r} = \frac{16\pi^4 rEIL}{p^4} - \frac{4\pi^2 rFL}{p^2} - \frac{8\pi^3 rTL}{p^3} \tag{2-13}$$

二阶变分为：
$$\delta^2 V = \frac{\partial^2 V}{\partial p^2}\delta p\delta p + 2\frac{\partial^2 V}{\partial p\partial r}\delta p\delta r + \frac{\partial^2 V}{\partial r^2}\delta r\delta r \tag{2-14}$$

其中
$$\frac{\partial^2 V}{\partial p^2} = \frac{160\pi^4 r^2 EIL}{p^6} - \frac{12\pi^2 r^2 FL}{p^4} - \frac{48\pi^3 r^2 TL}{p^5} \tag{2-15}$$

$$\frac{\partial^2 V}{\partial p\partial r} = \frac{64\pi^4 rEIL}{p^5} + \frac{8\pi^2 rFL}{p^3} + \frac{24\pi^3 rTL}{p^4} \tag{2-16}$$

$$\frac{\partial^2 V}{\partial r^2} = \frac{16\pi^4 EIL}{p^4} - \frac{4\pi^2 FL}{p^2} - \frac{8\pi^3 TL}{p^3} \tag{2-17}$$

二、轴向力—扭矩—螺距关系式

现考虑方程(2-11)中一阶变分为零的两个特例。

特例1：$\delta p = 0$ 和 $\frac{\partial V}{\partial r} = 0$

一阶变分为零表示管柱弯曲后端点位移为零。

设方程(2-13)中 $\frac{\partial V}{\partial r} = 0$，可得轴向力—扭矩—螺距关系式如下：

$$F + \frac{2\pi T}{p} = \frac{4\pi^2 EI}{p^2} \tag{2-18}$$

设轴向力 F 为零，则式(2-18)变为

$$T = \frac{2\pi EI}{p} \tag{2-19}$$

由式(2-18)得的关系如图2-1所示。由图可见，扭矩对螺距的影响很小，在计算过程中可以忽略。

特例2：$\delta r = 0$ 和 $\frac{\partial V}{\partial p} = 0$

一阶变分为零表示管柱侧向受约束而端点可以自由移动。

设方程(2-12)中 $\frac{\partial V}{\partial p} = 0$ 可得轴向力—扭矩—螺距关系式如下：

$$F+\frac{3\pi T}{p}=\frac{8\pi^2 EI}{p^2} \qquad (2-20)$$

可见，如果扭矩为零，方程(2-20)退化为熟知的方程。

方程(2-20)给出的轴向力扭矩螺距关系式表明，如果轴向力为常数，螺距p是扭矩的减函数，如图2-2所示。由图2-2同样可见，扭矩对螺距的影响很小，在计算过程中可以忽略。

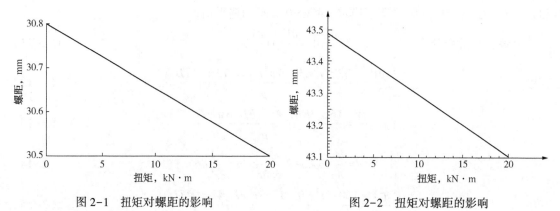

图2-1　扭矩对螺距的影响　　　　图2-2　扭矩对螺距的影响

三、平衡分析

现在分析二阶变分来确定两种情况的平衡形式。

为得到等式(2-18)，二阶变分为：

$$\delta^2 V=\frac{\partial^2 V}{\partial r^2}\delta r\delta r \qquad (2-21)$$

把方程(2-17)代入上式，得

$$\delta^2 V=\left(\frac{16\pi^4 EIL}{p^4}-\frac{4\pi^2 FL}{p^2}-\frac{8\pi^3 TL}{p^3}\right)\delta r\delta r \qquad (2-22)$$

把方程(2-18)中的F代入方程(2-17)，得$\delta^2 V=0$表示随遇平衡。高阶导数分析得到同样结果。

为推导(2-19)，二阶导数为：

$$\delta^2 V=\frac{\partial^2 V}{\partial p^2}\delta p\delta p \qquad (2-23)$$

或把方程(2-15)代入(2-23)，得：

$$\delta^2 V=\left(\frac{160\pi^4 r^2 EIL}{p^6}-\frac{12\pi^2 r^2 FL}{p^4}-\frac{48\pi^3 r^2 TL}{p^5}\right)\delta p\delta p \qquad (2-24)$$

分析方程(2-24)右侧发现，只要$F>0$(压缩)且$T>0$满足方程(2-20)，二阶导数总大于零，表示随遇平衡。

这时可以计算横向载荷如下。

四、横向载荷

管柱与井壁之间的接触力可由$\frac{\partial V}{\partial r}$表示。在推导方程(2-18)过程中由于假设$\frac{\partial V}{\partial r}=0$，接

触力消失。在推导方程(2-20)过程中单位长度的侧向力为：

$$h = \frac{16\pi^4 rEI}{p^4} - \frac{4\pi^2 rF}{p^2} - \frac{8\pi^3 rT}{p^3} \tag{2-25}$$

把方程(2-20)中的 p 代入方程(2-25)，得单位长度的侧向力为：

$$h = -\frac{2r}{(16EI)^3}\left(9T^2 + A + 6T\sqrt{A}\right)\left(3T^2 + T\sqrt{A} + 16EIF\right) \tag{2-26}$$

其中，
$$A = 9T^2 + 32EIF \tag{2-27}$$

注意，在方程(2-26)中如果 $T=0$，得：

$$h = -\frac{F^2 r}{4EI} \tag{2-28}$$

对式(2-26)进行实例计算，取钻压 $F = 250\text{kN}$，抗弯刚度 $EI = 5993.4\text{kN} \cdot \text{m}^2$，视半径 $r = 0.055\text{m}$，让扭矩在 $0 \sim 20\text{kN} \cdot \text{m}$ 之间变化，计算结果如图 2-3 所示。由图可见，尽管扭矩变化很大，但是管柱与井壁的接触力变化并不大，说明在计算接触力时扭矩的影响是次要的。

若取钻压 $F = 250\text{kN}$，扭矩 $T = 10\text{kN} \cdot \text{m}$，视半径 $r = 0.055\text{m}$，让抗弯刚度 EI 在 $1000 \sim 17000\text{kN} \cdot \text{m}^2$ 之间变化，得抗弯刚度对接触力的影响如图 2-4 所示。

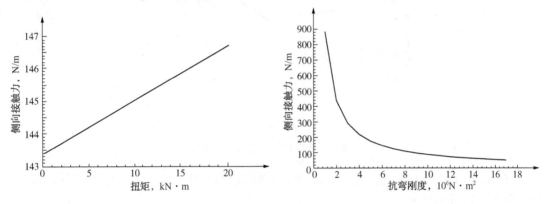

图 2-3　扭矩对侧向接触力的影响　　　　图 2-4　抗弯刚度对侧向力的影响

若取抗弯刚度 $EI = 5993.4\text{kN} \cdot \text{m}^2$，视半径 $r = 0.055\text{m}$，扭矩在 $10\text{kN} \cdot \text{m}$，让钻压在 $F = 0 \sim 250\text{kN}$ 之间变化，得钻压对接触力的影响如图 2-5 所示。

若取抗弯刚度 $EI = 5993.4\text{kN} \cdot \text{m}^2$，钻压 $F = 250\text{kN}$，扭矩在 $10\text{kN} \cdot \text{m}$，让视半径在 $r = 0.01 \sim 0.1\text{m}$ 之间变化，得钻压对接触力的影响如图 2-6 所示。

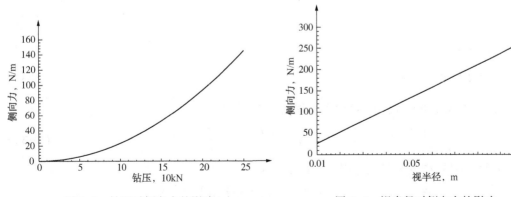

图 2-5　钻压对侧向力的影响　　　　图 2-6　视半径对侧向力的影响

五、管柱缩短量计量

管柱长度变化为

$$\Delta L = \frac{2\pi^2 r^2 L}{p^2} \tag{2-29}$$

把方程(2-20)中的 p 代入方程(2-29)，得：

$$\Delta L = \frac{r^2 L \left(3T + \sqrt{9T^2 + 32EIF}\right)^2}{128\,(EI)^2} \tag{2-30}$$

取钻压 $F = 250\mathrm{kN}$，抗弯刚度 $EI = 5993.4\mathrm{kN \cdot m^2}$，视半径 $r = 0.055\mathrm{m}$，管柱长 $L = 100\mathrm{m}$，让扭矩在 $0\sim20\mathrm{kN \cdot m}$ 之间变化，计算结果如图 2-7 所示。由图可见，扭矩对管柱缩短量的影响也不大。

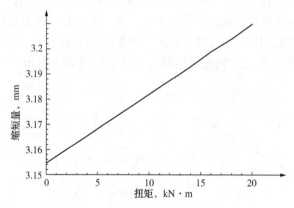

图 2-7　扭矩对管柱缩短量的影响

方程(2-30)中管柱缩短量是所施加轴向力和扭矩的函数。注意，如果设方程(2-30)中扭矩为零，ΔL 退化为：

$$\Delta L = \frac{Fr^2 L}{4EI} \tag{2-31}$$

六、弯曲应力放大

弯曲应力一般表达式为：

$$\sigma_\mathrm{b} = \frac{MD}{2I} \tag{2-32}$$

其中弯矩为 $M = EIC \tag{2-33}$

从参考文献见 $C = \dfrac{4\pi^2 r}{p^2} \tag{2-34}$

把方程(2-33)和方程(2-34)代入方程(2-32)，得：

$$\sigma_\mathrm{b} = \frac{2\pi^2 EDr}{p^2} \tag{2-35}$$

把方程(2-15)中的 p 代入方程(2-30)，得：

$$\sigma_\mathrm{b} = \frac{Dr(9T^2 + 16EIF + 3T\sqrt{A})}{64EI^2} \tag{2-36}$$

上式中设 $T=0$, 得:

$$\sigma_b = \frac{DrF}{4I} \tag{2-37}$$

方程(2-31)、方程(2-37)与不考虑扭矩时结果相同。

取钻压 $F = 250\text{kN}$, 抗弯刚度 $EI = 5993.4\text{kN} \cdot \text{m}^2$, 视半径 $r = 0.055\text{m}$, 管柱外径 $D = 0.2032\text{m}$, 让扭矩在 $0 \sim 20\text{kN} \cdot \text{m}$ 之间变化, 由方程(2-36)得扭矩对弯曲应力的影响如图 2-8 所示。由图可见, 扭矩对弯曲应力的影响较小, 计算过程中可以不计。

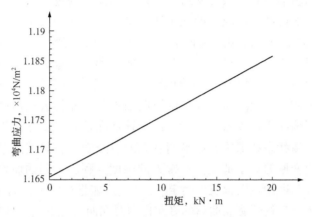

图 2-8　扭矩对弯曲应力的影响

七、分析

方程(2-18)、方程(2-19)给出的轴向力—扭矩—螺距关系式表明, 如果轴向力为常数, 螺距 p 是扭矩的减函数。由图 2-1、图 2-2 可以看出, 螺距受扭矩的影响较小。螺距的实际变化受管柱抗弯刚度 EI 的影响较大, 抗弯刚度小的管柱对扭矩更敏感。

分析方程(2-26)、方程(2-27)、方程(2-36)可见, 扭矩增加(F 不变), 单位长度侧向力、管柱缩短量、弯曲应力都要增加, EI 决定了变化的幅值。图 2-3、图 2-4、图 2-5、图 2-6 表明了扭矩、抗弯刚度、钻压、视半径对侧向力的影响, 图 2-7、图 2-8 给出了扭矩对管柱缩短量和弯曲应力的影响。图中表明, 扭矩对侧向力的影响最小, 对管柱缩短量和弯曲应力的影响也不大。因此在计算过程中, 可以省略。

由上面的推导和计算表明, 扭矩对各方面的影响都比较小, 可以忽略。这点可以指导以后的试验研究和摩阻分析。

八、本节物理量符号说明

C: 曲率　　　　　　　　D: 管柱外径　　　　　　E: 杨氏模量

EI: 抗弯刚度　　　　　　F: 外载轴向力(压力为正)

I: 惯性矩　　　　　　　L: 管柱长度　　　　　　M: 弯矩

T: 扭矩　　　　　　　　U_b: 弯曲应变能　　　　　V: 总势能

Ω_F: 轴向力势能　　　　　Ω_T: 外部扭矩势能　　　　σ_b: 弯曲应力

h: 单位长度侧向接触力　p: 螺距　　　　　　　　r: 半径

β: 极角　　　　　　　　ΔL: 管柱缩短长度　　　　x, y, z: 坐标

第三节　斜直井段套管柱屈曲行为的静力平衡法分析

一、屈曲分析方法简介

套管柱同受井眼约束管柱的屈曲行为研究一样，通常主要有能量法、静力平衡法和实验法，大量的文献利用不同的方法对受约束管柱的屈曲行为进行了讨论和分析。不同的方法具有各自的特点，如得到广泛应用的能量法，得到了一些经典结论，但直接能量法也存在一些问题：(1)在确定管柱的螺旋屈曲临界载荷时，通常需要采用两个假设：假设螺旋屈曲构型为均匀螺旋线和假设变形过程中载荷与轴向变形的关系。其中假设屈曲构型为均匀螺旋线对存在轴向力(如斜直井中沿井眼轴线的套管自重分量和轴向摩擦等)显然不能精确表达管柱螺旋屈曲的实际构型。而造成螺旋屈曲临界载荷非常大离散结果的假设则是对管柱屈曲过程中载荷与轴向变形关系的假设，由于管柱在轴向载荷作用下将会经历从直线平衡状态、正弦屈曲平衡状态和螺旋屈曲平衡状态的复杂变化，显然这给合理简化管柱屈曲过程中的载荷与轴向变形的关系造成了非常大的难度。利用不同的假设得到不同的螺旋屈曲临界载荷，其精度和适用范围都难以确定。(2)利用能量法所确定的屈曲构型函数，难以做精度分析，无法确定管柱螺旋屈曲后的真实构型及屈曲管柱的内力和应力。(3)当管柱所受轴向载荷沿轴向变化时，一般均采用平均化处理，无法确定管柱任意截面的变形。(4)利用能量法只能分析保守系统，对于包含非保守力的情况无能为力，因此，无法分析摩擦与屈曲进程的耦合影响。仅对受水平圆管约束管柱的螺旋屈曲临界载荷，不同的研究文献所得到的理论结果相差悬殊，最大值与最小值之间相差近3倍，给工程应用带来了困难。由于管柱从初始正弦屈曲到螺旋屈曲的过程并没有弄清，因此难以判断哪一个假设更合理，哪一个结果精度更高以及所得屈曲构型的精度如何。

与能量法相比，静力平衡法具有一些明显的优点，静力平衡屈曲方程的建立的基本假设只需要在能量法中同样使用的几个基本假设基础之上增加如下假设：(1)管柱屈曲后其轴线与约束圆管轴线夹角仍然很小，适用细长梁理论。(2)管柱与约束圆管保持连续接触。(3)约束圆管内径为常数。但是，不再需要假设屈曲构型和屈曲过程中载荷与轴向变形的关系。不仅如此通过求解屈曲微分方程还可以求得真实的屈曲构型与载荷过程中载荷与轴向变形之间的关系。从这个意义上说如果可以证实所得屈曲微分方程解的精度是有保证的，静力平衡法所得的解应该是可以评价在同样假设前提之下用能量法所得的解。但应用静力平衡法同样也有难题需要解决。如屈曲微分方程能否表达管柱屈曲、后屈曲的所有状态；屈曲微分方程的每个解是否都对应管柱某种平衡状态，这种平衡状态是否是稳定的，所得解是否具有实际的物理意义；能否通过微分方程分析管柱从初始正弦屈曲发生到螺旋屈曲后的整个过程；管柱在正弦屈曲和螺旋屈曲状态中的实际构型和相互转化的临界条件；能否考虑管柱轴向力的变化得到管柱的屈曲构型的解析解；考虑摩擦、接触力与屈曲进程的耦合时，如何通过求解耦合微分方程组，得到考虑摩擦影响的管柱屈曲构型和轴向力沿屈曲管柱的变化等。到目前为止，高德利和刘凤梧等通过建立受井眼约束作用管柱的屈曲微分方程的建立、求解等在不同的研究论文中进行了系统的论述，得到了一系列非常有意义的结果。这里仅以斜直井中管柱屈曲分析的结果为例进行论述。

在定向井斜直井段管柱自重的两个分量都将对管柱屈曲行为产生影响，管柱自重的横向分量(沿垂直于管柱轴线方向的分量)保持不变，但管柱自重的纵向分量(沿管柱轴线方向的分量)使得管柱的轴向力随管柱截面的位置而变化。这时同一根管柱可能会同时包含三种平衡状态：直线平衡状态、正弦屈曲平衡状态和螺旋屈曲平衡状态。这时分析受约束管柱的屈曲行为需要综合考虑管柱自重的两个分量对管柱屈曲的影响。

文献中对于受斜直圆管约束管柱的屈曲分析主要包括：(1)利用能量法对于正弦屈曲只求出了管柱的初始正弦屈曲临界载荷，如 Paslay 和 Dawson(1964，1984)，对管柱正弦屈曲段的构型等并未进一步分析；对于螺旋屈曲的研究仍采用假设屈曲构型为均匀螺旋线得到螺旋屈曲临界载荷，其适用范围受到了限制，并且所用方法和结果与相应水平圆管中管柱分析存在的问题一样，所得螺旋屈曲载荷相差悬殊。(2)Mitchell 在 1986 年利用静力平衡法给出了斜直井眼中受单压管柱的屈曲平衡方程，并将非线性屈曲微分方程简化为代数方程得到屈曲方程对应螺旋构型的近似解，直到最近才给出了屈曲方程对应管柱正弦屈曲构型幅值的数值解拟合公式，但对应管柱正弦屈曲和螺旋屈曲临界载荷只是基于屈曲方程数值解的稳定性给出了一个大致的范围。

基于受压扭管柱的屈曲方程，包括直线平衡状态、正弦屈曲和螺旋屈曲平衡状态解的性质。对屈曲方程应用伽辽金法求解得到了管柱正弦屈曲构型的解析解；利用多尺度法得到了管柱螺旋屈曲构型的解析解，所得解析解与四阶强非线性屈曲微分方程的数值解具有非常良好的一致性。并根据 $n_{\min} \geq 0$ 条件确定了管柱处于三种平衡状态的载荷范围。

套管柱在斜直圆管中的屈曲微分方程：

$$\frac{d^4\theta}{dz^4} - 6\left(\frac{d\theta}{dz}\right)^2\frac{d^2\theta}{dz^2} + 3\frac{M_T}{EI}\frac{d\theta}{dz}\frac{d^2\theta}{dz^2} + \frac{d}{dz}\left(\frac{F}{EI}\frac{d\theta}{dz}\right) + \frac{q\sin\alpha}{EIr_c}\sin\theta = 0 \qquad (2\text{-}38)$$

式中　q——管柱单位长度的重量；

　　　F_0——管柱最下端的轴向压力；

　　　F——管柱在 z 处的轴向载荷。

$$F = F_0 - qz\cos\alpha \qquad (2\text{-}39)$$

管柱截面内的扭矩为：

$$M_Z = M_A + M_n \qquad (2\text{-}40)$$

其中 $M_A = EIr_c^2\left(\dfrac{d\theta}{dz}\right)^3$ 为管柱屈曲变形引起的附加扭矩。

管柱与约束圆管之间的接触力为：

$$N = EIr_c\left[4\frac{d^3\theta}{dz^3}\frac{d\theta}{dz} + 3\left(\frac{d^2\theta}{dz^2}\right)^2 - \left(\frac{d\theta}{dz}\right)^4\right] + M_T r_c\left[\left(\frac{d\theta}{dz}\right)^3 - \frac{d^3\theta}{dz^3}\right] + Fr_c\left(\frac{d\theta}{dz}\right)^2 + q\sin\alpha\cos\theta \quad (2\text{-}41)$$

为简单起见这里暂不考虑扭矩对屈曲的影响。

无量纲化的管柱屈曲微分方程：

$$\theta''''_{\xi} - 6\theta'^2_{\xi}\theta''_{\xi} + 2\left[(1-\varepsilon\xi\cos\alpha)\theta'_{\xi}\right]'_{\xi} + Q_0\sin\alpha\sin\theta = 0 \qquad (2\text{-}42)$$

其中，$\omega_0 = \sqrt{\dfrac{F_0}{2EI}}$，$\xi = \omega_0 z$，$n = \dfrac{N}{EIr\omega_0^4}$，$\varepsilon = \dfrac{q}{F_0}\sqrt{\dfrac{2EI}{F_0}}$，

$Q_0 = \dfrac{q}{EIr\omega_0^4}$，$Q_1 = \dfrac{Q_0\sin\alpha}{(1-\varepsilon\xi\cos\alpha)^2}$，$\eta = \dfrac{2}{3\varepsilon\cos\alpha}\left[1-(1-\varepsilon\xi\cos\alpha)^{\frac{3}{2}}\right]$

其管柱与约束管壁之间接触力的无量纲形式为：

$$n = 4\theta'''_\xi \theta'_\xi + 3\theta''_\xi{}^2 - \theta'_\xi{}^4 + 2(1-\varepsilon\xi\cos\alpha)\theta'_\xi{}^2 + Q_0\sin\alpha\cos\theta \tag{2-43}$$

二、考虑轴向载荷变化时管柱的正弦屈曲结果分析

对于屈曲构型结果的简单形式为：

$$\theta = \sqrt{\frac{8\left[(1-\varepsilon\xi\cos\alpha)^2 - Q_0\sin\alpha\right]}{12(1-\varepsilon\xi\cos\alpha)^2 - Q_0\sin\alpha}} \sin(\eta) \tag{2-44}$$

对于管柱在斜直约束圆管中的正弦屈曲构型，Mitchell（1996）曾经用数值方法分析过，其正弦构型的幅值用最小二乘法拟合后的公式为：

$$\theta_{max} = 1.12271\left[(1-\varepsilon\xi\cos\alpha) - \sqrt{Q_0\sin\alpha}\right]^{0.460}(1-\varepsilon\xi\cos\alpha)^{0.040} \tag{2-45}$$

Mitchell 数值结果与式（2-44）的比较如图 2-9 所示。

另外以解析结果式（2-44）为基础，本书对屈曲微分方程进行了数值求解，管柱屈曲构型的数值结果与解析结果比较见图 2-10 所示，其中给定 $Q_0 = 1.0$，$\alpha = 30^\circ$，$\varepsilon = 0.01$。

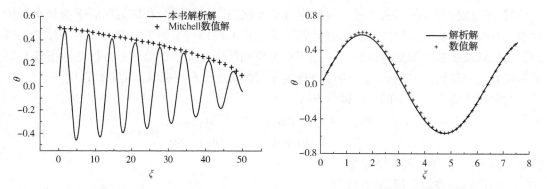

图 2-9　式（2-44）解析结果与 Mitchell 数值结果的比较　　图 2-10　管柱构型的解析结果与数值结果比较

从以上分析可以看出，即使假设简单的构型函数形式应用伽辽金法得到的管柱正弦屈曲构型的解析解也具有了较好的精度。式（3-44）中的系数为零即对应管柱发生初始正弦屈曲的临界载荷。即：

$$Q_1 = 1 \tag{2-46}$$

若给定 Q_0 则可确定管柱开始发生正弦屈曲的位置 ξ_{crs}。

为得到更为精确的管柱正弦屈曲构型，可假设屈曲构型的形式为：

$$\theta = A\sin(\eta) + B\sin(3\eta) \tag{2-47}$$

其对应的伽辽金方程为：

$$\begin{cases} \int_0^\pi (\theta''''_\eta - 6\theta'_\eta{}^2\theta''_\eta + 2\theta''_\eta + Q_1\sin\theta)\sin\eta\, d\eta = 0 \\ \int_0^\pi (\theta''''_\eta - 6\theta'_\eta{}^2\theta''_\eta + 2\theta''_\eta + Q_1\sin\theta)\sin(3\eta)\, d\eta = 0 \end{cases} \tag{2-48}$$

给定管柱处于正弦屈曲状态中任意位置的载荷 Q_1，即可由方程组（2-48）得到其相应构型函数中的待定系数 A、B，从而确定这一位置的构型。结合接触力等于零的条件，则可通过以下非线性方程组确定管柱保持正弦屈曲构型的极限状态。

$$\begin{cases}
\dfrac{3}{2}A^3+27AB^2+\dfrac{9}{2}A^2B-A+Q_1\left(A-\dfrac{1}{8}A^3-\dfrac{1}{4}AB^2+\dfrac{1}{8}A^2B\right)=0 \\[2mm]
63B+\dfrac{3}{2}A^3+27A^2B+\dfrac{243}{2}B^3+Q_1\left(B-\dfrac{1}{4}A^2B+\dfrac{1}{24}A^3\right)=0 \\[2mm]
-2A^2-108AB-306B^2-A^4-12A^3B-54A^2B^2-108AB^3-81B^4+Q_1=0
\end{cases} \tag{2-49}$$

求解以上方程组可得：

$$Q_{\text{smin}}=0.5266,\quad A=0.5808,\quad B=-0.004108 \tag{2-50}$$

其中Q_{smin}为管柱保持正弦屈曲平衡状态的上极限值。由此可得管柱保持稳定正弦屈曲构型的载荷范围为：

$$0.5266<Q_1<1 \tag{2-51}$$

由此可进一步确定管柱保持正弦屈曲状态的长度范围。

三、轴向载荷变化时管柱的螺旋屈曲分析

当截面内轴向力达到某一数值后，管柱将会进入螺旋屈曲。为求解屈曲微分方程对应螺旋屈曲的构型解，针对方程中的小参数ε，采用非线性尺度法求解屈曲微分方程。

首先引入新的变量：

$$\begin{cases}
\lambda=\varepsilon\xi \\[2mm]
\eta=\dfrac{g(\lambda)}{\varepsilon}
\end{cases} \tag{2-52}$$

则得：

$$\theta=\pm\left(\eta-\dfrac{1}{5}Q_1\sin\eta-\dfrac{7}{1600}Q_1^{\ 2}\sin2\eta\right) \tag{2-53}$$

为验证非线性尺度方法所得解析解的精度，对屈曲微分方程进行了数值计算，其数值结果与解析解的比较见图2-11和图2-12。图中虚线表示屈曲方程对应螺旋屈曲构型相应的接触力为负，没有物理意义。从图2-11和图2-12中可以看出数值解与解析解有良好的一致性。

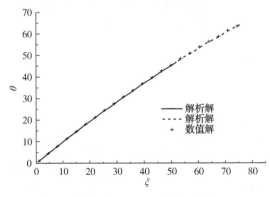

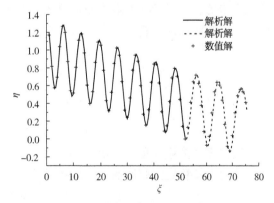

图2-11　屈曲方程对应螺旋屈曲解的　　　　　图2-12　管柱螺旋屈曲后接触力
　　　　数值解与摄动结果比较　　　　　　　　　　分布数值与解析结果比较

利用接触力$n_{\text{min}}\geqslant0$的条件，可得管柱发生螺旋屈曲的临界条件为：

$$Q_{\text{crh}}=0.5290 \tag{2-54}$$

即当 $Q_1 < 0.5290$ 时，管柱将进入螺旋屈曲。

四、结果与讨论

1. 正弦屈曲和螺旋屈曲变形

综合前述分析得到了正弦屈曲构型和螺旋屈曲构型两种屈曲构型的解析表达式，通过与屈曲方程的数值解比较都具有非常良好的精度。

对于给定的管柱，其 α、ε 为已知，若再给定管柱一端载荷 F_0，则 Q_0 即可确定。而 Q_1 实际上表示了管柱截面的位置，即 Q_1 为截面位置参数。因此由此我们可以确定管柱任意截面的变形，进一步由此可以确定管柱任意截面内力和应力分布。

2. 管柱屈曲临界载荷

管柱保持正弦屈曲构型的范围为 $0.5266 < Q_1 < 1$，管柱保持螺旋屈曲构型的范围为 $Q_1 < 0.5290$。由此可见管柱失去正弦屈曲稳定的条件与发生螺旋屈曲的临界条件基本一致。

Wu（1994）、Miska（1996）利用能量守恒原理，得到了管柱的临界载荷。对受斜直圆管约束管柱的临界载荷文献中几种典型结果的比较见表 2-1，其中临界载荷表达式的一般形式为 $F_{cr} = A\sqrt{EIq\sin\alpha/r_c}$，表中所列为其系数 A 的值。

表 2-1　斜直约束圆管中管柱屈曲临界载荷系数 A 典型结果比较

作者	所用解法	管柱屈曲临界载荷系数		
		正弦屈曲	过渡段	螺旋屈曲
Dawson（1984）	能量法	2 及以上		
Wu（1994）	能量守恒	2	3.657 及以上	
Miska（1996）	能量守恒	2~3.75	3.75~4	5.657 及以上
Mitchell（1997）	微分方程	2~2.828	2.828~4	5.657 及以上
本书作者	物理意义	2~2.75		2.75 及以上

以上螺旋屈曲临界载荷的确定方法，是针对无限长管柱而言。实际工程中的管柱长度都是有限的，这时管柱的螺旋屈曲临界载荷 F_{crh}^h，需要保证使载荷达到确定临界载荷 F_{crh} 之后，要使螺旋屈曲的管柱至少形成一个整圈螺旋都和约束管壁相接触，即使

$$\eta = \frac{2}{3\varepsilon\cos\alpha}\left[1 - \left(\frac{F_{crh}}{F_{crh}^s}\right)^{\frac{3}{2}}\right] = 2\pi \tag{2-55}$$

由此可得这时管柱的螺旋屈曲临界载荷为：

$$F_{crh}^s = \left(3\sqrt{2EI}\pi q\cos\alpha + F_{crh}^{\frac{3}{2}}\right)^{\frac{2}{3}} \tag{2-56}$$

当斜直井的倾斜角 $\alpha = 90°$，斜直井退化为水平井，这时为 $\eta = \xi$ 和 $Q_1 = Q_0$。

这时保持稳定正弦屈曲状态的条件为：

$$1 > Q_0 > 0.53 \tag{2-57}$$

其对应的载荷范围为：

$$2\sqrt{\frac{EIq}{r}} < F < 2.75\sqrt{\frac{EIq}{r}} \tag{2-58}$$

管柱在正弦屈曲阶段轴向压缩量的计算为：

$$\Delta L = \frac{1}{2}r^2 \int_0^L \left(\frac{\mathrm{d}\theta}{\mathrm{d}z}\right)^2 \mathrm{d}z \qquad (2-59)$$

无量纲形式为：

$$\Delta L = \frac{1}{2}r^2\omega \int_0^{\xi_L} \left(\frac{\mathrm{d}\theta}{\mathrm{d}\xi}\right)^2 \mathrm{d}\xi \qquad (2-60)$$

将式(2-50)中的 A、B 等代入式(2-49)求得 Q_1，然后将 Q_1 代入式(2-53)求得 θ 计算式，最后将 θ 代入式(2-60)，可得管柱在正弦屈曲阶段对应的最大轴向压缩量为：

$$\Delta L_{\mathrm{sin}} = 0.0843\omega r_c^2 \xi_L \qquad (2-61)$$

管柱保持稳定的螺旋屈曲平衡状态的条件为：

$$F \geqslant 2.75\sqrt{\frac{EIq}{r}} \qquad (2-62)$$

即螺旋屈曲临界载荷 $F_{\mathrm{crh}} = 2.75\sqrt{\dfrac{EIq}{r_c}}$，对应的轴向载荷压缩量为：

$$\Delta L_{\mathrm{hel}} = 0.5026\omega_0^2 r_c^2 L \qquad (2-63)$$

比较管柱保持正弦屈曲平衡状态的最大载荷 F_{max} 和发生螺旋屈曲的临界载荷 F_{crh} 可以看出两者数值基本一致，而两个临界载荷所对应的管柱轴向压缩量 ΔL_{sin} 和 ΔL_{hel} 则相差 6 倍之多。由此可见：对于只受轴向压缩的管柱而言，当管柱失去稳定的正弦屈曲状态后，随即进入稳定的螺旋屈曲状态。管柱从失去正弦屈曲平衡状态到螺旋屈曲形成，其轴向载荷基本不变，但轴向变形有了很大增加。这从理论上解释了管柱从正弦构型向螺旋构型变化过程中，载荷基本保持不变而变形有跳跃性增加的实验现象。以 Williams(1995)实验为例：管柱采用长度为 $L=10.77\mathrm{m}$，直径为 $d=6.35\mathrm{mm}$ 铝棒，约束圆管的内径 $ID=38.1\mathrm{mm}$。管柱两端受轴压作用，随载荷的增加，管柱经历了正弦屈曲和螺旋屈曲。对实验管柱利用长管柱的解析公式计算得到了管柱在屈曲过程中轴向载荷与轴向压缩变形关系，如图 2-13 所示。

图 2-13 中 AB 段对应管柱在正弦屈曲时载荷与变形的关系，CD 对应管柱在螺旋屈曲时的轴向载荷与轴向变形关系。图中 A、B、C 分别对应管柱的初始正弦屈曲临界载荷 F_{crs}、保持正弦屈曲的最大载荷 F_{max} 和螺旋屈曲发生的临界载荷 F_{crh}。图 2-14 为针对受约束水平管柱轴向压缩和轴向变形得到的典型试验曲线，比较分析两个曲线图，两者有良好的一致性。

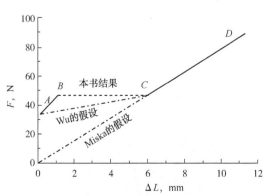

图 2-13 管柱屈曲过程中管柱轴向
压缩变形随载荷的变化曲线

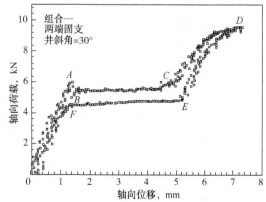

图 2-14 管柱屈曲过程中管柱轴向
压缩变形随载荷的试验曲线

而在利用能量法求解水平圆管中管柱螺旋屈曲的临界载荷时：Miska 等假设螺旋屈曲前轴向载荷和轴向压缩变形的关系为线性关系，如图 2-14 中 *OC* 表示其载荷变形关系，得到了螺旋屈曲临界载荷；Wu 等假设管柱从正弦屈曲发生到螺旋屈曲发生期间轴向载荷和轴向压缩变形的关系为线性关系，如图 2-14 中 *AC* 表示其载荷变形关系，得到管柱螺旋屈曲临界载荷。这都与以上分析的管柱螺旋屈曲前的变形情况相差甚远，因此所求螺旋屈曲临界载荷都远远大于本书所求值。反而 Chen 直接套用 Timoshenko 方法，相当于忽略了管柱在正弦屈曲阶段的变形，即管柱直接发生螺旋屈曲，这恰好反映了受水平圆管约束管柱螺旋屈曲前的主要变形，忽略的正弦屈曲阶段轴向变形为次要变形，利用能量法又提高了螺旋屈曲临界载荷，因此其结果反而具有很好的精度。

第四节　弯曲井段套管柱应力极限分析

一、弯曲井眼(造斜井段)中的临界屈曲载荷和螺旋屈曲载荷

可以选用如下计算公式：

$$F_{cr} = \left[4EI/(rR) \right] \left\{ 1 + \left[1 + rR^2 w_e \sin\theta/(4EI) \right]^{0.5} \right\} \tag{2-64}$$

$$F_{cr} = \left[12EI/(rR) \right] \left\{ 1 + \left[1 + rR^2 w_e \sin\theta/(8EI) \right]^{0.5} \right\} \tag{2-65}$$

其中符号意义同前。

二、井眼弯曲导致的轴向应力计算公式推导

计算涉及物理量见图 2-15，弯曲力：

$$F_B = \frac{EDA}{2R} \tag{2-66}$$

式中　E——弹性模量；

　　　D——管径；

　　　A——管截面积；

　　　R——井眼曲率半径。

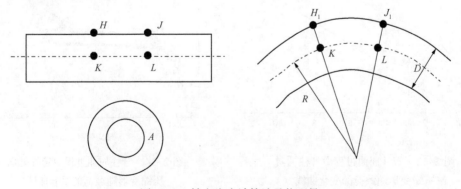

图 2-15　轴向应力计算涉及物理量

HJ 的延伸率为：

$$\varepsilon = \frac{H_1 J_1 - HJ}{HJ} = \frac{(R+D/2)\,\theta - R\theta}{R\theta} = \frac{D}{2R} \qquad (2-67)$$

$$\sigma = E\varepsilon = \frac{ED}{2R} \qquad (2-68)$$

$$F_B = \sigma A = \frac{EDA}{2R} \qquad (2-69)$$

轴向力：要考虑井眼轨迹的影响。油层套管 N80 ×φ139.7mm（5½in）×9.17mm 允许下入最大井眼曲率。假设套管弯曲使管体一点发生屈服的井眼曲率为允许的最大值，仅考虑井眼弯曲。计算结果为：允许最大曲率 = 58.0°/30m，允许最大曲率 = 1.9°/m，允许最大曲率 = 0.0338rad/m，允许最小的曲率半径 = 29.6m，允许最小的 90° 弧长 = 46.5m。未考虑接箍的影响。

套管柱随井眼弯曲时，产生弯曲应力。在套管的一侧是拉应力，另一侧是压应力。弯曲应力的大小与套管直径、弯曲半径有关。在变形量较小时，可用弯曲梁的公式计算；在变形量大时，应当用弹塑性力学分析方法。套管柱弯曲应力应小于套管钢材的许用应力。往往在弯曲应力未达到许用应力时，套管柱就产生稳定性破坏。在上提或下放套管柱时，套管柱所受的拉（压）应力与弯曲应力叠加。叠加后总的应力应小于钢材的许用应力。套管柱弯曲后，其本体有可能产生较大的变形，丧失圆形而呈椭圆状。

三、套管许用应力

套管柱弯曲应力应小于套管许用应力。套管柱随井眼弯曲时，产生弯曲应力。因螺纹处管壁薄、应力集中，故该处弯曲应力将比套管本体提前达到许用应力。该处的受力复杂，应力计算困难。可将套管本体的许用应力乘以一个减低系数作为该处的许用应力。套管柱弯曲应力应小于螺纹处的许用应力。不仅如此，在下套管时要上提下放套管柱，使弯曲段的套管柱受力增加，而上提套管柱的最上一根套管受力最大。某弯曲段套管柱受力包括：弯曲段以下套管柱在钻井液中的浮重（T'_s），弯曲段以下摩擦阻力（F'_m），套管柱弯曲时一侧的拉应力（σ_w）。这三个力之和应小于套管的最小许用应力（σ_{min}）。判别关系式：

$$\sigma_{min} > \frac{F'_m}{A} + \frac{T'_s}{A} + \sigma_w \qquad (2-70)$$

$$\sigma_{min} = \sigma_s K$$

式中 σ_s——套管本体钢材屈服强度；

       K——套管螺纹处应力降低系数。

四、套管柱处于弯曲段时应不发生屈曲变形

套管柱通过弯曲段时产生弯曲变形，可能在弯曲应力达到钢材的许用应力之前就发生较大的变形，使套管的圆形截面变成椭圆形截面，严重时呈扁状，这种变形称为屈曲变形，也称为失稳破坏。屈曲变形是生产所不允许的，在套管柱通过弯曲段时也不允许。套管柱产生屈曲变形时的应力可用材料力学方法计算。小直径套管柱比大直径套管柱承受弯曲失稳破坏的能力更高。

五、套管柱处于弯曲段时应不发生密封失效

套管柱通过弯曲段时接箍处的螺纹也随之产生弯曲变形，除该处的许用强度低于套管本体之外，该处的变形也可能使螺纹密封性破坏。套管柱是不允许密封失效的。因套管柱弯曲而导致的螺纹密封失效，尚无理论计算方法。有条件时可对不同的套管柱进行各种曲率下的弯曲试验。在施加弯曲应力的同时，在套管柱内充入高压气体或液体测试压力变化，以确定套管柱漏失时的弯曲曲率。以此可确定套管柱密封的失效点。

六、弯曲引起的疲劳问题

一般来说，钻柱疲劳破坏是由交变弯矩引起而不是由转矩引起的，疲劳破坏点主要发生在钻柱的底部而不是发生在静拉应力最大的顶部。对于套管及套管接头疲劳破坏的认识较少，因为以前套管不作为传递扭矩的钻柱用，套管未在疲劳破坏的条件下工作。在曲率相同的井眼内套管上的应力大于钻杆上的应力，且套管钻井的振动特性目前尚无研究，疲劳问题将是研究主要内容，尤其是接头的疲劳问题。

第三章　套管钻井管柱摩阻和扭矩计算模型

第一节　垂直井旋转钻进过程中套管柱的扭矩计算

在钻进过程中，整个套管柱都受到扭矩的作用，因此在套管柱各个横截面上都产生剪应力。正常钻进时，套管柱所受的扭矩取决于转盘传给套管柱的功率。

$$N = N_s + N_b \tag{3-1}$$

式中　N——转盘传给套管柱的功率，kW；

　　　N_s——套管柱空转所需功率，kW；

　　　N_b——旋转钻头破碎岩石所需功率，kW。

功率 N、扭矩 M 和角速度 ω 的关系为：

$$\begin{cases} N = M\omega \\ M = \dfrac{N}{\omega} \end{cases} \tag{3-2}$$

角速度和转速 n 的关系为：

$$\begin{cases} \omega = 2\pi \dfrac{n}{60} \\ M = \dfrac{60}{2\pi} \dfrac{N}{n} = 9.549 \dfrac{N}{n} \end{cases} \tag{3-3}$$

套管柱所受扭矩为：

$$M = \frac{9549(N_s + N_b)}{n} \tag{3-4}$$

剪应力为：

$$\tau = \frac{9549(N_s + N_b)}{n W_n} \tag{3-5}$$

式中　n——套管柱转速，r/min；

　　　W_n——所考虑套管柱横截面系数，cm³。

$$W_n = \frac{\pi d_e^3}{16} \left(1 - \frac{d_i^3}{d_e^3} \right) \tag{3-6}$$

式中　d_e，d_i——分别为套管柱的外径和内径，cm。

正常钻进时，功率 N 的大小与钻头类型及直径、岩石性质、套管柱尺寸、钻压、转速、钻井液性能以及井眼质量等因素有关，可以使用以下根据试验结果修正的经验公式进行确定。

套管柱空转所需功率推荐使用以下公式（转速<230r/min）：

$$N_s = 4.6C\gamma_m d_e^2 Ln \times 10^{-7} \tag{3-7}$$

式中 γ_m——钻井液重度，N/m³；

d_e——套管外径；cm；

L——套管柱长度，m；

n——转速，r/min；

C——与井斜角有关的系数。

直井时 $C = 18.8 \times 10^{-5}$；井斜角6°时 $C = 31 \times 10^{-5}$；井斜角15°时 $C = 38.5 \times 10^{-5}$；井斜角25°时 $C = 48 \times 10^{-5}$。

钻头破碎岩石所需功率 N_b：

（1）牙轮钻头钻进时：

$$N_b = 0.0785PDn \times 10^{-8} \tag{3-8}$$

式中 P——钻压，kW；

D——钻头直径，cm。

（2）刮刀钻头钻进时：

$$N_b = 32.17P^{1.08}Dn\phi \times 10^{-5} \tag{3-9}$$

式中 ϕ——经验系数，与岩石性质、钻井液性能、洗井液清洁程度、钻头磨损程度等因素有关，一般按 $0.36 \sim 0.6$ 选取。

在钻进时，如果钻头（或套管柱）突然被卡，旋转套管柱的动能可能全部转变为变形能，引起套管柱的瞬时扭转，产生很大的扭矩和剪应力。

套管柱旋转时的动能可用以下通式确定：

$$T = \frac{\omega^2}{2}J_o = \frac{\omega^2 \gamma_s L}{2 \quad g}J_p \tag{3-10}$$

$$J_p = \frac{\pi}{32}(d_e^4 - d_i^4) \tag{3-11}$$

式中 T——套管柱旋转时产生的动能；

ω——套管柱旋转的角速度；

J_o——套管柱的转动惯量；

γ_s——套管柱材料的重度；

L——套管柱的长度；

g——重力加速度；

J_p——套管柱截面的极惯性矩。

套管柱的变形位能可用以下通式确定：

$$U = \frac{M^2 L}{2GJ_p} \tag{3-12}$$

式中 U——套管柱的变形位能；

M——套管柱传给钻头的有效转矩；

G——剪切模量。

套管柱卡住时，动能在短时间内转化为变形能，即：

$$T = U$$

$$\frac{M^2 L}{2GJ_p} = \frac{\omega^2 \gamma_s L J_p}{2g} \qquad (3-13)$$

遇卡附加最大扭矩：

$$M = \omega J_p \sqrt{\frac{\gamma_s G}{g}} \times 10^{-8} \qquad (3-14)$$

式中　G——剪切模量，N/m^2。

套管柱要承受的最大扭矩是转盘扭矩与遇卡附加最大扭矩之和。

最大剪应力：

$$\tau_{max} = \frac{M_{max}}{W_n} \qquad (3-15)$$

垂直井中，管柱的摩阻较小，在强度设计中几乎可以忽略。

【实例1】2002年1月18日，中海石油（中国）有限公司天津分公司钻井部在渤海湾用自升式平台渤海4号试用了套管钻井方法。其中，钻井液体系为水基钻井液（WBM），钻井液密度1000kg/m³，转速50~70r/min，钻压2~5tf，排量2500~2600L/min，地面泵压（SPP）1.5~2.2MPa，环空流速0.78m/s，扭矩4.5kN·m，喷射速度45.12m/s，钻鞋（DrillShoe™）尺寸13⅜in DS2，喷嘴6×18/32in，液流通道总面积（TFA）1.494in²，下钻井深59.43m，起钻井深567.30m，下入长度507.90m，IADC钻时24h，IADC钻速（ROP）21.16m/h，纯钻时间15.50h，纯钻钻速32.77m/h。

井底钻具组合（BHA）：钻鞋组合+Weatherford公司浮箍+1根套管+1⅜in Weatherford公司浮箍+46根套管+Weatherford公司HE11¾in套管打捞矛。

所用套管旋转系统：普通Weatheford公司套管钻井系统和直接使用套管钻进。套管外径339.7mm，平均重99kg/m（壁厚12.19mm）。

所钻地层：平原组（砂岩/粉砂岩和泥岩夹层）、明化镇组（砂岩/页岩、粉砂岩、黏土岩和泥岩夹层）。

计算结果：当钻压达到57.5kN（5.87tf）时才发生正弦屈曲，比实际采用的钻压要小，有利于防斜。按刮刀钻头计算，钻压取35kN，算得需要转盘扭矩为7.73kN·m，在套管上产生的最大剪应力为5.02MPa。而K-55钢级的屈服强度为379.2MPa，紧扣扭矩最佳值10.77kN·m，最小值7.67kN·m，最大值12.79kN·m。

【实例2】吉林油田套管钻井主要参数：套管外径139.7mm，壁厚7.72mm，钢级P110，钻头直径215.9mm，钻压3~5tf，扭矩4~8kN·m，钻井液密度1100kg/m³，泵压2~5MPa，井深500m。

计算中除了钻压和转速分别取40kN和70r/min，其余同实际钻井参数。计算结果为：转盘扭矩2.7kN·m，正弦屈曲临界载荷0.8tf，螺旋屈曲临界载荷2.3tf，根据钻压计算的螺旋屈曲接触力20.8N/m。计算结果表明，钻井过程中下部套管柱已发生螺旋屈曲。

第二节　二维井眼中管柱摩阻计算模型

管柱的摩阻是零摩阻系数下轴向力和实际摩阻系数下轴向力之差。只要能计算各种摩阻系数下的轴向力分布，就能确定管柱的摩阻。

常用两种坐标系描述井眼轨迹(图 3-1)：一种是空间直角坐标系，它的分量是正北方向、正东方向和铅直方向；另一种是空间曲线坐标系，它的分量是井斜角、方位角和测深(弧长)，它们是测量数据。测深是井口到测量点的井身长度；井斜角是井眼轨迹切线方向和铅直方向的夹角；方位角是井眼轨迹在水平面的投影与正北方向的夹角，二维井眼轨迹的方位角为常数。

为了推导二维井眼中的管柱轴向力计算公式，假设：(1)管柱单元所在位置的井眼轨迹的造斜率为常数；(2)管柱和上井壁或者和下井壁接触，并且管柱曲率和井眼曲率相同；(3)管柱上的剪力和其他力相比可忽略不计；(4)管柱单元靠近井口的一端称为上端，靠近井底的一端称为下端。

造斜井段中管柱单元上提和下放情况的受力如图 3-2 所示。

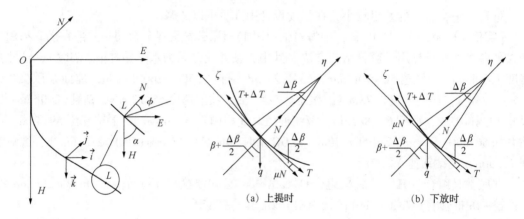

（a）上提时　　　　　　　（b）下放时

图 3-1　直角坐标系和曲线坐标系　　　图 3-2　造斜井段管柱单元受力图

上提管柱时，对于造斜井段中的管柱单元，根据力平衡原理，可得如下微分方程：

$$\begin{cases} \dfrac{\mathrm{d}T}{\mathrm{d}\beta}+\mu T=qR(\sin\beta+\mu\cos\beta) & N>0 \\[2mm] \dfrac{\mathrm{d}T}{\mathrm{d}\beta}-\mu T=qR(\sin\beta-\mu\cos\beta) & N<0 \end{cases} \tag{3-16}$$

$$N=q\cos\beta-\frac{T(\beta)}{R} \tag{3-17}$$

式中　T——轴向拉力；

　　　β——井斜角的余角；

　　　μ——管柱和井壁之间的阻力系数；

　　　q——单位长度管的有效重量；

　　　R——井眼的曲率半径。

$$q=q_s+g(A_i\rho_i-A_o\rho_o) \tag{3-18}$$

式中　q_s——单位长度管的重量；

　　　g——重力加速度；

　　　A_i，A_o——分别为管的内外截面积；

　　　ρ_i，ρ_o——分别为管内外钻井液的密度。

下放管柱时，对于造斜井段中的管柱单元，根据力平衡原理，可得如下微分方程：

$$\frac{dT}{d\beta}-\mu T=qR(\sin\beta-\mu\cos\beta) \qquad N>0 \qquad (3-19)$$

$$\frac{dT}{d\beta}+\mu T=qR(\sin\beta+\mu\cos\beta) \qquad N<0 \qquad (3-20)$$

降斜井段中管柱单元上提和下放情况的受力如图 3-3 所示。

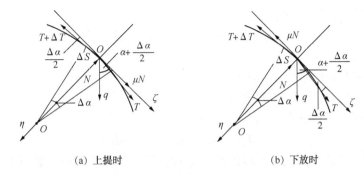

(a) 上提时   (b) 下放时

图 3-3　降斜井段管柱单元受力图

上提管柱时，对于降斜井段中的管柱单元，根据力平衡原理，可得如下微分方程：

$$\frac{dT}{d\alpha}-\mu T=qR(\cos\alpha+\mu\sin\alpha) \qquad (3-21)$$

式中　α——井斜角，（°）。

下放管柱时，对于降斜井段中的管柱单元，根据力平衡原理，可得如下微分方程：

$$\frac{dT}{d\alpha}+\mu T=qR(\cos\alpha-\mu\sin\alpha) \qquad (3-22)$$

解上述微分方程，可求得下列计算管柱轴向力的解析公式：

（1）造斜井段，上提管柱，且管柱和下井壁接触：

$$T_{i+1}=(T_i-A\sin\beta_i-B\cos\beta_i)e^{-\mu(\beta_{i+1}-\beta_i)}+A\sin\beta_{i+1}+B\cos\beta_{i+1} \qquad (3-23)$$

式中　T_i——第 i 管柱单元下端轴向力；

　　　T_{i+1}——第 i 管柱单元上端的轴向力；

　　　β_i——第 i 管柱单元下端井斜角的余角；

　　　β_{i+1}——第 i 管柱单元上端井斜角的余角。

$$\begin{cases} A=\dfrac{2\mu}{1+\mu^2}qR \\[2mm] B=-\dfrac{1-\mu^2}{1+\mu^2}qR \end{cases} \qquad (3-24)$$

（2）造斜井段，上提管柱，且管柱和上井壁接触：

$$T_{i+1}=(T_i+A\sin\beta_i-B\cos\beta_i)e^{\mu(\beta_{i+1}-\beta_i)}-A\sin\beta_{i+1}+B\cos\beta_{i+1} \qquad (3-25)$$

（3）造斜井段，下放管柱，且管柱和下井壁接触：

$$T_{i+1}=(T_i+A\sin\beta_i-B\cos\beta_i)e^{\mu(\beta_{i+1}-\beta_i)}-A\sin\beta_{i+1}+B\cos\beta_{i+1} \qquad (3-26)$$

（4）造斜井段，下放管柱，且管柱和上井壁接触：

$$T_{i+1}=(T_i-A\sin\beta_i-B\cos\beta_i)e^{-\mu(\beta_{i+1}-\beta_i)}+A\sin\beta_{i+1}+B\cos\beta_{i+1} \qquad (3-27)$$

（5）降斜井段，上提管柱：

$$T_{i+1} = (T_i + A\cos\alpha_i + B\sin\alpha_i) e^{\mu(\alpha_{i+1} - \alpha_i)} - A\cos\alpha_{i+1} - B\sin\alpha_{i+1} \qquad (3-28)$$

式中　α_i——第 i 管柱单元下端井斜角；

　　　α_{i+1}——第 i 管柱单元上端井斜角。

（6）降斜井段，下放管柱：

$$T_{i+1} = (T_i - A\cos\alpha_i + B\sin\alpha_i) e^{-\mu(\alpha_{i+1} - \alpha_i)} + A\cos\alpha_{i+1} - B\sin\alpha_{i+1} \qquad (3-29)$$

（7）稳斜井段，上提管柱：

$$T_{i+1} = T_i + q(\cos\alpha + \mu\sin\alpha)(L_i - L_{i+1}) \qquad (3-30)$$

式中　α——井斜角；

　　　L_i——管柱第 i 单元上端的测深；

　　　L_{i+1}——管柱第 i 单元下端的测深。

（8）稳斜井段，下放管柱：

$$T_{i+1} = T_i + q(\cos\alpha - \mu\sin\alpha)(L_i - L_{i+1}) \qquad (3-31)$$

垂直井段和水平井段是稳斜井段的特殊形式，当井斜角为零时，稳斜井段就是垂直井段，当井斜角为 90° 角时，稳斜井段就是水平井段，因此，上面有关稳斜井段的公式同样适用于垂直井段和水平井段管柱轴向力的计算。

第三节　三维井眼中管柱摩阻计算模型

一、井眼轨迹参数的计算方法

计算三维井眼中管柱的各种载荷时需要知道井眼的几何形状，它由一系列由测深、井斜角和方位角组成的由测量得到的数据点（简称测点）描述。此处井眼轨迹的测点从井口开始编号，即测点在井口的编号为 0，在井底为 $n-1$，下面是用最小曲率法计算井眼轨迹参数。

（1）和第 0 个测点有关的参数：井眼曲率 $K_0 = 0$，北向位移 $N_0 = 0$，东向位移 $E_0 = 0$，垂直井深 $V_0 = 0$，水平位移 $H_0 = 0$。

（2）从第（3）步到第（7）步依次循环计算（$i = 1, 2, \cdots, n-1$）各点的井眼曲率 K、北向位移 N、东向位移 E、垂直井深 V 和水平位移 H。

（3）计算第 i 井段上测点的北向位移变化率 N'_1、东向位移变化率 E'_1 和垂直井深变化率 V'_1：

$$N'_1 = \sin\alpha_{i-1}\cos\varphi_{i-1} \qquad (3-32)$$

$$E'_1 = \sin\alpha_{i-1}\sin\varphi_{i-1} \qquad (3-33)$$

$$V'_1 = \cos\alpha_{i-1} \qquad (3-34)$$

式中　α_{i-1}——第 $i-1$ 个测点的井斜角；

　　　φ_{i-1}——第 $i-1$ 个测点的方位角。

计算第 i 井段下测点的北向位移变化率 N'_2、东向位移变化率 E'_2 和垂直井深变化率 V'_2：

$$N'_2 = \sin\alpha_i\cos\varphi_i \qquad (3-35)$$

$$E'_2 = \sin\alpha_i\cos\varphi_i \qquad (3-36)$$

$$V_2' = \cos\alpha_i \tag{3-37}$$

式中 α_i——第 i 个测点的井斜角；

φ_i——第 i 个测点的方位角。

（4）计算第 i 井段的测深变化：

$$\Delta L = L_i - L_{i-1} \tag{3-38}$$

式中 L_{i-1}——第 i-1 测点的测深；

L_i——第 i 测点的测深。

（5）计算第 i 井段全角变化 θ_i 的余弦：

$$\cos\theta_i = N_1'N_2' + E_1'E_2' + H_1'H_2' \tag{3-39}$$

（6）计算第 i 井段的井眼曲率（或全角变化率）K_i：

$$K_i = \arccos(\cos\theta_i)/\Delta L \tag{3-40}$$

（7）计算第 i 个测点的北向位移 N_i、东向位移 E_i、垂深 V_i 和水平位移 H_i：

$$N_i = N_{i-1} + \Delta F(N'/\Delta D) \tag{3-41}$$

$$E_i = E_{i-1} + \Delta F(E'/\Delta D) \tag{3-42}$$

$$V_i = V_{i-1} + \Delta F(V'/\Delta D) \tag{3-43}$$

$$H_i = \sqrt{N_i^2 + E_i^2} \tag{3-44}$$

式中 ΔF、ΔD、N'、E' 和 V' 为中间变量，分别由下列式子求得：

$$\Delta F = \sqrt{2(1-\cos\theta_i)}/K_i \tag{3-45}$$

$$\Delta D = \sqrt{N'^2 + E'^2 + H'^2} \tag{3-46}$$

$$N' = N_1' + N_2' \tag{3-47}$$

$$E' = E_1' + E_2' \tag{3-48}$$

$$V' = V_1' + V_2' \tag{3-49}$$

在计算时，把测深、井斜角和方位角以及由它们算得的井眼曲率、北向位移、东向位移、垂深和水平位移存储在数组变量中备查。例如，两测点间任意位置的井斜角 α 和方位角 φ 可用下列公式计算：

$$\alpha = \alpha_i + \frac{\Delta\alpha_i}{\Delta L_i}(L - L_i) \tag{3-50}$$

$$\varphi = \varphi_i + \frac{\Delta\varphi_i}{\Delta L_i}(L - L_i) \tag{3-51}$$

式中 $\Delta\alpha_i$——井斜角的增量，$\Delta\alpha_i = \alpha_{i+1} - \alpha_i$；

$\Delta\varphi_i$——方位角的增量，$\Delta\varphi_i = \varphi_{i+1} - \varphi_i$；

ΔL_i——测深的增量，$\Delta L_i = L_{i+1} - L_i$。

其他数据可用同样方法得到。

二、三维井眼中管柱摩阻计算模型

为了建立计算三维井眼中管柱轴向载荷的通用模型，首先考虑两井眼轨迹测点之间的一个管柱单元，如图 3-4 所示，建立轴向载荷和其他因素的关系式。为了便于推导，假设：（1）管柱单元的曲率为常数；（2）管柱轴线和井眼轴线重合，此假设隐含管柱单元的曲率和井眼曲率相同；（3）两测点间的井眼轨迹位于一个空间平面内；（4）管柱的弯曲变形仍在弹性范围之内。根据管柱单元的曲率为常数的假设，可根据管柱单元的长度和管柱单元的曲率，由下式计算管柱单元的全角变化 θ：

$$\theta = KL_s \tag{3-52}$$

式中　K——管柱单元的曲率；

　　　L_s——管柱单元的长度。

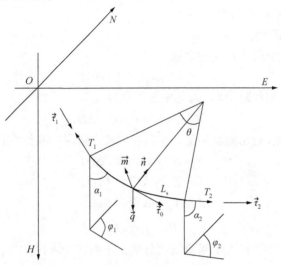

图 3-4　三维井眼中的管柱单元

根据管柱单元的轴线和井眼轴线重合的假设，管柱单元上端点的单位切向量 $\vec{\tau}_1$ 可由对应的井眼轨迹测点的井斜角和方位角表示为：

$$\vec{\tau}_1 = \tau_{11}\vec{i} + \tau_{12}\vec{j} + \tau_{13}\vec{k} \tag{3-53}$$

$$\tau_{11} = \sin\alpha_1\cos\varphi_1 \tag{3-54}$$

$$\tau_{12} = \sin\alpha_1\sin\varphi_1 \tag{3-55}$$

$$\tau_{13} = \cos\alpha_1 \tag{3-56}$$

式中　α_1——管柱单元的上端点的井斜角；

　　　φ_1——管柱单元的上端点的方位角。

切向分量的第一个下标表示测点的顺序号；切向分量的第二个下标为："1"表示正北方向，"2"表示正东方向，"3"表示铅垂方向。

同理，管柱单元下端点的单位切向量 $\vec{\tau}_2$ 可表示为：

$$\vec{\tau}_2 = \tau_{21}\vec{i} + \tau_{22}\vec{j} + \tau_{23}\vec{k} \tag{3-57}$$

$$\tau_{21} = \sin\alpha_2\cos\varphi_2 \tag{3-58}$$

$$\tau_{22} = \sin\alpha_2\sin\varphi_2 \tag{3-59}$$

$$\tau_{23} = \cos\alpha_2 \tag{3-60}$$

式中　α_2——管柱单元的下端点的井斜角

　　　φ_2——管柱单元的下端点的方位角。

管柱单元的单位副法向量可以由两端点的切向量的叉乘并单位化后得到：

$$\vec{m} = \frac{1}{\sin\theta}\vec{\tau}_1 \times \vec{\tau}_2 = m_1\vec{i} + m_2\vec{j} + m_3\vec{k} \tag{3-61}$$

式(3-61)中管柱单元的全角变化的正弦是管柱单元两端单位切向量夹角的正弦，即两单位切向量叉乘后的模。

管柱单元中点的单位切向量为：

$$\vec{\tau}_0 = \frac{\vec{\tau}_1 + \vec{\tau}_2}{|\vec{\tau}_1 + \vec{\tau}_2|} = \tau_{01}\vec{i} + \tau_{02}\vec{j} + \tau_{03}\vec{k} \tag{3-62}$$

管柱单元的单位主法向量可以通过其单位副法向量和中点的单位切向量的叉乘得到：

$$\vec{n} = \vec{m} \times \vec{\tau}_0 = n_1\vec{i} + n_2\vec{j} + n_3\vec{k} \tag{3-63}$$

式中

$$n_1 = m_2\tau_{03} - m_3\tau_{02} \tag{3-64}$$

$$n_2 = m_3\tau_{01} - m_1\tau_{03} \tag{3-65}$$

$$n_3 = m_1\tau_{02} - m_2\tau_{01} \tag{3-66}$$

单位长度管柱的有效重力向量为：

$$\vec{q} = q\vec{k} \tag{3-67}$$

当已知管柱单元下端的轴向力T_2和单位长度的侧向力F_n时，其上端的轴向力T_1可由下式算得：

$$T_1 = T_2 + \frac{L_s}{\cos\dfrac{\theta}{2}}[q\cos\bar{\alpha} \pm \mu(F_E + F_n)] \tag{3-68}$$

$$\bar{\alpha} = (\alpha_1 + \alpha_2)/2 \tag{3-69}$$

式中 μ——井眼管柱之间的摩阻系数，管柱向上运动时取"+"，管柱向下运动时取"-"；

F_E——管柱变形引起的侧向力。

F_E由下式计算：

$$F_E = 11.3EIK^3 \tag{3-70}$$

式中 I——管柱横截面的惯性矩；

E——钢材的弹性模量；

K——管柱单元的曲率。

全角平面上的总侧向力为：

$$F_{ndp} = -(T_1 + T_2)\sin\frac{\theta}{2} + L_s\vec{q} \cdot \vec{n} \tag{3-71}$$

$$F_{ndp} = -(T_1 + T_2)\sin\frac{\theta}{2} + n_3L_sq \tag{3-72}$$

副法线方向上的总侧向力为：

$$F_{np} = L_s\vec{q} \cdot \vec{n} = m_3qL_s \tag{3-73}$$

式中

$$m_3 = \frac{\sin\alpha_1\sin\alpha_2\sin(\varphi_2 - \varphi_1)}{\sin\theta} \tag{3-74}$$

三维井眼中一个管柱单元的总侧向力是全角平面的总侧向力和垂直全角平面的总侧向力的矢量和。由于它们相互垂直，所以可得单位管长侧向力的计算公式如下：

$$F_n = \frac{\sqrt{F_{ndp}^2 + F_{np}^2}}{L_s} \qquad (3-75)$$

由式(3-68)和式(3-72)可知,如果要计算轴向力就必须要先知道侧向力,另外,如要计算侧向力也必须先知道轴向力,因此,侧向力和轴向力之间互相耦合,由于它们的解耦表达式非常复杂,所以我们用迭代法求解。

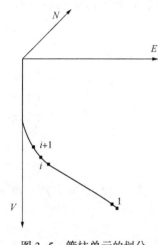

图 3-5　管柱单元的划分

以井眼轨迹数据点为节点,把管柱划分成单元,即任意两个数据点之间的管柱为一个单元,如图 3-5 所示。由于整个管柱可能由不同种类的管柱组成,管段的上下端位置可能位于两井眼轨迹数据点之间,因此,在管段分界位置需要增加节点。下面是一段管柱的轴向力的计算步骤。

(1) 由管段顶部测深从井眼轨迹模块取回对应的轨迹数据点序号(top)、井斜角和方位角;由管段底部测深从井眼轨迹模块取回对应的轨迹数据点序号(bottom)、井斜角和方位角。

(2) 如果管段顶部对应的轨迹数据点序号和管段底部对应的轨迹数据点序号相同,则进入下一步,否则转到第(10)步。

(3) 令管柱单元长度等于本段管柱长度。

(4) 计算管柱单元的全角变化、井斜角变化、方位角变化、平均井斜角、平均方位角、单位法向量在垂直方向的分量和单位副法向量在垂直方向的分量,查取本单元所在位置的摩阻系数。

(5) 令管柱单元上端的轴向力等于其下端的轴向力。

(6) 由式(3-72)、式(3-73)和式(3-75)计算单位管长的侧向力。

(7) 由式(3-68)计算管柱单元上端的轴向力。

(8) 再次由式(3-72)、式(3-73)和式(3-75)计算单位管长的侧向力。

(9) 比较在第(6)步和第(8)步算出的单位管长的侧向力,如果它们的差值小于允许值,则结束本单元的迭代;否则返回第(6)步。

(10) 把本段管柱分成(bottom-top+1)个单元,管柱单元计算从(bottom+1)到(top+1)循环,循环变量为 KU,增量步长为 -1。

(11) 如果 KU 等于(bottom+1),则管柱单元是最靠下的一个,单元上端对应的轨迹数据点序号为 bottom,下端的井眼轨迹数据通过插值得到;如果 KU 等于(top+1),则管柱单元是最靠上的一个,单元下端对应的轨迹数据点序号为(top+1),上端的井眼轨迹数据通过插值得到;如果 KU 介于(bottom+1)和(top+1)之间,则单元上端对应的轨迹数据点序号为(KU-1),下端对应的为 KU。

(12) 其余步骤为(4)至(9)步。

由下到上即可算得整个管柱的轴向力和侧向力分布。反算摩阻系数是采用二分法多次迭代计算,其中每次轴向力计算同上,只不过要多次计算轴向力,直到由假设的摩阻系数算得的轴向力和实际的轴向力相差达到允许值为止。

三、摩阻计算模型中管柱屈曲的考虑

管柱轴向压力沿轴向由小到大变化时，管柱上存在稳定段、正弦屈曲段和螺旋曲屈段。由于正弦屈曲段产生的附加摩阻较小，所以在管柱摩阻分析中只考虑螺旋屈曲产生的附加摩阻。

要考虑螺旋屈曲产生的附加摩阻，就要判断管柱何时发生屈曲，当井斜角大于1°时，螺旋屈曲载荷可由下式计算：

$$F_{hel} = 2\sqrt{2}\sqrt{\frac{EIq\sin\alpha}{r}} \tag{3-76}$$

当井斜角小于1°时，螺旋屈曲载荷可由下式计算：

$$F_{hel} = 5.55 \, (EIq)^{1/3} \tag{3-77}$$

如果轴向受压，还需判断管柱的稳定性，如果发生了屈曲，则侧向力还包括屈曲产生的侧向力，由下式计算：

$$F_{nhel} = \frac{rT^2}{4EI} \tag{3-78}$$

式中　r——管柱和井眼之间的间隙。

第四节　二维和三维井眼中管柱的扭矩计算

扭矩的计算步骤和轴向力类似，计算过程中要先计算轴向力和侧向力，然后再计算扭矩，单元上端的扭矩由下式计算：

$$M_{T1} = M_{T2} + \frac{\mu F_n L_s D_{tj}}{2} \tag{3-79}$$

式中　M_{T1}——单元上端的扭矩；

$\quad\quad M_{T2}$——单元下端的扭矩；

$\quad\quad D_{tj}$——管柱接箍外径。

当管柱提离井底并转动时，转盘扭矩由管柱和井壁之间的摩阻产生。当旋转钻进时，转盘扭矩由管柱井壁间摩阻和钻头扭矩共同产生。

第五节　套管钻井管柱摩阻和扭矩数值分析软件

将利用上述模型和算法，编制了"套管钻井管柱摩阻和扭矩数值分析软件"，其主要功能包括：套管钻井管柱各种钻井工况的摩阻和扭矩预测、各种工况的摩阻系数反演。上述各种计算都必须知道的数据（公共数据）为：井眼轨迹（测斜数据），其中包括井深（测深）、井斜角和方位角，由多组数据组成；井下管柱组成，其中包括管径、线密度、壁厚和段长，可能包括多组数据；井眼直径，可给定多个井段的数据；井眼内钻井液密度。

一、各种工况的摩阻和扭矩预测

各种工况的摩阻和扭矩预测计算原理如图3-6所示，可模拟的工况为：管柱的上提、

下放、静止、旋转钻进和滑动钻进。除公共数据外，还要给定各井段的摩阻系数。对于旋转钻进和滑动钻进，还要给定钻压；对于旋转钻进，还要给定钻头扭矩。轴向载荷(摩阻)沿测深变化规律及大钩载荷与下深(下入过程中管柱下端的测深)的关系是各种工况共有的预测结果。对于旋转钻进作业，预测结果还包括扭矩沿测深变化规律及扭矩与钻进深度的关系。

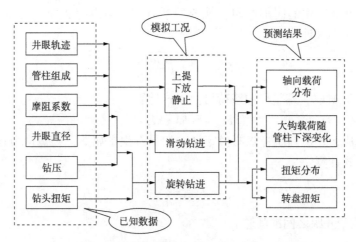

图 3-6　套管钻井管柱摩阻和扭矩预测计算框图

二、各种工况的摩阻系数反演

各种工况的摩阻系数反演如图 3-7 所示，可模拟的工况为：管柱的上提、下放、静止、旋转钻进和滑动钻进。除了公共数据外，还要给定大钩载荷；对于旋转钻进和滑动钻进，还要给定钻压；对于旋转钻进，还要给定钻头扭矩和转盘扭矩。计算结果为管柱和井眼之间的摩阻系数。

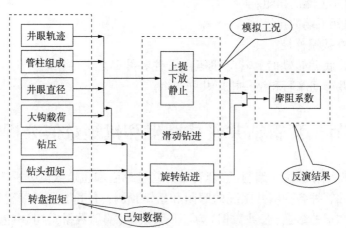

图 3-7　套管钻井管柱摩阻系数反演计算框图

三、摩阻和扭矩数值分析中屈曲的考虑

摩阻和扭矩数值分析中，屈曲是通过如图 3-8 所示过程考虑的。

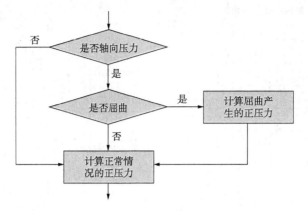

图 3-8　任一管柱单元中正压力和计算框图

四、套管柱摩阻和扭矩算例

套管柱：管径 244.5mm、平均重 69.94kg/m、壁厚 11.99mm、下深 2390.0m。

摩阻系数：旋转钻进 0.2，其他 0.4。

钻井液密度：1245.00kg/m³。

钻压：35kN。

钻头扭矩：5.0kN·m。

套管柱摩阻和扭矩计算见图 3-9~图 3-16 及表 3-1。

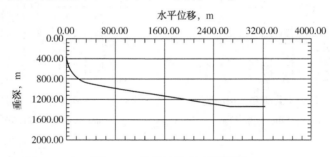

图 3-9　井眼轨迹垂直投影图

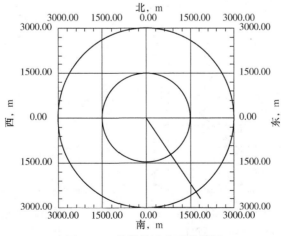

图 3-10　井眼轨迹水平投影图

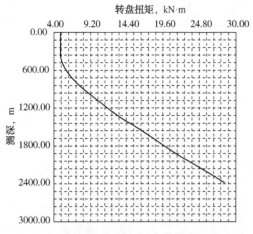

图 3-11 旋转钻进转盘扭矩和下深的关系
（φ244.47mm ×11.99mm 套管）

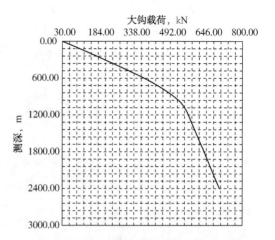

图 3-12 旋转钻进大钩载荷和下深的关系
（φ244.47mm ×11.99mm 套管）

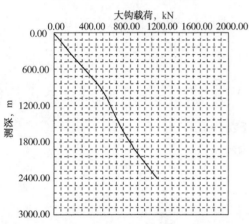

图 3-13 上提套管柱大钩载荷和下深的关系
（φ244.47mm ×11.99mm 套管）

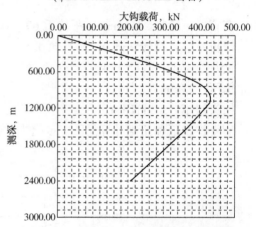

图 3-14 下放套管柱大钩载荷和下深的关系
（φ244.47mm ×11.99mm 套管）

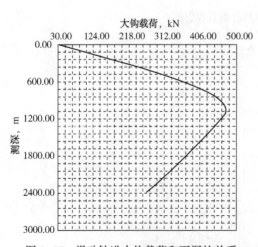

图 3-15 滑动钻进大钩载荷和下深的关系
（φ244.47mm ×11.99mm 套管）

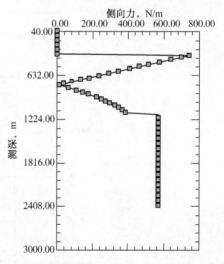

图 3-16 旋转钻进时侧向力和钻进深度的关系

表 3-1　井眼测斜数据表

序号	测深 m	井斜角度 (°)	方位角度 (°)	垂深 m	平移 m	北移 m	东移 m	曲率度 (°)/30m
1	0.00	0.00	145.58	0.0	0.00	0.00	0.00	0.0000
2	30.00	0.00	145.58	30.0	0.00	0.00	0.00	0.0000
3	60.00	0.00	145.58	60.0	0.00	0.00	0.00	0.0000
4	90.00	0.00	145.58	90.0	0.00	0.00	0.00	0.0000
5	120.00	0.00	145.58	120.0	0.00	0.00	0.00	0.0000
6	150.00	0.00	145.58	150.0	0.00	0.00	0.00	0.0000
7	180.00	0.00	145.58	180.0	0.00	0.00	0.00	0.0000
8	210.00	0.00	145.58	210.0	0.00	0.00	0.00	0.0000
9	240.00	0.00	145.58	240.0	0.00	0.00	0.00	0.0000
10	270.00	0.00	145.58	270.0	0.00	0.00	0.00	0.0000
11	300.00	0.00	145.58	300.0	0.00	0.00	0.00	0.0000
12	330.00	0.00	145.58	330.0	0.00	0.00	0.00	0.0000
13	350.00	0.00	145.58	350.0	0.00	0.00	0.00	0.0000
14	360.00	1.00	145.58	360.0	0.09	−0.07	0.05	3.0000
15	390.00	4.00	145.58	390.0	1.40	−1.15	0.79	3.0000
16	420.00	7.00	145.58	419.8	4.27	−3.52	2.41	3.0000
17	450.00	10.00	145.58	449.5	8.70	−7.18	4.92	3.0000
18	480.00	13.00	145.58	478.9	14.68	−12.11	8.30	3.0000
19	510.00	16.00	145.58	507.9	22.20	−18.31	12.55	3.0000
20	540.00	19.00	145.58	536.5	31.22	−25.75	17.64	3.0000
21	570.00	22.00	145.58	564.6	41.72	−34.42	23.58	3.0000
22	600.00	25.00	145.58	592.1	53.68	−44.28	30.34	3.0000
23	630.00	28.00	145.58	619.0	67.07	−55.32	37.91	3.0000
24	660.00	31.00	145.58	645.1	81.84	−67.51	46.26	3.0000
25	690.00	34.00	145.58	670.4	97.95	−80.80	55.37	3.0000
26	720.00	37.00	145.58	694.8	115.37	−95.17	65.22	3.0000
27	750.00	40.00	145.58	718.3	134.05	−110.58	75.77	3.0000
28	780.00	43.00	145.58	740.8	153.92	−126.97	87.01	3.0000
29	810.00	46.00	145.58	762.2	174.95	−144.32	98.89	3.0000
30	840.00	49.00	145.58	782.4	197.06	−162.56	111.39	3.0000
31	870.00	52.00	145.58	801.5	220.21	−181.65	124.47	3.0000
32	900.00	55.00	145.58	819.3	244.32	−201.55	138.10	3.0000
33	930.00	58.00	145.58	835.9	269.34	−222.18	152.24	3.0000
34	960.00	61.00	145.58	851.1	295.18	−243.50	166.85	3.0000
35	990.00	64.00	145.58	865.0	321.79	−265.45	181.89	3.0000
36	1020.00	67.00	145.58	877.4	349.09	−287.97	197.32	3.0000

序号	测深 m	井斜角度 （°）	方位角度 （°）	垂深 m	平移 m	北移 m	东移 m	曲率度 （°）/30m
37	1050.00	70.00	145.58	888.4	376.99	−310.99	213.10	3.0000
38	1080.00	73.00	145.58	897.9	405.44	−334.45	229.18	3.0000
39	1110.00	76.00	145.58	905.9	434.35	−358.30	245.52	3.0000
40	1140.00	79.00	145.58	912.4	463.63	−382.46	262.07	3.0000
41	1170.00	79.00	145.58	918.2	493.08	−406.75	278.72	0.0000
42	1200.00	79.00	145.58	923.9	522.53	−431.04	295.36	0.0000
43	1230.00	79.00	145.58	929.6	551.98	−455.34	312.01	0.0000
44	1260.00	79.00	145.58	935.3	581.43	−479.63	328.65	0.0000
45	1290.00	79.00	145.58	941.1	610.88	−503.92	345.30	0.0000
46	1320.00	79.00	145.58	946.8	640.33	−528.21	361.95	0.0000
47	1350.00	79.00	145.58	952.5	669.77	−552.51	378.59	0.0000
48	1380.00	79.00	145.58	958.2	699.22	−576.80	395.24	0.0000
49	1410.00	79.00	145.58	963.9	728.67	−601.09	411.89	0.0000
50	1440.00	79.00	145.58	969.7	758.12	−625.39	428.53	0.0000
51	1470.00	79.00	145.58	975.4	787.57	−649.68	445.18	0.0000
52	1500.00	79.00	145.58	981.1	817.02	−673.97	461.82	0.0000
53	1530.00	79.00	145.58	986.8	846.47	−698.26	478.47	0.0000
54	1560.00	79.00	145.58	992.6	875.92	−722.56	495.12	0.0000
55	1590.00	79.00	145.58	998.3	905.36	−746.85	511.76	0.0000
56	1620.00	79.00	145.58	1004.0	934.81	−771.14	528.41	0.0000
57	1650.00	79.00	145.58	1009.7	964.26	−795.44	545.05	0.0000
58	1680.00	79.00	145.58	1015.5	993.71	−819.73	561.70	0.0000
59	1710.00	79.00	145.58	1021.2	1023.16	−844.02	578.35	0.0000
60	1740.00	79.00	145.58	1026.9	1052.61	−868.31	594.99	0.0000
61	1770.00	79.00	145.58	1032.6	1082.06	−892.61	611.64	0.0000
62	1800.00	79.00	145.58	1038.4	1111.51	−916.90	628.28	0.0000
63	1830.00	79.00	145.58	1044.1	1140.95	−941.19	644.93	0.0000
64	1860.00	79.00	145.58	1049.8	1170.40	−965.48	661.58	0.0000
65	1890.00	79.00	145.58	1055.5	1199.85	−989.78	678.22	0.0000
66	1920.00	79.00	145.58	1061.3	1229.30	−1014.07	694.87	0.0000
67	1950.00	79.00	145.58	1067.0	1258.75	−1038.36	711.52	0.0000
68	1980.00	79.00	145.58	1072.7	1288.20	−1062.66	728.16	0.0000
69	2010.00	79.00	145.58	1078.4	1317.65	−1086.95	744.81	0.0000
70	2040.00	79.00	145.58	1084.2	1347.10	−1111.24	761.45	0.0000
71	2070.00	79.00	145.58	1089.9	1376.55	−1135.53	778.10	0.0000
72	2100.00	79.00	145.58	1095.6	1405.99	−1159.83	794.75	0.0000

序号	测深 m	井斜角度 (°)	方位角度 (°)	垂深 m	平移 m	北移 m	东移 m	曲率度 (°)/30m
73	2130.00	79.00	145.58	1101.3	1435.44	−1184.12	811.39	0.0000
74	2160.00	79.00	145.58	1107.1	1464.89	−1208.41	828.04	0.0000
75	2190.00	79.00	145.58	1112.8	1494.34	−1232.71	844.68	0.0000
76	2220.00	79.00	145.58	1118.5	1523.79	−1257.00	861.33	0.0000
77	2250.00	79.00	145.58	1124.2	1553.24	−1281.29	877.98	0.0000
78	2280.00	79.00	145.58	1130.0	1582.69	−1305.58	894.62	0.0000
79	2310.00	79.00	145.58	1135.7	1612.14	−1329.88	911.27	0.0000
80	2340.00	79.00	145.58	1141.4	1641.58	−1354.17	927.91	0.0000
81	2370.00	79.00	145.58	1147.1	1671.03	−1378.46	944.56	0.0000
82	2400.00	79.00	145.58	1152.9	1700.48	−1402.76	961.21	0.0000
83	2430.00	79.00	145.58	1158.6	1729.93	−1427.05	977.85	0.0000
84	2460.00	79.00	145.58	1164.3	1759.38	−1451.34	994.50	0.0000
85	2490.00	79.00	145.58	1170.0	1788.83	−1475.63	1011.14	0.0000
86	2520.00	79.00	145.58	1175.7	1818.28	−1499.93	1027.79	0.0000
87	2550.00	79.00	145.58	1181.5	1847.73	−1524.22	1044.44	0.0000
88	2580.00	79.00	145.58	1187.2	1877.18	−1548.51	1061.08	0.0000
89	2610.00	79.00	145.58	1192.9	1906.62	−1572.80	1077.73	0.0000
90	2640.00	79.00	145.58	1198.6	1936.07	−1597.10	1094.38	0.0000
91	2670.00	79.00	145.58	1204.4	1965.52	−1621.39	1111.02	0.0000
92	2700.00	79.00	145.58	1210.1	1994.97	−1645.68	1127.67	0.0000
93	2730.00	79.00	145.58	1215.8	2024.42	−1669.98	1144.31	0.0000
94	2760.00	79.00	145.58	1221.5	2053.87	−1694.27	1160.96	0.0000
95	2790.00	79.00	145.58	1227.3	2083.32	−1718.56	1177.61	0.0000
96	2820.00	79.00	145.58	1233.0	2112.77	−1742.85	1194.25	0.0000
97	2850.00	79.00	145.58	1238.7	2142.21	−1767.15	1210.90	0.0000
98	2880.00	79.00	145.58	1244.4	2171.66	−1791.44	1227.54	0.0000
99	2910.00	79.00	145.58	1250.2	2201.11	−1815.73	1244.19	0.0000
100	2940.00	79.00	145.58	1255.9	2230.56	−1840.03	1260.84	0.0000
101	2970.00	79.00	145.58	1261.6	2260.01	−1864.32	1277.48	0.0000
102	3000.00	79.00	145.58	1267.3	2289.46	−1888.61	1294.13	0.0000
103	3030.00	79.00	145.58	1273.1	2318.91	−1912.90	1310.77	0.0000
104	3060.00	79.00	145.58	1278.8	2348.36	−1937.20	1327.42	0.0000
105	3090.00	79.00	145.58	1284.5	2377.81	−1961.49	1344.07	0.0000
106	3120.00	79.00	145.58	1290.2	2407.25	−1985.78	1360.71	0.0000
107	3150.00	79.00	145.58	1296.0	2436.70	−2010.08	1377.36	0.0000
108	3180.00	79.00	145.58	1301.7	2466.15	−2034.37	1394.01	0.0000

序号	测深 m	井斜角度 (°)	方位角度 (°)	垂深 m	平移 m	北移 m	东移 m	曲率度 (°)/30m
109	3210.00	79.00	145.58	1307.4	2495.60	-2058.66	1410.65	0.0000
110	3240.00	79.00	145.58	1313.1	2525.05	-2082.95	1427.30	0.0000
111	3266.42	79.00	145.58	1318.2	2550.98	-2104.35	1441.96	0.0000
112	3270.00	79.24	145.58	1318.8	2554.50	-2107.25	1443.94	2.0112
113	3300.00	81.24	145.58	1323.9	2584.06	-2131.64	1460.66	2.0000
114	3330.00	83.24	145.58	1328.0	2613.79	-2156.16	1477.46	2.0000
115	3360.00	85.24	145.58	1331.0	2643.63	-2180.78	1494.33	2.0000
116	3390.00	87.24	145.58	1333.0	2673.57	-2205.47	1511.25	2.0000
117	3420.00	89.24	145.58	1333.9	2703.55	-2230.20	1528.20	2.0000
118	3431.47	90.00	145.58	1334.0	2715.02	-2239.67	1534.68	1.9878
119	3450.00	90.00	145.58	1334.0	2733.55	-2254.95	1545.15	0.0000
120	3480.00	90.00	145.58	1334.0	2763.55	-2279.70	1562.11	0.0000
121	3510.00	90.00	145.58	1334.0	2793.55	-2304.45	1579.07	0.0000
122	3540.00	90.00	145.58	1334.0	2823.55	-2329.19	1596.03	0.0000
123	3570.00	90.00	145.58	1334.0	2853.55	-2353.94	1612.99	0.0000
124	3600.00	90.00	145.58	1334.0	2883.55	-2378.69	1629.94	0.0000
125	3630.00	90.00	145.58	1334.0	2913.55	-2403.44	1646.90	0.0000
126	3660.00	90.00	145.58	1334.0	2943.55	-2428.18	1663.86	0.0000
127	3690.00	90.00	145.58	1334.0	2973.55	-2452.93	1680.82	0.0000
128	3720.00	90.00	145.58	1334.0	3003.55	-2477.68	1697.77	0.0000
129	3750.00	90.00	145.58	1334.0	3033.55	-2502.43	1714.73	0.0000
130	3780.00	90.00	145.58	1334.0	3063.55	-2527.17	1731.69	0.0000
131	3810.00	90.00	145.58	1334.0	3093.55	-2551.92	1748.65	0.0000
132	3840.00	90.00	145.58	1334.0	3123.55	-2576.67	1765.60	0.0000
133	3870.00	90.00	145.58	1334.0	3153.55	-2601.42	1782.56	0.0000
134	3900.00	90.00	145.58	1334.0	3183.55	-2626.16	1799.52	0.0000
135	3930.00	90.00	145.58	1334.0	3213.55	-2650.91	1816.48	0.0000
136	3931.47	90.00	145.58	1334.0	3215.02	-2652.12	1817.31	0.0000

五、管柱螺旋屈曲的自锁条件

当存在屈曲状态时，屈曲会产生阻力。在未发生屈曲时，斜直井段中管柱重力产生的轴向力由下式计算：

$$T = qL(\cos\alpha - \mu\sin\alpha) \tag{3-80}$$

式中　q——单位长度管柱重量，kg/m；

　　　L——管柱长度，m；

　　　α——井斜角，(°)；

μ——摩阻系数。

管柱轴向压力沿轴向由小到大变化时，管柱上存在稳定段、正弦屈曲段和螺旋曲屈段。由于正弦屈曲段产生的附加摩阻较小，所以在管柱摩阻分析中只考虑螺旋屈曲产生的附加摩阻。

要考虑螺旋屈曲产生的附加摩阻，就要判断管柱何时发生屈曲，当井斜角大于1°时，螺旋屈曲载荷可由下式计算：

$$F_{\text{hel}} = 2\sqrt{2}\sqrt{\frac{EIq\sin\alpha}{r}} \qquad (3-81)$$

式中　E——杨氏弹性模量；

　　　I——管柱横截面的惯性矩；

　　　r——管柱和井眼之间的间隙。

当井斜角小于1°时，螺旋屈曲载荷可由下式计算：

$$F_{\text{hel}} = 5.55\,(EIq)^{1/3} \qquad (3-82)$$

如果管柱轴向受压，就需要判断管柱的稳定性，如果发生了屈曲，则侧向力还包括屈曲产生的侧向力，由下式计算：

$$F_{\text{nhel}} = \frac{rT^2}{4EI} \qquad (3-83)$$

式中　r——管柱和井眼之间的间隙；

　　　T——轴向力，以拉力为正。

发生螺旋屈曲时轴向力和螺距的关系：

$$T = \frac{8\pi^2 EI}{P^2} \text{或} P = 2\pi\sqrt{\frac{2EI}{T}} \qquad (3-84)$$

式中　P——螺距。

计算步骤为：(1)根据下端轴向压力计算螺距；(2)以螺距为长度增量计算阻力；(3)计算出上端的轴向压力；(4)计算上下端轴向压力的平均值，以此值计算螺距，执行第(2)步；(5)以前后两次计算得出的螺距差值为标准判断是否转至第(1)步；(6)重复(1)~(5)步计算，直至材料的屈服极限或发生无限循环。

第四章　钻井套管螺纹接头有限元分析

为了计算套管钻井螺纹连接螺牙在单一载荷或复合载荷(复合载荷包括预紧扭矩、轴向拉压、内外液压、弯曲、扭转以及热应力)作用下的径向和周向应力、应变，分析接头的密封性能，确定合理的公差带。研制了套管钻井螺纹接触力学有限元软件。主要研究内容包括:

(1) 套管钻井螺纹接触有限元分析模型的自动建立;

(2) 套管钻井螺纹二维及三维半解析法弹塑性接触有限元分析;

(3) 套管钻井螺纹有限元分析结果可视化程序。

通过以上研究，将提供包括套管钻井螺纹有限元自动建模、弹塑性接触有限元分析、分析结果可视化显示等内容的全套执行软件系统，可以对圆螺纹管柱、偏梯形螺纹连接进行有限元自动建模、弹塑性接触有限元分析以及分析结果的图示处理。

对套管钻井螺纹进行应力应变分析时采用弹塑性接触有限元混合法，将材料非线性和表面非线性耦合求解，可以揭示接触区和螺牙根部的弹塑性行为，展示塑性区扩展情况。在弹塑性接触问题求解过程中，把外载荷理解为包括外力和接触力在内的不平衡力的总和，外力在迭代过程中保持不变，接触力因受位移影响必须通过嵌套在外层塑性循环中的内层接触迭代求得。考虑到载荷工况复杂，加载增量步多，每一增量步下均要进行多次接触迭代，把接触迭代凝缩到接触区，采用柔度矩阵法求解，可以大大提高计算效率。

利用油气井管柱的结构对称性，将计算模型简化为轴对称模型。对于预紧力、轴向拉压力、内外压力等轴对称载荷工况，可以直接用一般的轴对称问题有限元法进行求解。对于弯曲和扭转等非轴对称载荷工况，可以将非对称载荷沿环向展成傅里叶级数，用三维半解析法求解。

管柱螺纹结构复杂，采用自动网格划分技术进行有限元自动建模。只需选择标准管柱接头代号或输入少量尺寸参数，并输入网格划分参数及材料载荷参数，即可得到可供弹塑性接触有限元分析的完整的数据文件。编制的有限元分析结果可视化程序和分布曲线绘制程序可以方便地对计算结果进行整理。由图形可直观地看到管柱螺纹接头在各载荷工况下的变形前后网格变化、螺牙表面接触状况和应力应变的分布规律。这些分析结果往往是解析法或实验方法所难以得到的，对于工程应用有重要的实际意义。

第一节　弹塑性接触有限元混合法基本理论

油气井管柱螺纹接箍为轴对称结构，同时承受预紧力、轴向力、弯矩、扭矩及内外压力的作用，其中预紧力、轴向力、内外压力为轴对称载荷，弯矩和扭矩为三维载荷，因此本书分别用二维和拟三维进行有限元分析。为了准确分析油气井管柱螺纹接箍连接螺牙的接触状态和应力应变特性，本章引入二维及三维弹塑性接触有限元混合法基本理论。

一、弹塑性接触分析基本方程

1. 弹塑性接触基本方程

$$K(u)u = P + R(u) \equiv f(u) \tag{4-1}$$

式中 $K(u)$——系统刚度矩阵，它是节点位移向量 u 的函数；

P——已知载荷向量；

$R(u)$——待定接触力向量，它是接触点对相对位移的函数；

$f(u)$——右端项向量。

2. 迭代格式

对于弹塑性接触问题，当进行塑性修正迭代时，把外载荷理解为包括外力（已知载荷）及支反力（接触力）在内的不平衡力的总和。外力在迭代过程中保持不变，支反力因受位移 u 的影响必须通过嵌套在外层循环中的内层循环迭代求解。因为位移增量 Δu 将影响接触状态及接触力增量 $\Delta R(\Delta u)$，而接触状态及接触力增量的变化反过来又会影响位移增量 Δu，因此必须经过反复迭代才能求得收敛解。

对式（4-1）本书用修正的牛顿法（修正的 Newton-Raphson 法）求解。

若在 m 级增量载荷下求得了第 n 次迭代的近似解 $u = u^{(n)}$，则迭代格式为：

$$\Delta u^{(n)} = -\left[K_T(u)^{(0)}\right]^{-1}\left\{\int_V B^T \sigma^{(n)} dV - f(u^{(n)}) - \Delta R(\Delta u^{(n)})\right\} \tag{4-2}$$

$$u^{(n+1)} = u^{(n)} + \Delta u^{(n)} \tag{4-3}$$

$$\psi(u^{(n)}) = \int_V B^T \sigma^{(n)} dV - f(u^{(n)}) - \Delta R(\Delta u^{(n)})$$

式中 $K_T(u^{(0)})$——弹性刚度矩阵；

$\psi(u^{(n)})$——失衡力向量；

$\Delta R(\Delta u^{(n)})$——接触力增量，在接触迭代中求得。

3. 收敛准则

本书采用较为严密的检查相对失衡力的收敛准则，即：

$$\sqrt{\sum_{i=1}^N (\psi_i^n)^2} \Big/ \sqrt{\sum_{i=1}^N (f_i)^2} \leqslant \varepsilon \tag{4-4}$$

二、小变形弹塑性分析

1. 材料的弹塑性性质

小变形弹塑性问题是一个材料非线性问题。在材料单向拉伸情况下，应力—应变曲线如图 4-1 所示。在屈服极限以前，如卸除载荷，应力降为零，应变也由原曲线降为零，当超过屈服极限以后，则当应力降为零时，还保留部分塑性应变。

总应变可表示为 $\varepsilon = \varepsilon_e + \varepsilon_p$，即对于弹塑性材料应力超出屈服应力后，其变形分为两部分，其中 ε_e 是弹性应变，它在卸载时可以恢复，ε_p 是塑性应变，它在卸载时不可恢复。

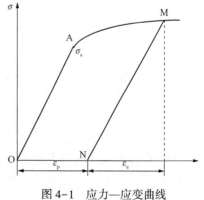

图 4-1 应力—应变曲线

2. 屈服准则

在载荷作用下，物体中某点开始发生塑性变形时应力所必须满足的条件，称为屈服准则。在复杂应力状态下，在应力空间中，屈服条件将表现为一个屈服曲面，可用屈服函数 $f(J_2', J_3') = K(k)$ 表示。常用的屈服准则有四种，即适用于金属材料的 Tresca 准则、Von Mises 准则及适用于岩土的 Mohr-Coulomb 准则、Druck-Prager 准则。各种屈服准则的表达式见表 4-1。本书采用 Von Mises 屈服准则，即当第二偏应力不变量 j_2' 达到某一极限值时，材料发生屈服。

表 4-1　四种屈服准则表达式

屈服准则	表达式	说明
Tresca	$\sigma_1 - \sigma_3 = Y(k)$	Y：材料系数
Von Mises	$(J_2')^{1/2} = K(k)$	K：材料系数
Mohr—Coulomb	$\sigma_1 - \sigma_3 = 2c\cos\varphi - (\sigma_1 + \sigma_3)\sin\varphi$	c：黏聚力
Druck-Prager	$\dfrac{2\sin\varphi}{\sqrt{3}(3-\sin\varphi)}J_1 + (J_2')^{1/2} = \dfrac{6c\cos\varphi}{\sqrt{3}(3-\sin\varphi)}$	φ：内摩擦角

3. 加载和卸载准则

对某一应力循环，初始应力 σ_{0ij} 在加载面内，加载使其达到 σ_{ij} 时恰好处于加载面上，再继续加载到 $\sigma_{ij} + d\sigma_{ij}$，将要出现塑性应变 $d\varepsilon_{pij}$，而后卸载到 σ_{0ij}，如图 4-2 所示。对稳定材料，考虑到弹性应变可以恢复，可得附加应力 $\sigma_{ij} - \sigma_{0ij}$ 作用下的最大塑性功。

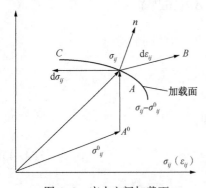

图 4-2　应力空间加载面

$$\oint (\sigma_{ij} - \sigma_{0ij}) d\varepsilon_{0ij} \geq 0 \qquad (4-5)$$

由于只有当应力达到 $\sigma_{ij} + d\sigma_{ij}$ 时才产生塑性应变 $d\varepsilon_{pij}$，则：

$$(\sigma_{ij} + d\sigma_{ij} - \sigma_{0ij}) d\varepsilon_{pij} \geq 0$$

当 $\sigma_{ij} = \sigma_{0ij}$ 时，则有：

$$d\sigma_{ij} d\varepsilon_{pij} \geq 0 \qquad (4-6)$$

当 $d\varepsilon_{pij}$ 不为零时 $d\sigma_{ij}$ 必须指向加载面的外法线一侧，才能产生塑性应变增量，这就是加载准则。如 $d\sigma_{ij}$ 不指向加载面的外部，则只有 $d\varepsilon_{pij} = 0$ 才成立，这就是卸载准则。

我们一般用屈服函数来表示加载和卸载准则。加载曲面的屈服函数是根据屈服应力与塑性变形的关系来确定，即

$$f(\sigma_{ij}, k) = 0 \qquad (4-7)$$

由于应力增量的变化而引起的屈服函数的增量变化为：

$$df = \frac{\partial f}{\partial \sigma_{ij}} d\sigma_{ij} \qquad (4-8)$$

若 $df < 0$ 弹性卸载，应力点回到屈服面内。

$df = 0$ 中性变载，应力点保持在屈服面上。

$df > 0$ 塑性加载，应力点保持在扩张了的屈服面上。

4. 流动理论

材料在发生弹塑性变形时，加载和卸载时的规律不相同（加载历史相关性），因此只能建立应力与应变之间的增量关系。这种用增量形式表示的本构关系即为流动理论。

材料在初始屈服后将同时具有弹性和塑性性质，增量加载引起的应变增量可表示为：

$$d\varepsilon_{ij} = d\varepsilon_{eij} + d\varepsilon_{pij} \qquad (4-9)$$

其中弹性应变增量满足广义虎克定律，可表示为

$$d\varepsilon_{eij} = \frac{d\sigma'_{ij}}{2G} + \frac{1-2\gamma}{E}\delta_{ij}d\sigma_{kk} \qquad (4-10)$$

式中　σ'_{ij}——偏应力张量；

　　　σ_{kk}——静水压力；

　　　E——弹性模量；

　　　γ——泊松比；

　　　G——剪切模量；

　　　δ_{ij}——Kronecker 记号。

塑性应变增量 $d\varepsilon_{pij}$ 满足流动法则，即：

$$d\varepsilon_{pij} = d\lambda \frac{\partial f}{\partial \sigma_{ij}} \qquad (4-11)$$

式中 $d\lambda \geq 0$ 称为塑性因子。上式可理解为塑性应变增量矢量垂直于应力空间的屈服面，可见应力应变增量关系与屈服条件具有关联性。

5. 弹塑性问题解法

小变形弹塑性问题为材料非线性问题，其常用的解法有初刚度法、变刚度法、初应力法和初应变法。本书为考虑程序的通用性，设置了初刚度法、变刚度法及混合法以供选择。

在油气井管柱螺纹弹塑性接触分析时，由于可能进入塑性的单元极少，同时考虑到三维接触分析时形成柔度阵需花费大量的机时，多次形成刚度矩阵是不经济的，故本书在求解时采用增量初刚度法。

在增量加载中，载荷 P 分成 m 段，则第 m 次载荷为 $P = \lambda_m P_0$，其中 P_0 为第一次增量加载值，则增量初刚度法的迭代格式为：

$$\Delta u_m^{(n)} = \left[K_T^{(0)}(u_m) \right]^{-1} \left[\lambda_m P_0 - G^{(n-1)}(u) \right]$$

$$u_m^{(n)} = u_m^{(n-1)} + \Delta u_m^{(n)} \qquad (4-12)$$

对于不同的载荷增量步，重复上述迭代过程，直到得到收敛解。

三、弹塑性接触分析

接触问题属于不定边界问题，具有表面非线性，其中既有由接触面积变化而产生的非线性及由接触压力分布变化而产生的非线性，也有由摩擦作用产生的非线性，因此接触问题的求解是一个反复迭代的过程。为了减少运算工作量，本书采用混合求解方法，即首先把整个系统的总刚度方程凝缩到接触边界，形成关于接触内力的柔度方程，整个接触迭代过程中只需要修改柔度矩阵。对于油气井管柱连接螺纹，接触区较小，柔度矩阵的阶次远比刚度矩阵的阶次低，故明显提高了迭代效率。

1. 接触问题的基本方程式

对于具有足够边界位移约束的两个接触物体 Ω_I、Ω_{II}，可以写出其基本方程式：

$$\begin{bmatrix} K_{\text{I}} & 0 \\ 0 & K_{\text{II}} \end{bmatrix} \begin{Bmatrix} u_{\text{I}} \\ u_{\text{II}} \end{Bmatrix} = \begin{Bmatrix} \boldsymbol{P}_{\text{I}} \\ \boldsymbol{P}_{\text{II}} \end{Bmatrix} + \begin{Bmatrix} \boldsymbol{R}_{\text{I}} \\ \boldsymbol{R}_{\text{II}} \end{Bmatrix} \qquad (4\text{-}13)$$

式中　K_{I}、K_{II}——$\varOmega_{\text{I}}$、$\varOmega_{\text{II}}$ 的刚度矩阵；

u_{I}、u_{II}——$\varOmega_{\text{I}}$、$\varOmega_{\text{II}}$ 的位移向量；

$\boldsymbol{P}_{\text{I}}$、$\boldsymbol{P}_{\text{II}}$——$\varOmega_{\text{I}}$、$\varOmega_{\text{II}}$ 的外载荷向量；

$\boldsymbol{R}_{\text{I}}$、$\boldsymbol{R}_{\text{II}}$——$\varOmega_{\text{I}}$、$\varOmega_{\text{II}}$ 的接触力向量。

上式中 K_{I}、K_{II}、$\boldsymbol{P}_{\text{I}}$、$\boldsymbol{P}_{\text{II}}$ 已知，但 $\boldsymbol{R}_{\text{I}}$、$\boldsymbol{R}_{\text{II}}$ 的作用范围、分布规律及大小均为未知，无法求解出 u_{I}、u_{II}，故需要补充接触定解条件和判定条件。

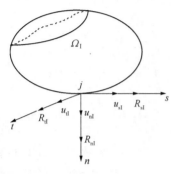

图 4-3　局部坐标系

2. 定解条件和判定条件

两个接触体在接触面上应满足几何和力学边界条件，为了便于用切向和法向分量来表示，对于三维问题，在接触区建立如图 4-3 所示的局部坐标系（O-nst）。对于轴对称问题只需 n，s 两个局部分量。接触区外的节点位移和节点力仍用整体坐标表示。

1）接触状态定解条件

接触点对的接触状态可分为连续、滑动、混合和分离四种情况。如图 4-3 所示，根据位移非嵌入条件和库仑摩擦定律，对于三维接触问题增量形式的定解条件见表 4-2。

表 4-2　接触状态的定解条件

接触状态	定解条件关系式
连续状态	$\Delta \tilde{R}_{k\text{I}} = -\Delta \tilde{R}_{k\text{II}} \equiv \Delta \tilde{R}_k$　$\Delta \tilde{u}_{k\text{II}} - \Delta \tilde{u}_{k\text{I}} + \tilde{\varepsilon}_k = 0$ $(k\text{=n, s, t})$
滑动状态	$\Delta \tilde{R}_{n\text{I}} = -\Delta \tilde{R}_{n\text{II}} \equiv \Delta \tilde{R}_n$　$\Delta \tilde{u}_{n\text{II}} - \Delta \tilde{u}_{n\text{I}} + \tilde{\varepsilon}_n = 0$ $\Delta \tilde{R}_{s\text{I}} = -\Delta \tilde{R}_{s\text{II}} = \pm\mu\Delta \tilde{R}_n$　$\Delta \tilde{u}_{s\text{II}} - \Delta \tilde{u}_{s\text{I}} \equiv \Delta \tilde{l}_s$ $\Delta \tilde{R}_{t\text{I}} = -\Delta \tilde{R}_{t\text{II}} = \pm\mu\Delta \tilde{R}_n$　$\Delta \tilde{u}_{t\text{II}} - \Delta \tilde{u}_{t\text{I}} \equiv \Delta \tilde{l}_t$
混合状态	$\Delta \tilde{R}_{n\text{I}} = -\Delta \tilde{R}_{n\text{II}} \equiv \Delta \tilde{R}_n$　$\Delta \tilde{u}_{n\text{II}} - \Delta \tilde{u}_{n\text{I}} + \tilde{\varepsilon}_n = 0$ $\Delta \tilde{R}_{s\text{I}} = -\Delta \tilde{R}_{s\text{II}} = \pm\mu\Delta \tilde{R}_n$　$\Delta \tilde{u}_{s\text{II}} - \Delta \tilde{u}_{s\text{I}} \equiv \Delta \tilde{l}_s$ $\Delta \tilde{R}_{t\text{I}} = -\Delta \tilde{R}_{t\text{II}} \equiv \Delta \tilde{R}_t$　$\Delta \tilde{u}_{t\text{II}} - \Delta \tilde{u}_{t\text{I}} + \tilde{\varepsilon}_t = 0$
分离状态	$\Delta \tilde{R}_{k\text{I}} = -\Delta \tilde{R}_{k\text{II}} = 0$　$\Delta \tilde{u}_{k\text{II}} - \Delta \tilde{u}_{k\text{I}} \equiv \Delta \tilde{l}_k$ $(k\text{=n, s, t})$

注：对于混合状态，表中只列出 s 方向滑动，t 方向连续的情况。对于 t 方向滑动，s 方向连续时，只需交换下标 s，t 即可。

$\tilde{\varepsilon}_k$——接触点对局部坐标方向该次增量加载前的初始间隙（$k\text{=n, s, t}$）；

$\Delta \tilde{l}_k$——接触点对局部坐标方向间距的增量（$k\text{=n, s, t}$）。

对于二维问题，只有连续、滑动和分离三种状态，取表中 n，s 有关公式项。

2）接触状态判定条件

在接触状态的迭代过程中，采用几何边界条件和力学边界条件进行判定，并引入"摩擦功",其迭代过程的判定条件见表4-3。

表4-3　接触状态判定条件

接触状态		定解条件关系式
变化前	变化后	
连续	分离 连续 滑动 混合	$\Delta \tilde{R}_n > 0$ $\tilde{R}_n \leq 0,\ \|\tilde{R}_s\| \leq \mu\|\tilde{R}_n\|,\ \|\tilde{R}_t\| \leq \mu\|\tilde{R}_n\|$ $\tilde{R}_n \leq 0,\ \|\tilde{R}_s\| > \mu\|\tilde{R}_n\|,\ \|\tilde{R}_t\| > \mu\|\tilde{R}_n\|$ $\tilde{R}_n \leq 0,\ \|\tilde{R}_s\| > \mu\|\tilde{R}_n\|,\ \|\tilde{R}_t\| \leq \mu\|\tilde{R}_n\|$
滑动	分离 连续 滑动 混合	$\Delta \tilde{R}_n > 0$ $\tilde{R}_n \leq 0,\ \Delta \tilde{R}_s \Delta \tilde{l}_s < 0,\ \Delta \tilde{R}_t \Delta \tilde{l}_t < 0$ $\tilde{R}_n \leq 0,\ \Delta \tilde{R}_s \Delta \tilde{l}_s \geq 0,\ \Delta \tilde{R}_t \Delta \tilde{l}_t \geq 0$ $\tilde{R}_n \leq 0,\ \Delta \tilde{R}_s \Delta \tilde{l}_s \geq 0,\ \Delta \tilde{R}_t \Delta \tilde{l}_t < 0$
混合	分离 连续 滑动 混合	$\Delta \tilde{R}_n > 0$ $\tilde{R}_n \leq 0,\ \Delta \tilde{R}_s \Delta \tilde{l}_s < 0,\ \|\tilde{R}_t\| \leq \mu\|\tilde{R}_n\|$ $\tilde{R}_n \leq 0,\ \Delta \tilde{R}_s \Delta \tilde{l}_s \geq 0,\ \|\tilde{R}_t\| > \mu\|\tilde{R}_n\|$ $\tilde{R}_n \leq 0,\ \Delta \tilde{R}_s \Delta \tilde{l}_s \geq 0,\ \|\tilde{R}_t\| \leq \mu\|\tilde{R}_n\|$
分离	分离 连续	$\Delta \tilde{u}_{k\mathrm{II}} - \Delta \tilde{u}_{k\mathrm{I}} + \tilde{\varepsilon}_n > 0\ (k=\mathrm{n,\ s,\ t})$ $\Delta \tilde{u}_{k\mathrm{II}} - \Delta \tilde{u}_{k\mathrm{I}} + \tilde{\varepsilon}_n \leq 0\ (k=\mathrm{n,\ s,\ t})$

注：对于混合状态，表中只列出s方向滑动，t方向连续的情况。对于t方向滑动，s方向连续时，只需交换下标s、t即可。对于二维轴对称问题，只有连续、滑动和分离三种状态，取表中与n、s有关公式项。

第二节　有限元半解析法基本理论

油气井管柱螺纹接箍虽为轴对称结构，但承受的弯矩和扭矩是非轴对称载荷，因此不能按一般的轴对称问题求解。本书利用轴对称结构的特点，采用半解析法将三维问题退化为拟三维问题进行有限元分析。本章将给出轴对称结构在任意载荷作用下的载荷、位移和刚度矩阵公式。

一、载荷和位移的处理

对轴对称结构，采用圆柱坐标系$(r,\ z,\ \theta)$，对应的三个坐标方向的位移为$u,\ v,\ w$。当承受弯矩和扭矩等非轴对称载荷时，结构上任一点的位移$u,\ v,\ w$不仅与坐标$r,\ z$有关，也与θ坐标有关，因此实际是一个三维问题。有限元半解析法就是对一个三维问题，将其中一些基本参数(位移、载荷等)沿某一坐标方向展成级数，这些参数在该坐标方向用解析函数表示，而在另外两个方向仍然采用一般的有限元法。

1. 载荷的处理

对于作用在轴对称结构上的任意载荷$P(r,\ z,\ \theta)$，先将它沿坐标轴方向分解成三个分

量 $P_R(r, z, \theta)$，$P_Z(r, z, \theta)$，$P_T(r, z, \theta)$，然后把这三个分量在坐标 θ 方向展成傅里叶级数。即：

$$
\left.
\begin{aligned}
P_R(r, z, \theta) &= P_{R0}^S(r, z) + \sum_{l=1}^{\infty} P_{Rl}^S(r, z)\cos(l\theta) + \sum_{l=1}^{\infty} P_{Rl}^A(r, z)\sin(l\theta) \\
P_Z(r, z, \theta) &= P_{Z0}^S(r, z) + \sum_{l=1}^{\infty} P_{Zl}^S(r, z)\cos(l\theta) + \sum_{l=1}^{\infty} P_{Zl}^A(r, z)\sin(l\theta) \\
P_T(r, z, \theta) &= P_{T0}^A(r, z) + \sum_{l=1}^{\infty} P_{Tl}^S(r, z)\sin(l\theta) + \sum_{l=1}^{\infty} P_{Tl}^A(r, z)\cos(l\theta)
\end{aligned}
\right\} \quad (4\text{-}14)
$$

上式中，等式右端第一项 $P_{R0}^S(r, z)$ 和 $P_{Z0}^S(r, z)$ 与 θ 无关，它是一般的轴对称载荷。$P_{T0}^A(r, z)$ 虽然与 θ 无关，但它使结构产生 θ 方向的位移，它是"扭转"载荷。上式中间三项即 $\sum_{l=1}^{\infty} P_{Rl}^S(r, z)\cos(l\theta)$，$\sum_{l=1}^{\infty} P_{Zl}^S(r, z)\cos(l\theta)$ 和 $\sum_{l=1}^{\infty} P_{Tl}^S(r, z)\sin(l\theta)$ 使结构产生整体或局部弯曲效果，它是"弯曲"载荷。其中当 $l=1$ 时，$P_{Rl}^S(r, z)\cos\theta$ 和 $P_{Tl}^S(r, z)\sin\theta$ 的合力相当于"剪力"载荷（图 4-4），而 $P_{Zl}^S(r, z)\cos\theta$ 相当于"弯矩"载荷（图 4-5）。"剪力"载荷和"弯矩"载荷都使轴线产生弯曲挠度。对于 $l \geq 2$ 的高次项，载荷沿 θ 方向呈"梅花形"分布，使结构沿 θ 方向产生"梅花形"变形，即局部的弯曲变形。但所有"梅花形"载荷沿 r 方向的合力为零，也不构成合力矩，所以不能使轴线产生弯曲挠度。上式最后三项只要将坐标旋转 $90°$，则变得与中间三项相同，因此它们都是弯曲载荷，可用同样的方法处理。

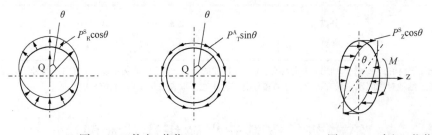

图 4-4　"剪力"载荷　　　　　　　　　　图 4-5　"弯矩"载荷

式（4-14）中等式右端第一个级数使结构产生对称于平面 $\theta = 0$ 的变形，简称为对称载荷。第二个级数使结构产生反对称于平面 $\theta = 0$ 的变形，简称为反对称载荷。

2. 位移的处理

对结构上任一点的位移 u，v，w，也可以仿照载荷按傅里叶级数展开。即

$$
\left.
\begin{aligned}
u(r, z, \theta) &= u_0^S(r, z) + \sum_{l=1}^{\infty} u_l^S(r, z)\cos(l\theta) + \sum_{l=1}^{\infty} u_l^A(r, z)\sin(l\theta) \\
v(r, z, \theta) &= v_0^S(r, z) + \sum_{l=1}^{\infty} v_l^S(r, z)\cos(l\theta) + \sum_{l=1}^{\infty} v_l^A(r, z)\sin(l\theta) \\
w(r, z, \theta) &= w_0^A(r, z) + \sum_{l=1}^{\infty} w_l^S(r, z)\sin(l\theta) + \sum_{l=1}^{\infty} w_l^A(r, z)\cos(l\theta)
\end{aligned}
\right\} \quad (4\text{-}15)
$$

式中 u_0^S，v_0^S 是轴对称位移，w_0^A 是环向扭转位移，其他六项都是一般的三维位移，其意义与载荷分解的对应项相同。

式(4-15)中等式右端第一个级数是与对称载荷相应的与平面 $\theta=0$ 对称的位移分量，第二个级数是与反对称载荷相应的与平面 $\theta=0$ 反对称的位移分量。

二、有限元基本方程的求解

1. 等效节点载荷的计算

对于对称弯曲载荷，通过推导可得对称载荷的等效节点载荷：

$$\{P_l^{\text{S}}\} = \iiint_{v^e} [N]^{\text{T}} \begin{Bmatrix} P_{Rl}^{\text{S}}(r,\ z)\cos(l\theta) \\ P_{Zl}^{\text{S}}(r,\ z)\cos(l\theta) \\ P_{Tl}^{\text{S}}(r,\ z)\sin(l\theta) \end{Bmatrix} r\mathrm{d}r\mathrm{d}z\mathrm{d}\theta \tag{4-16}$$

对于反对称弯曲载荷，等效节点载荷为：

$$\{P_l^{\text{A}}\} = \iiint_{v^e} [N]^{\text{T}} \begin{Bmatrix} P_{Rl}^{\text{A}}(r,\ z)\sin(l\theta) \\ P_{Zl}^{\text{A}}(r,\ z)\sin(l\theta) \\ P_{Tl}^{\text{A}}(r,\ z)\cos(l\theta) \end{Bmatrix} r\mathrm{d}r\mathrm{d}z\mathrm{d}\theta \tag{4-17}$$

对于扭转与一般轴对称问题，等效节点载荷为：

$$\{P_0\} = \iiint_{v^e} [N]^{\text{T}} \begin{Bmatrix} P_{R0}^{\text{S}}(r,\ z) \\ P_{Z0}^{\text{S}}(r,\ z) \\ P_{T0}^{\text{A}}(r,\ z) \end{Bmatrix} r\mathrm{d}r\mathrm{d}z\mathrm{d}\theta \tag{4-18}$$

对于油气井管柱螺纹接箍，预紧力矩、轴向力和内外压力均为轴对称载荷，即式(4-18)中 $P_{R0}^{\text{S}}(r,\ z)$ 和 $P_{Z0}^{\text{S}}(r,\ z)$ 项；扭矩为扭转载荷，即式(4-18)中 $P_{T0}^{\text{A}}(r,\ z)$ 项；弯矩为纯弯曲载荷，即式(4-16)中 $P_{Zl}^{\text{S}}(r,\ z)\cos(l\theta)$ 项，取 $l=1$ 即可。

2. 方程组的求解

由单元刚度矩阵和等效节点载荷的算式可知，积分后刚度矩阵和节点载荷中都不包含环向坐标 θ，即原来的三维问题就退化为接近二维的问题。此时，虽然采用 rz 平面上的二维网格，但每个节点有三个载荷参数和三个位移参数，与通常的平面问题不同。

对于弯曲载荷，利用单元刚度矩阵公式和等效节点载荷公式，就可以叠加形成总刚度矩阵和载荷列阵，列出有限元基本方程组：

$$[K_l]\{\delta_l\} = \{P_l\} \tag{4-19}$$

式中 $[K_l]$——结构的第 l 阶整体弯曲刚度矩阵；

$\{P_l\}$——第 l 阶节点弯曲载荷。

由式(4-19)可以解得第 l 阶的节点位移 $\{\delta_l\}$，即可求出第 l 阶的单元和节点的应力 $\{\sigma_l\}$。最后将 $\{\delta_l\}$ 和 $\{\sigma_l\}$ 的 n 个解叠加即得弯曲载荷作用下的位移 $\{\delta\}$ 和应力 $\{\sigma\}$。

对于一般轴对称载荷和扭转载荷，有限元基本方程组：

$$[K]\{\delta\} = \{P\} \tag{4-20}$$

式中 $[K]$—— 一般轴对称载荷或扭转载荷刚度矩阵；

$\{P\}$—— 一般轴对称载荷或扭转载荷，由式(4-18)求得。

由式(4-20)可以解得一般轴对称载荷和扭转载荷位移 $\{\delta\}$ 和应力 $\{\sigma\}$。

最后将所有载荷作用下的位移和应力叠加，即可得到结构的总位移和总应力。

第三节　套管钻井螺纹有限元分析软件

套管钻井螺纹有限元分析软件包括管柱螺纹自动建模、弹塑性接触有限元分析、分析结果可视化处理、分析结果曲线绘制等程序模块。可以实现多种类型的油气井管柱螺纹有限元网格及数据的自动生成，完成复杂载荷工况下的位移、应力计算，绘制各种工况下的结构变形图、位移及应力云图、分布曲线图。

一、套管钻井螺纹自动建模程序

套管钻井螺纹结构复杂，牙型包括圆螺纹、偏梯形螺纹或者钻柱螺纹，且承受多种载荷，因此有限元网格划分和数据准备工作量很大。考虑到管柱螺纹接头已标准化，其结构尺寸可用参数化表示，这给网格的自动生成提供了有利条件。采用等参数映射变换法进行网格自动划分，自动搜索边界载荷和约束条件，编制了一套套管钻井螺纹自动建模程序。

1. 平面网格等参映射变换方法

采用平面网格等参映射变换法时，首先将整个求解区域分割成若干曲边四边形子块，在子块各边上适当给定需要自动生成的网格点数，然后通过映射变换使各个子块变换成正方形，再在参数坐标系的正方形区域中细分成若干四边形网格，最后将细分的四边形网格各顶点映射回原来的整体坐标系即可求出节点坐标。使用这种方法，只需将整个结构划分成若干子块，给出各子块角点坐标及子块各边上自动生成节点数，即可自动完成网格划分。

1) 网格节点的映射变换

本书采用图4-6(a)所示的八节点四边形子块，其边界封闭曲线所包围的区域为 Ω_A，通过坐标变换转变为 ξ-η 平面上的正方形区域 Ω_B（边长为2），如图4-6(b)所示。可知，Ω_A 上的任一点都可以在 Ω_B 上找到对应点。设 Ω_B 内的点 P_b 映射到 Ω_A 内的点为 P_a，而封闭曲线上的点 $P_i(i=1, 2, \cdots, 8)$ 也有正方形边界上的点 $P'_i(i=1, 2, \cdots, 8)$ 与之对应，其中 $P_i(i=1, 3, 5, 7)$ 为子块的顶点，而 $P_i(i=2, 4, 6, 8)$ 为子块各边的中间点。

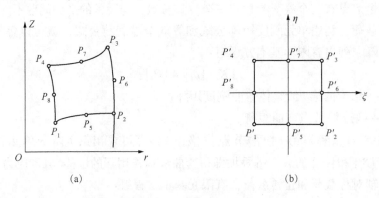

(a)　　　　　　　　　　　　(b)

图4-6　八节点四边形子块

子块的顶点及中间点必须满足如下条件：

(1) 子块上不光滑尖点必须作为顶点，如果需要顶点也可以设置在光滑区段上。

(2) 每个子块必须有四个顶点。

（3）中间点一定要设置在光滑区段上。若边线为直线，自动设置为直线中点。

（4）中间点不一定为中点，其位置关系到子块内部自动生成的单元分布密度。

在自动划分时，将子块映射变换到规则的正方形区域中，若给定正方形区域 ξ 方向的节点数为 m，η 方向的节点数为 n，则正方形区域内各细分点的局部坐标为

$$
\begin{cases}
\xi_{ij} = -1 + (i-1)\dfrac{2}{m-1} \\
\eta_{ij} = -1 + (j-1)\dfrac{2}{n-1}
\end{cases}
(i=1,\ 2,\ \cdots,\ m;\ j=1,\ 2,\ \cdots,\ n) \tag{4-21}
$$

子块内各点的整体坐标为

$$
\begin{cases}
r = \sum_{k=1}^{8} N_k(\xi,\ \eta)\, r_k \\
z = \sum_{k=1}^{8} N_k(\xi,\ \eta)\, z_k
\end{cases}
(-1 \leqslant \xi \leqslant 1,\ -1 \leqslant \eta \leqslant 1) \tag{4-22}
$$

式中 $N_k(\xi,\ \eta)$ 为子块的形函数

$$
N_k(\xi,\ \eta) =
\begin{cases}
\dfrac{1}{4}(1+\xi_k\xi)(1+\eta_k\eta)(\xi_k\xi+\eta_k\eta-1) & (k=1,\ 2,\ 3,\ 4) \\[2mm]
\dfrac{1}{2}(1-\xi^2)(1+\eta_k\eta) & (k=5,\ 7) \\[2mm]
\dfrac{1}{2}(1-\eta^2)(1+\xi_k\eta) & (k=6,\ 8)
\end{cases}
\tag{4-23}
$$

由式(4-22)、式(4-23)可知，子块内各细分点的整体坐标为

$$
\begin{cases}
r_{ij} = \sum_{k=1}^{8} N_k(\xi_{ij},\ \eta_{ij})\, r_k \\
z_{ij} = \sum_{k=1}^{8} N_k(\xi_{ij},\ \eta_{ij})\, z_k
\end{cases}
(i=1,\ 2,\ \cdots,\ m;\quad j=1,\ 2,\ \cdots,\ n) \tag{4-24}
$$

2）单元及节点的编号

八节点四边形子块自动细分时，单元及节点的自动编号顺序是先从 $\xi=-1$ 到 $\xi=1$，再从 $\eta=-1$ 到 $\eta=1$，则可计算子块内任一节点相对本子块的编号。

若将子块细分为四节点四边形单元，则子块内任一细分点的节点编号为：

$$
NN_{ij} = m(j-1) + i \quad (i=1,\ 2,\ \cdots,\ m;\quad j=1,\ 2,\ \cdots,\ n) \tag{4-25}
$$

若将子块细分为八节点四边形单元，则子块内任一细分点的节点编号为：

$$
NN_{ij} =
\begin{cases}
\left(m + \left[\dfrac{m}{2}\right] + 1\right)\left(j - \left[\dfrac{j}{2}\right] - 1\right) + i & (i=1,\ 2,\ \cdots,\ m;\ j=1,\ 3,\ \cdots,\ n) \\[3mm]
m\left[\dfrac{j}{2}\right] + \left(\left[\dfrac{m}{2}\right]+1\right)\left(\left[\dfrac{j}{2}\right]-1\right) - \left[\dfrac{i}{2}\right] + i & (i=1,\ 3,\ \cdots,\ m;\ j=2,\ 4,\ \cdots,\ n-1)
\end{cases}
$$

$$
\tag{4-26}
$$

相应地，若子块细分为四节点四边形单元，则子块内任一单元 E_{st} 的节点号为：

$$\begin{cases} ND_1 = NN_{st} \\ ND_2 = NN_{(s+1)t} \\ ND_3 = NN_{(s+1)(t+1)} \\ ND_4 = NN_{s(t+1)} \end{cases} \quad (s=1, 2, \cdots, m-1; \ t=1, 2, \cdots, n-1) \quad (4-27)$$

相应的单元号为：

$$E_{st} = (m-1)(t-1)+s \quad (s=1, 2, \cdots, m-1; \ t=1, 2, \cdots, n-1) \quad (4-28)$$

若子块细分为八节点四边形单元，则子块内任一单元 E_{st} 的节点号为：

$$\begin{cases} ND_1 = NN_{(2s-1)(2t-1)} \\ ND_2 = NN_{(2s+1)(2t-1)} \\ ND_3 = NN_{(2s+1)(2t+1)} \\ ND_4 = NN_{(2s-1)(2t+1)} \\ ND_5 = NN_{2s(2t-1)} \\ ND_6 = NN_{(2s+1)2t} \\ ND_7 = NN_{2s(2t+1)} \\ ND_8 = NN_{(2s-1)2t} \end{cases} \quad \left(s=1, 2, \cdots, \left[\frac{m}{2}\right]-1; \ t=1, 2, \cdots, \left[\frac{n}{2}\right]-1\right) \quad (4-29)$$

3）消除重复节点编号

对结构进行自动细分时，先将各子块单独细分，然后再拼装在一起。由于各子块的起始节点紧接前子块的终止节点，这将造成各子块边界的节点重复，因此细分后还必须消除重复节点。方法是先搜索重复节点的节点编号，然后消除该节点，将其后的节点编号前移，并修改坐标，同时对单元拓扑表的节点编号也要作相应的修改。

2. 套管钻井螺纹接头的力学模型

套管钻井螺纹有限元分析时，采用轴对称模型，对母接头的底面作轴向约束。接头的载荷施加分两个阶段：(1) 预紧阶段，施加预紧力；(2) 工作阶段，施加轴向力、内外压力、弯矩和扭矩。由于弯矩和扭矩为非轴对称载荷，需用半解析法求解，因此本书对上述载荷分四个工况进行计算，并将各工况的计算结果叠加到前一工况上，其力学模型如图 4-7 所示。

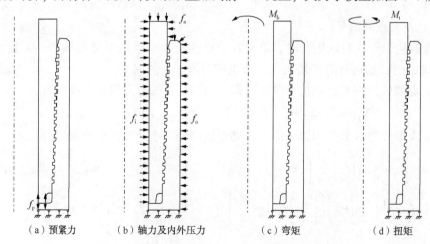

（a）预紧力　　（b）轴力及内外压力　　（c）弯矩　　（d）扭矩

图 4-7　套管钻井螺纹接头各种载荷下的力学模型

3. 套管钻井螺纹自动建模程序框图

套管钻井螺纹自动建模的程序框图示如图4-8所示。

4. 套管钻井螺纹自动建模程序开发

根据上述的网格自动生成算法和管柱力学模型，本书作者在 Windows 环境下开发了"套管钻井螺纹有限元自动建模"程序。该程序集标准化、参数化、模块化于一体，运行速度快，界面友好，使用方便。图4-9 为套管钻井螺纹有限元自动建模对话框，图4-10 为"输入螺纹牙型尺寸参数"对话框，图4-11 给出了"输入螺纹接头网格划分参数"对话框。螺纹接头各部分有限元网格的细密程度可通过选择对话框参数人为设置，以适应不同的计算精度要求。程序可以对边界约束情况，螺牙和台阶的接触状况等进行设置。

图 4-8　套管钻井螺纹接头
自动建模的程序框图

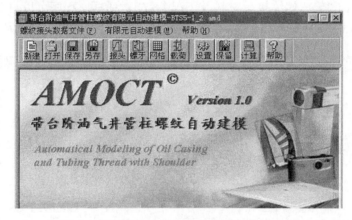

图 4-9　"套管钻井螺纹有限元自动建模"程序

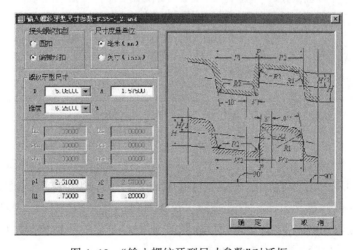

图 4-10　"输入螺纹牙型尺寸参数"对话框

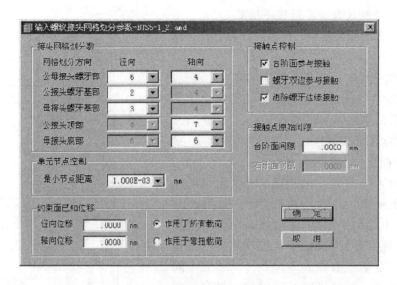

图 4-11 "输入螺纹接头网格划分参数"对话框

图 4-12 给出了"输入螺纹接头材料及工况参数"对话框。程序可以自动搜索边界约束点、螺牙面接触点、集中载荷和分布载荷作用点，并施加相应的约束及载荷。

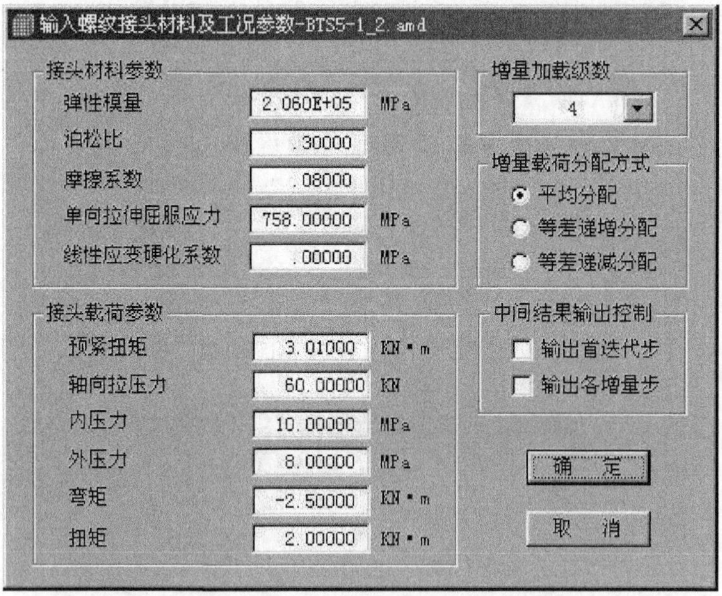

图 4-12 "输入螺纹接头材料及工况参数"对话框

程序计算时将出现后运行信息框，如图 4-13 所示。运行结束后，可得到螺纹接头的有限元网格数据，可自动生成直接用于螺纹接头二维及拟三维轴对称弹塑性接触有限元分析的所有数据文件(包括单元拓扑、节点坐标、单元材料、节点约束条件、各计算工况单元及节点载荷、接触点对编号、接触点初始接触状态及相对间隙等信息)。图 4-14 为套管钻井螺纹接头的有限元网格和螺牙部放大网格。

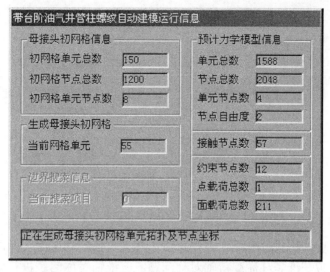

图 4-13 "套管钻井螺纹自动建模运行信息"框

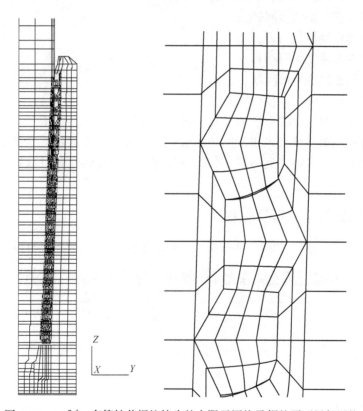

图 4-14 13⅜in 套管钻井螺纹接头的有限元网格及螺纹牙型局部网格

二、套管钻井螺纹接触有限元分析程序

根据第二章和第三章介绍的弹塑性接触有限元混合法基本理论和有限元半解析法基本理论，本书作者在 Windows 环境下开发了"套管钻井螺纹接触有限元分析"程序，如图 4-15 所示。

图 4-15 "套管钻井螺纹接触有限元分析"程序

该程序采用高度结构化、模块化编程思路，具有较强的通用性，可以对二维平面应力及平面应变问题、拟三维非对称载荷轴对称问题、三维轴对称问题进行有限元分析。选择不同的控制代码，程序可以求解如下问题：

（1）弹性及弹塑性小变形问题；

（2）弹性及弹塑性接触问题；

（3）稳态及瞬态温度场问题；

（4）稳态及瞬态接触传热问题；

（5）稳态及瞬态热弹塑性接触问题。

程序可以处理材料性能随温度的变化；可以选择不同的材料屈服准则；可以处理斜约束及已知边界位移约束；可以采用不同的非线性求解算法、接触状态迭代求解方法。对于温度场问题可以对第一及第三类边界条件进行计算。对于接触问题可以处理具有平移及回转自由度问题。

三、有限元分析结果可视化程序

在 Windows 环境下开发了"有限元分析结果可视化程序"，软件的主窗口如图 4-16 所示。

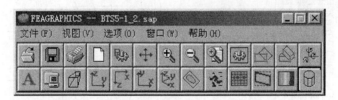

图 4-16 "有限元分析可视化程序"主窗口

1. 软件功能及特点

本软件的主要功能及特点有：

（1）绘制结构有限元网格、变形和模态；

（2）结构变形和模态的动画演示。

（3）可选择显示不同的结点数据，如应力、应变或位移等的等值线图；

（4）显示模式可选择以网格线图、消隐图、轮廓线图、或真实感渲染图显示；

（5）可显示三维实体模型任意截面上的网格和等值线图，便于了解对象的内部特征；

（6）在变形图中可同时显示变形图和原形图，利于对比观察；

（7）快速的消隐算法和多种消隐方式以及先进的等值线搜寻方法确保数据显示的快速与正确性；

（8）完善的视图管理功能及图形任意放大（缩小）和图形的局部细化；

（9）方便的鼠标驱动 2D 和 3D 旋转；

（10）显示的图形可以元文件（.wmf）或位图（.bmp）格式保存；

（11）可对显示的字体、线型、色彩及窗口的大小位置进行任意调整；

（12）主要功能均可通过工具条操作来完成，简化操作。

2. 工具条功能说明

（1）文件命令

打开按钮：打开一个已存在无格式模型文件或图形文件。

存盘按钮：保存当前活动窗口中的图形为 bmp 文件。

打印按钮：打印当前活动窗口中的图形文件。

（2）视图命令

绘制及重绘按钮：均用来绘制图形，其中绘制按钮建立一个新的图形窗口，弹出一个绘图选择框，可以对图类（网格图，变形图，等值线或动画），视图（XY 面，YZ 面…），截面及线型等进行选择。

平移按钮：在平面内移动图形。

缩放及局部放大按钮：用来观察图形。

复原按钮：在缩放后恢复原图形。

2D 旋转、3D 旋转及绕坐标轴旋转按钮：变换图形的方位，便于从不同角度观察。

视图管理按钮：弹出一视图列表框，用于添加或删除视图应用。

投影按钮：将图形投影于某一坐标平面或等轴测坐标系，在各投影方式间转换，便于观察。

截面按钮：用来进行截面设置，显示当前截面。

（3）选项命令

动画按钮：用来进行动画演示，按下会弹出动画属性对话框，可对之进行定义。

网格图按钮：用来把当前图形窗口中的图形显示改为网格图显示。

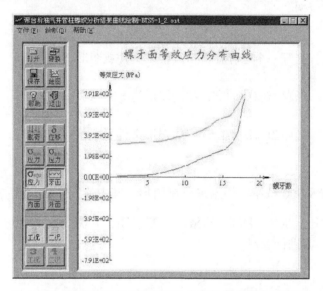

变形图按钮：用来把当前图形窗口中的图形显示改为变形图显示。

等值线按钮：用来把当前图形窗口中的图形显示改为等值线显示。

显示类型按钮：用来显示当前的图形状态。

四、套管钻井螺纹分析结果曲线绘制

在 Windows 环境下开发了"套管钻井螺纹分析结果曲线绘制"程序，如图 4-17 所示。

图 4-17　"带台阶油气井管柱螺纹分析结果曲线绘制"程序

曲线绘制程序首先利用"带台阶油气井管柱螺纹接触有限元分析"程序计算所得的结果（文件名：*.out），自动生成螺纹接头的牙面接触压力绘图数据及牙面、内表面、外表面的位移、应力绘图数据，然后根据设置的坐标轴形式和曲线拟合方式绘制各种工况下的压力、位移、应力分布曲线图。

本程序的绘图坐标轴形式可以选用常规方式和网格线方式，并可任意设定坐标刻度数；曲线拟合方式可以选用抛物线调配曲线和三次参数样条曲线。程序可选择部分绘图数据保存到文件"*.dat"，以供其他曲线绘制软件（如 Microsoft Excel）调用。

第四节　13⅜in 套管钻井螺纹接头有限元分析

应用编制的程序，对 13⅜in 套管钻井螺纹进行了有限元自动建模。本书将用弹塑性接触有限元分析程序进行计算，考察其接触状态、接触压力以及位移场和应力场。

一、螺牙法向接触压力分布

对 13⅜in 套管钻井螺纹接头的载荷工况包括预紧力、轴向力、内压力和外压力。选择两种工况下的有限元计算结果，各工况组合的载荷数值大小见表 4-4。

表 4-4　套管钻井螺纹接头工况载荷表

工况	紧扣扭矩，kN·m	内压，MPa	外压，MPa	拉伸力，kN
工况 1	6	55		
工况 2	13	60		55

对 13⅜in 套管钻井螺纹接头进行有限元分析后，其结果如图 4-18 所示。由图可知，由于偏梯形螺纹前 9 个螺牙为不完全螺牙，预紧结束时前 5 个螺牙分离。再施加内压和轴向力后，前 11 个螺牙分离，最后 2 个螺牙接触压力有较大增加。

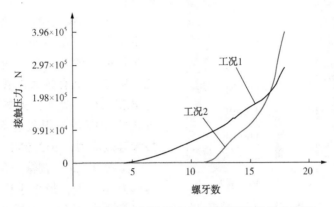

图 4-18　两种工况下各螺牙法向总接触压力的分布曲线

各种工况下的接触状态、接触压力及接触点对滑移量如下：

工况 1：由于预紧扭矩的作用，螺牙部除分离节点外，其余各接触点的接触状态均沿牙面 s 方向滑动，接触点的最大滑移量为 40.08μm，各螺牙面中的最大法向接触压力为 323.8kN。

工况 2：施加轴向力和内压力后，螺牙部除分离节点外，其余各接触点的接触状态均沿牙面 s 方向滑动。由于内压力的作用，接触点的滑移量和接触压力均有所增加，其中接触点的最大滑移量为 196.28μm，各螺牙面中的最大法向接触压力为 413.31kN。

二、螺纹接箍位移场

13⅜in 套管钻井螺纹接箍在各种载荷工况下螺牙面和外表面的变形曲线分别如图4-19、图 4-20 所示。

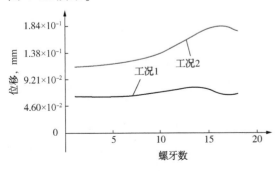

图 4-19　两种工况下各螺牙面
位移幅值的分布曲线

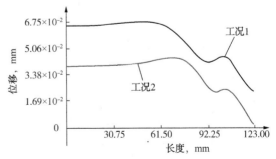

图 4-20　两种工况下接箍外表面
位移幅值的分布曲线

三、螺纹接箍应力场

带台阶偏梯形螺纹接箍在各载荷工况下的等效节点应力等值线如图 4-21 所示。两种工况下，管柱接箍的最大等效应力均出现在台阶处及公母螺纹接触的最后一个螺牙的牙根处，各工况下的节点应力情况如下：

工况 1：螺纹接箍在预紧力结束时，最大主应力出现在内外螺纹接头下部最后一个接触螺牙的牙根处，内外螺纹接头最后几个螺牙处也有较大的拉应力；最小主应力出现在台阶处，内外螺纹接头最后几个螺牙的牙面及牙根处也有较大的压应力；最大等效应力为 913.8MPa。

工况 2：螺纹接箍在预紧力、轴向力和内压力作用下，最大主应力出现在内外螺纹接头下部最后一个接触螺牙的牙根处，内外螺纹接头最后几个螺牙处也有较大的拉应力；最小主应力出现在台阶处，内外螺纹接头最后几个螺牙的牙面及牙根处也有较大的压应力；最大等效应力为 892.7MPa。

在上述两种载荷工况下，管柱应力集中区域均出现在台阶处及内外螺纹接头最后一个接触螺牙的牙根和牙面处，各螺牙的牙根过渡圆角处均有一定的应力集中。

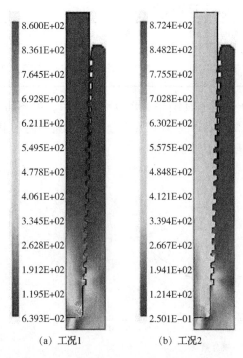

8.600E+02	8.724E+02
8.361E+02	8.482E+02
7.645E+02	7.755E+02
6.928E+02	7.028E+02
6.211E+02	6.302E+02
5.495E+02	5.575E+02
4.778E+02	4.848E+02
4.061E+02	4.121E+02
3.345E+02	3.394E+02
2.628E+02	2.667E+02
1.912E+02	1.941E+02
1.195E+02	1.214E+02
6.393E-02	2.501E-01

(a) 工况1   (b) 工况2

图 4-21　两种工况下 13⅜in 螺纹接头的
等效应力等值线

第五章　套管钻井管柱振动与减振

第一节　套管柱振动分类

一、按机械振动学激扰和控制方式分类

动力学中，总是研究激扰—系统特性—响应的关系。要搞清楚"响应"十分困难，因此重点研究激扰。

在机械振动学中，按激扰和控制方式，振动可分为：

自由振动：弹性系统偏离平衡状态后，若外界激扰不再作用于系统所发生的振动。

强迫振动：被外界激扰控制的振动。

自激振动：系统本身与外界相互作用，自动激发的振动。

参数振动：随机或周期地改变系统的输入参数，由参数激励引起的振动。

1. 自由振动

套管柱动力学中的自由振动均属有阻尼自由振动，具有重要工程应用意义的自由振动有：

（1）轴向自由振动。包括：起下钻过程轴向自由振动；遇阻卡后，上提或下压解卡瞬时的自由振动；扭转自由振动。

（2）扭摆自由振动。在套管柱动力学中扭摆自由振动的危害比上述轴向自由振动严重得多。它是套管柱失效的原因之一。

① 不可控制扭摆自由振动：下钻遇阻划眼或通井划眼时，一旦钻头或扶正器与井壁间的切削或摩阻扭矩消除，则套管柱中的扭转变形能释放，形成扭摆振动。扭摆振动的冲击扭矩足以使套管柱倒扣。

② 可以控制的扭摆自由振动：钻进、打捞造扣、套铣和处理卡钻等工况均会发生蹩钻（扭卡）。如果怕扭断套管柱或想制止蹩钻而摘开转盘离合器，套管柱会带动转盘自由扭摆振动（井队称"打倒车"），这往往导致倒扣。只要间隙刹住转盘，缓慢释放扭转变形能，就不会发生自由扭摆振动。

2. 强迫振动

强迫振动是系统在周期激扰下的振动。这是套管柱振动最普遍的形式，也是套管柱疲劳失效的主要外部原因。长期以来，人们把一定的周期激扰力与某一振动形式对应，由此得到套管柱振动的简单分类：

（1）纵向振动；

（2）横向弯曲振动；

（3）扭摆振动。

实际上，一种振源并不严格对应于一种振动形式。在套管柱动力学分析中，几乎不存在

单一振源和强迫振动形式。因此在下面的套管柱强迫振动分类中，可能会有相互交叉的情况。

在以下分析中，将不涉及振动响应问题，以激扰源为主进行分类。

3. 自激振动

套管柱动力学中的自激振动是指套管柱转动时，由于与外界(井壁)的接触干扰而自动激发的横向振动。激扰源不是周期变化的外力，而是由套管柱转动产生和控制的。套管柱的反进动就是一种自激振动。

直井中套管柱在井内有三种基本运动状态：

(1) 套管柱绕自身轴线旋转，同时带有微小扰动，稳定状态；

(2) 套管柱绕井眼轴线公转，正进动，第一类失稳；

(3) 套管柱绕自身轴旋转的同时，又绕井轴反转，反进动，第二类失稳。

4. 参数振动

泵压波动、钻头纵向振动可导致钻压波动，钻压波动可引发参数振动。参数振动与其他振动不同，当激励频率接近系统固有频率，小的外激励才产生大的响应，而小的参数激励却可以在激励频率远离系统固有频率时产生大的响应。同时虽然激励力是纵向的，当施加的轴向参数频率是横向振动基频的倍数时，也可激发横向共振失稳。

5. 参数激振(振动耦合)

套管柱的纵向振动、横向振动、扭转摆动和钻井液激励等是同时存在的，套管柱的振动往往是多个振动类型的耦合。我们研究的重点不在参数激振的响应分析，而是研究防止参数共振或解除振动耦合。

1) 第一类耦合振动：纵向振动与弯曲横向振动耦合

当套管柱施加钻压旋转时，钻压可分解为一个静态轴向压力和一个与时间有关的扰动钻压。扰动钻压产生沿套管柱传播的纵向扰动或波，与此同时套管柱会有横向振动。纵向扰动会向横向振动注入能量或激扰力。这样就会出现以下几种情况：

(1) 参数主共振：纵向扰动能量足够大，并且纵振频率与横振自振频率接近，形成参数主共振，这时横向振幅急剧增加。在钻台上表现为跳钻和蹩钻。降低或提高转盘转速，使纵振频率远离横振自振频率，剧烈振动就可消除。

上述参数主共振与强迫振动的物理概念有下述两点不同：

① 参数主共振的振幅"急剧"增加，例如呈指数关系增加；而强迫振动振幅仅仅呈线性增加。

② 参数共振的条件是，纵振频率在"接近"横向自振频率的某一区间；而强迫振动时，激扰力频率刚好与自振频率"一致"。

(2) 分数共振和超谐共振：当纵振频率是振动自振频率的整数分数倍时，激发分数共振(有的称分频共振、亚谐共振)。当纵振频率是横振自振频率的整数倍时，激发超谐共振，这两类共振的危害不如前述参数主共振。

2) 第二类耦合振动：固液耦联参数激振

钻井作业者早就认识到了固液耦联振动，一个直观的感觉是：当钻井泵排量不均(例如，泵阀失效，吸入不良或称"上水不好")时，诱发套管柱纵向振动(跳钻)。套管柱动力学中，固液耦联振动始终是存在的，但是只在一定条件下才发生参数激振。这个条件就是：排量不均度足够大，排量不均的激励源类似于钻压波动。

二、按激扰的"确定性"或"研究方法"分类

套管柱动力学研究的振动可分为定则振动和随机振动两大类。

定则振动是一种确定性振动，它的激扰可以表示为时间的一个确定的函数。一个确定的系统受到确定的激扰，其响应也是确定的，在动力学中称为定则振动。

另一类激扰是随机的，不能用时间的函数来描述。但是又具有统计规律，需要用随机过程方法来描述。一个系统受到随机激扰，其响应也是随机的，称随机振动。

从本质上说套管柱振动是随机的，它具有以下特征：

（1）在某一时间段内记录的振动信号不能保证在另一时间段内完全重复。

（2）某一时刻的瞬时值不可预知。

在套管柱动力学研究中，采用定则振动和随机振动方法都是必要的，其研究目的各不相同。

定则振动：用定则振动方法研究和描述套管柱振动实际上忽略了随机因素的影响。定则振动中的频率振幅、相位角等有明确和直观的物理概念。在没有振动实测资料的情况下，只能用定则振动的方法研究套管柱振动规律，研究防止及减少振动对套管柱损害的技术。

随机振动：主要用于实测振动信号的处理。

在地面或井下记录的振动信号（如应力应变，速度和加速度等）一般只有统计规律性。

第二节　下部套管柱有限元动力学分析

套管柱动力学性能不仅影响钻头轨迹、强烈的振动还有可能造成套管柱承受较大的冲击载荷，引起套管柱疲劳失效。处于钻进中套管柱受力是相当复杂的，其变形还受井壁的限制，在转速的激励下，套管柱很可能产生高频交变应力而造成疲劳破坏，降低其使用寿命。一旦转速达到某一临界值，套管柱就会产生大的横向位移，使套管柱与井壁接触，造成套管柱偏磨、套管磨损、井径不稳定等复杂事故，这无论是对钻井地面设备，井眼控制都会产生严重影响。近来国外一些研究还认为横向振动是套管柱破坏的主要因素。然而，套管柱振动并总是带来不利方面：如果钻井参数适当，套管柱振动对牙轮钻头的破岩作用是有利的，可以增加牙轮钻头的破岩效率；根据地面测得的振动情况，还可以估计正在钻进的岩层性质。

一、钻柱动力学基础

1. 钻柱动力学理论

根据钻柱振动的特点，国内外学者对钻柱振动作了大量的研究工作。1968 年，D. W. Dareing、B. J. Livesay 发表了首篇讨论钻柱振动的文章，着重讨论了外部介质黏性阻尼、转速和振击器对钻柱振动的影响。Dareing 研究的对象是从钻头到天车的整个钻具系统。通过钻柱的受力情况，建立了钻柱运动微分方程：

$$AE = \frac{\partial^2 u}{\partial x^2} = \gamma \frac{\partial u}{\partial t} + \rho \frac{\partial^2 u}{\partial x^2} + \rho g \tag{5-1}$$

式中　A——钻杆截面积；

　　　E——杨氏弹性模量；

　　　u——轴向位移；

　　　γ——黏性阻尼系数；

　　　ρ——钻杆材料密度；

　　　g——重力加速度。

处理边界条件后，求解微分方程得到钻柱的纵向振动响应。Dareing 发现：阻尼减小了振动及钻杆内的交变应力；在钻柱上安装减振器可减轻钻柱振动，转速越高，这种衰减作用越显著。

Dareing 后来简化了他自己的计算，着重讨论了下部钻柱（BHA）对钻柱振动造成的影响。他认为，由于钻铤的横截面积是钻杆的几倍，钻铤对钻头的振动起到了吸收和放大的双重作用，因此可以通过调整钻铤的长度来减轻钻柱振动。Dareing 假设钻头到钻杆结合面之间的截面是均匀的，钻头固定于井底，钻铤和钻杆结合面是自由的，导出了下部钻柱振动的固有频率：

轴向振动：

$$f_{\text{na}} = \frac{1}{4L}\sqrt{E/\rho} \tag{5-2}$$

扭转振动：

$$f_{\text{nQ}} = \frac{1}{4L}\sqrt{G/\rho} \tag{5-3}$$

式中　L——钻铤长度；

　　　ρ——钻铤密度；

　　　G——剪切模量。

Dareing 根据三倍频假设，推导同临界转速与钻铤长度之间的关系，并指出了控制钻柱振动的具体途径。

1986 年，T. V. Asrrestad 等人在 Dareing 的基础上，通过理论和实测对钻柱轴向及扭转阻尼振动作了进一步研究，和 Dareing 早期的研究方法一样，Asrrestad 取整个钻柱为研究对象，导出了满足受力条件的振动微分方程。用变形协调条件对天车和钻头两个端点的边界条件作了一系列假设，这样就可以对方程进行求解。作者认为：钻柱的纵向及扭转振动的响应主要取决于沿钻柱分布的黏弹阻尼和一些边界支撑常数，而这些黏弹性阻尼与振动频率有关。若这些参数能够正确测定，那么通过这种方法所进行的钻柱振动分析，就会有很高的可靠性。

后来，T. V. Asrrestad 等人又用同样的方法继续这方面的研究工作，建立了扭转振动的微分方程，并得到了以下几个结论：

（1）钻进时，钻柱扭转振动有一定的规律性。

（2）扭转振动的频率基本上与转速、钻压、阻尼无关。

（3）扭转振动频率可由钻柱几何尺寸和物理参数计算出来。

（4）钻柱的性质对扭振的低频响应相当敏感。

（5）对扭转波而言，转盘可视为固定端，而钻头为自由端。

1987年，A. Ky Uingsfad、G. W. Halsely等人研究了钻柱扭转振动的一种极端情况：钻柱的黏滑作用。当钻柱产生强烈振动后，开始也与井壁接触，由于接触点处的作用力较大，使钻柱处于周期性的运动—静止状态。如果要使钻铤继续运动，就必须施加足够的扭矩以克服钻铤与井壁之间的静摩擦力。作者认为：黏滑频率对钻柱振动的影响不大，钻头在大部分时间里处于间隙静止状态，钻头的最大速度高于两倍的平均转速，且接近最高转速；随着转速的增加，上部转矩也随之增加；由黏滑作用引起的强烈扭转振动可以通过减小钻头摩擦系数或转盘转速来克服。

在单纯研究某一类钻柱振动的基础上，国外的一些学者还研究了钻柱动力学更为复杂的一种振动形式——钻柱稳定性。所谓钻柱稳定性指的是在一个初扰动的激励下，在时间趋于无穷大时，如果钻柱任一截面的位移都处在一个给定范围内，说明钻柱振动是稳定的。如果用一组二阶微分方程组来描述系统的振动，求解振动稳定性问题就归结为求各系数矩阵所组成的系统矩阵的特征根。一般说来，特征根是一复数，如果该复数的实部小于零，则系统是稳定的；如果实部大于零，则系统是不稳定的；实部为零，钻柱处于临界状态。由此可以决定钻柱从稳定状态过渡到不稳定状态的临界转速。

1985年，V. A. Duanayevsky，A. Judxis发表了有关钻柱在波动压力激扰下钻柱稳定性的论文。作者认为：如果钻柱只绕自身的轴线旋转，则认为钻柱是动力稳定的。在稳定状态下，钻柱转动引起的横向扰动可以忽略，而在不稳定状态下，扰动幅度开始不断增大，并产生较大的剪应力、位移和弯矩。作者将钻压分解为动态分量和静态分量两部分，在钻进过程中，钻压的波动分量给横向振动提供能量。当轴向力增加时，就给横向波动馈给部分能量；当轴向力减小时，又从横向波动中带出一部分能量。在一定条件下，进入横向波动的能量大于带出的能量，导致横向位移不断增大，使钻柱进入不稳定状态，这种现象称为参数共振。此时，钻柱绕自身轴线的转动是不稳定的，并逐渐过渡到绕井眼轴线的转动，即旋进，也就是物理上说的进动。作者以转速、钻压、振动幅度、阻尼和几何尺寸、井斜角、钻柱结构等因素为依据，阐述了发生旋进的条件，利用有限元法把描述钻柱动力学的微分方程简化成一组Mathews-Hiu常微分方程，从而能以方程中参数共振区域边界线判断钻柱旋进的开始，并根据三维钻柱力学计算机程序的运行结果，绘制了钻压、转速平面内钻杆半产生大变形区域图，由该图可确定一定钻具组合稳定工作的参数区域。结论是：

（1）井中钻柱的旋进由参数共振引起。

（2）钻压—转速平面内存在几个区域，在区域内产生旋进运动，而在区域外，钻柱绕轴线转动是稳定的。

（3）转速同时接近轴向波动的固有频率和两横向振动固有频率时，共振区最大。

（4）摩擦力的存在减小了共振区，钻压很小时不产生旋进。

（5）钻压超过静临界钻压时发生旋进运动。

R. Fmifchill和M. B. Auen讨论了钻杆的疲劳破坏，指出了1970年API临界转速公式的局限性。作者认为，钻柱的横向振动是造成BHA失效的主要原因，在考虑了钻井液质量的影响后，钻柱的临界转速公式可表述为：

$$W_n = (EI/\rho A)^{1/2} (n\pi/L)^n \tag{5-4}$$

式中　W_n——钻柱 n 阶固有频率；

　　　I——截面惯性矩；

　　　L——下部钻柱长度；

　　　n——谐波次数。

　　对油田已失效钻柱经过分析发现，钻柱的疲劳破坏主要发生在 2000～4000m 井段，纵振对钻柱的疲劳破坏并不产生严重影响，但由此引起的横振产生的弯曲应力将使钻柱发生疲劳破坏。

　　为分析转速对钻杆工作寿命的影响，作者使用了一种简化的有限元模型——谐波分析法，忽略内阻和外阻的影响，假设钻柱受到常频率激励，而由外载荷引起的位移与外载荷有相同的频率。则钻柱运动方程简化为：

$$\{[K]-[M]\omega^2\}\{u\}=\{R_f\} \tag{5-5}$$

式中　$[K]$——刚度矩阵；

　　　$[M]$——质量矩阵；

　　　ω——力和位移的响应频率；

　　　$\{R_f\}$——外载荷。

　　计算表明：油田使用的工作转速处于使钻柱发生疲劳破坏的范围内，扭转振动频率高于工作转速，而轴向振动频率低于工作转速。

　　Miuheim 在钻柱力学方面作了大量的研究工作，主要是应用有限元方法对下部钻柱的受力和变形进行静态的和动态的计算机模拟。在这方面的早期研究主要是钻柱的平面受力分析，即描述钻柱力与位移关系的二维计算机模拟程序。后来，Miuheim 将其计算方法从二维扩展到三维、从单纯研究到下部钻柱的增斜、降斜趋势发展到包括变方位力在内的三维钻柱力学。作者认为，为了更准确地了解钻柱力学性能，尤其是方位变化的趋势，就必须考虑转速影响，因此，在三维静态模拟的基础上，研究了下部钻柱的三维动态模拟，并据此设计了相应的计算机程序。Miuheim 钻柱静态方程为：

$$\vec{F}_n=[k_{n,n}]\vec{\delta}_n+[k_{n,n-1}\ k_{n,nH}]\vec{S}_{n-1}/\vec{S}_{n+1} \tag{5-6}$$

式中　$[k_{ij}]$——第 i 个节点力与第 j 个节点位移关系刚度阵；

　　　$\vec{F}_n$——第 n 个节点上作用的外载；

　　　$\vec{S}_n$——第 n 个节点位移。

　　对于动态问题，Miuheim 采用与静态一样的力学模型，只是外截向量增加了与时间有关的分量，即：

$$\vec{F}_n=\vec{F}_w+\vec{F}_b+\vec{F}_g+\vec{F}_i+\vec{F}_f \tag{5-7}$$

式中　$\vec{F}_w$——钻柱自重；

　　　$\vec{F}_b$——钻柱与井壁接触产生的约束力；

　　　$\vec{F}_g$——由大变形引起的弯曲力；

　　　$\vec{F}_i$——节点惯性力；

　　　$\vec{F}_f$——钻柱与井壁接触产生的摩擦力。

他又假设节点力向量和节点位移向量分别有下述形式：

$$\vec{F}_{\mathrm{N}} = \vec{F}'_{\mathrm{N}} + \vec{F}''_{\mathrm{N}} \sin\omega t + \vec{F}'''_{\mathrm{N}} \cos\omega t \tag{5-8}$$

$$\vec{S}_{\mathrm{n}} = \vec{S}'_{\mathrm{n}} + \vec{S}''_{\mathrm{N}} \sin\omega t + \vec{S}'''_{\mathrm{N}} \cos\omega t \tag{5-9}$$

式中　$\vec{F}'_{\mathrm{N}}$，$\vec{S}'_{\mathrm{n}}$——分别为节点 n 处静外载和静位移向量；

$\vec{F}''_{\mathrm{N}}$，$\vec{F}'''_{\mathrm{N}}$——节点 n 处外载谐波分量的幅值；

$\vec{S}''_{\mathrm{n}}$，$\vec{S}'''_{\mathrm{N}}$——节点 n 处位移谐波分量的幅值。

Muheim 将钻柱的运动解释为由于摩擦力存在，钻柱沿低边爬行，并按转速的不同，将钻柱运动分成低能、中低能、中高能和高能四个能级，讨论了几种基本钻柱的力学性能和钻柱的爬行轨迹，得到了以下结论：

（1）对于多扶正器的增斜钻柱，转速低于 75r/min 时，井斜力和方位力变化很小，当转速进一步增加，将有较强的右漂趋势，并使增斜变为降斜趋势。

（2）对于稳斜钻具，转速的影响很小；

（3）对于降斜钻具，方位有右漂趋势，降斜力随转速增加而减小。

1986 年，M. Birds 用一种简化的摩擦方式考虑钻柱与井壁的接触问题，研制了钻柱三维静态和动态计算机模拟程序，求出了下部钻柱的动态平衡曲线。假设：

（1）钻铤与井壁的接触是钻铤连续不断地撞击井壁；

（2）撞击是瞬间完成的，作用时间为零；

（3）持续接触是由一系列低强度碰撞组成的。

计算结果表明：降斜钻具的降斜趋势是不言而喻的，但方位为右漂；随着井径扩大，增斜钻具由增斜变为降斜，方位变化由右漂变成左漂趋势。

Miuheim 假设刚性井壁、圆形井眼、库仑摩擦力，Birds 甚至将钻柱与井壁的接触视为无作用时间的连续碰撞过程。他们都忽略了地层因素对钻柱动态力学性能的影响，这也是有限元振动分析结果与实际情况不太一致的重要原因。另外，钻柱振动相当复杂，很难用力学模型准确描述。

为解决钻头与地层间的相互作用，J. D. Brakel 和 J. J. Azar 提出了一个新模型，并将该模型用于动态分析程序。计算结果表明：随着井斜角增加，增斜钻具增斜趋势增加，方位显左漂；转速高于 90r/min 时，降斜钻具有右漂趋势，而稳斜钻具受转速影响很小。间隙是一个较为敏感的参数，径向间隙增大，增斜钻具变方位力明显增加，左漂更严重，同时具有明显增斜趋势；降斜钻具降斜趋势增加，方位右漂趋势略有增加；稳斜钻具由左漂变为右漂。这些结论与实际情况还有一定的差距，因此，其模型有必要作进一步的修正，这方面 Jordan Apostal 等人作了一些尝试，也得出了一些结论。

Jordan 等人讨论了 PDC 钻头与非均质地层间的相互作用，研制了计算机动态模拟程序（GEODYN、GEODYNZ），它能够模拟井眼形状、井底形状、非均质地声能和扶正器间隙等参数对钻柱动态性能的影响。作者将钻头、井壁全部网格化，对任一网格都定义了相应的几何、力学特性参数，也允许用户定义井壁形状修改机内定义的地层特性。用线弹簧模拟外圈齿所受到的阻力，由于离散点多，自由度数相当大，尽管采用了缩减自由度解法，在高速计算机上仍要占用大量机时。

国内的龚伟安等人，计算了钻柱的纵振固有频率，讨论了减振器性能对钻柱纵振的影响。王珍应、徐铭陶采用传递矩阵方法对直井中组合钻具的振动、稳定性、钻柱与井壁的相互作用进行了系统的理论研究，还探讨了钻具在井筒中和进动对井斜的影响。

2. 钻柱振动的实测

在着手进行钻柱分析之前，必须作一些假设，如果所作的假设比较合理，其计算结果就比较接近真实情况，但偏差总是存在的。为了了解钻柱的实际振动特性，同时也为了校正已有的钻柱动态力学模型，国内外很多研究人员对钻柱的振动特性作为了实测分析。钻柱振动测量一般采用以下几种方法：

（1）地面测量。1960 年，Baiky 和 Finie 将测量仪安装在钻杆内，用试错法确定整个钻柱的振动特性。后来，Payne 和 Bessisow 也用同一装置进行振动测量研究。

（2）BHA 疲劳现场已破坏钻杆分析，找出破坏原因，并与理论计算比较，以确定哪种振动形式对钻柱疲破坏影响最大。

（3）井底测量。Wolf 等人在钻头上部安装一个测量短节，短节内传感器的数据通过一条导线传到地面。这种方法数据传输速度较快，可以进行实时动态分析，但该装置要受到井深限制，安装这个装置还对钻进过程造成影响。

典型的井底测量装置是井底振动监视系统 DHVM，它可以测量下部钻柱的瞬时加速度和瞬时载荷，经快速傅里叶变换处理后，即可找出钻柱振动的频谱特性，从而确定下部钻柱的振动固有频率。

分析表明：使钻柱产生严重振动的频率比预料的要高，特别是在划眼时，将产生较大的横向振动。另外，对钻柱造成破性影响的振动可以通过调整钻压和转速来避免。

3. 钻柱动态研究方法

钻柱动态研究方法主要有以下方法：

（1）解析法。

这种方法在钻柱振动分析的早期文献中常常采用，现在仍有一些学者采用该方法。解析法根据振动形式确定相应的微分方程，应用边界条件求解，算法简洁，计算量小，但仅能孤立地讨论钻柱单一形式的振动，不能综合考虑实际存在的纵振、横振和扭转振动，且只能分析无扶正器钻具。

（2）数值法。

钻柱振动分析的数值解法是主要是有限元法：从能量角度出发建立各单元运动状态方程，并将每个单元组合起来，处理边界条件后求解，它又分为一般有限元法和谐波分析法。谐波分析法是现有模型中唯一能确定临界转速的模型。一般而言，有限元法可求解任何钻柱结构、任何振动类型及其关联作用的问题。有限元法可以求约束节点处的反力，这对研究定向钻井是有帮助的。但它需要大容量计算机，即使具有矢量运算和并行处理的大型计算机都需几个小时。

（3）实测分析。

国外一些公司研制了一些地面及井底振动测量装置，对采集的数据进行频谱分析，研究钻柱的频率特性。实测分析结果可以校正现有振动模型。这种方法能够真实而客观地反映钻柱的受力和运动状态，但成本较高而且测试到的数据是有限的。

二、下部套管柱有限元动态力学模型的建立

转子力学问题始于 1970 年，起初，考虑转子只有移动惯性情况下的弯曲振动问题。随着研究的深入，转子的有限元模型不断得到完善，在模型中包括了转动惯量、陀螺力矩、轴向载荷、外阻、内阻以及剪切变形等因素。对于像套管柱这类低速转动体，陀螺力矩、剪切变形等因素的影响很小，可以忽略不计。

下部套管柱振动的环境是相当复杂的，在作理论分析时，不可能完全模拟其真实振动环境。因此，在进行分析之前，有必要作一些基本假设，为方便起见，假设如下：

（1）套管柱组合为一弹性梁，在每个单元内，套管柱的几何特性和材料特性保持不变。

（2）钻头位于井眼中心，且与地层无力矩作用。

（3）钻头处径向间隙为零。

（4）井壁是刚性的，井眼是圆形的。

（5）套管柱与井壁间的摩擦为库仑滑动摩擦。

有了这些基本设后，即可进行 BHA 的受力和变形分析

1. 单元的划分和节点位移向量

取下部套管柱作为研究的对象，从钻头处起往上划分成多个单元，只要保证每个单元的截面几何性质和材料性质在同一单元长度即可。

任取一单元，以其中心线为 Z' 轴，OX'、OY' 分别与截面主惯性轴重合。如图 5-1 所示，在每个节点上取三个移动位移和三个转动位移共六个自由度，即：

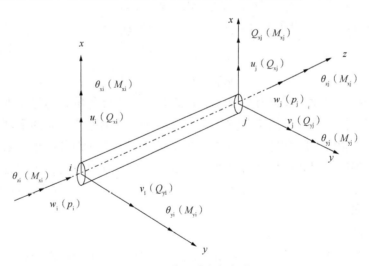

图 5-1　单元受力与变形

节点轴向位移：W_i、W_j；

沿 x 方向的位移：U_i、U_j；

沿 y 方向的位移：V_i、V_j；

绕 z 轴的扭转角：Q_{zi}、Q_{zj}；

绕 y 轴的扭转角：Q_{yi}、Q_{yj}；

绕 x 轴的扭转角：Q_{xi}、Q_{xj}。

引起节点位移相应的节点载荷为：

轴向力：P_i、P_j；

沿 x 轴的横向剪力：Q_{xi}、Q_{xj}；

沿 y 轴的剪力：Q_{yi}、Q_{yj}；

扭矩：m_{ti}、m_{tj}；

xz 平面内的弯矩：m_{yi}、m_{yj}；

yz 平面内的弯矩：m_{xi}、m_{xj}。

在有限元分析中，通常把节点位移作为基本未知量，即每单元所含节点位移来表示的。因此，系统内各节点的位移就组成了系统的广义坐标。

对于杆单元，其广义坐标定义为：

$$\{\delta'\}_e = \{u_i, \ Q_{yi}, \ u_j, \ Q_{yi}, \ V_i, \ -Q_{xi}, \ V_j - Q_{xj}, \ W_i, \ W_j, \ Q_{zi}, \ Q_{zj}\}^T \tag{5-10}$$

相应的广义节点力为：

$$\{R'\}_e = \{Q_{xi}, \ m_{yi}, \ Q_{xj}, \ m_{yi}, \ Q_{yi}, \ m_{yi}, \ Q_{yj}, \ m_{yi}, \ P_i, \ p_j, \ m_{ti}, \ m_{tj}\}^T \tag{5-11}$$

将式（5-10）对时间求导得广义速度向量：

$$\{\delta'\}_e = \{\dot{u}_i, \ \dot{Q}_{yi}, \ \dot{u}_j, \ \dot{Q}_{yi}, \ \dot{V}_i, \ -\dot{Q}_{xi}, \ \dot{V}_j - \dot{Q}_{xj}, \ \dot{W}_i, \ \dot{W}_j, \ \dot{Q}_{zi}, \ \dot{Q}_{zj}\}^T \tag{5-12}$$

将式（5-12）对时间求导得广义加速度向量：

$$\{\ddot{\delta}'\}_e = \{\ddot{u}_i, \ \ddot{Q}_{yi}, \ \ddot{u}_j, \ \ddot{Q}_{yi}, \ \ddot{V}_i, \ -\ddot{Q}_{xi}, \ \ddot{V}_j - \ddot{Q}_{xj}, \ \ddot{W}_i, \ \ddot{W}_j, \ \ddot{Q}_{zi}, \ \ddot{Q}_{zj}\}^T \tag{5-13}$$

将单元的广义位移式（5-10）分成以下四个部分：

$$\{u_1\} = \{u_i \quad Q_{yi} \quad u_j \quad Q_{yi}\}^T \tag{5-14}$$

$$\{u_2\} = \{V_i \quad -Q_{yi} \quad V_j \quad -Q_{yi}\}^T \tag{5-15}$$

$$\{u_3\} = \{w_i \quad w_j\}^T \tag{5-16}$$

$$\{u_4\} = \{Q_{zi} \quad Q_{zj}\}^T \tag{5-17}$$

通过单元分析，可建立节点力与位移之间的关系，综合各单元的运动方程就可得到以节点位移为广义坐标的系统运动微分方程，这样，一个质量连续分布的下部套管柱系统的振动问题，就可以化为有限个自由度系统的振动问题，套管柱划分的单元数目越多，其数值解越接近于精确解，但计算量也大大增加。因此，在划分单元时，应综合考虑计算结果的精度和计算工作量这两个因素，做到在保证精度的前提下，尽量减少计算量。

2. 单元运动方程

1）插值函数的确定

对于一个三维弹性梁，梁内任一截面上的位移是其位置的二次或三次多项式，即：

$$u(z, \ t) = a_0 + a_1 z + a_2 z^2 + a_3 z^3 \tag{5-18}$$

$$v(z, \ t) = b_0 + b_1 z + b_2 z^2 + b_3 z^3 \tag{5-19}$$

$$w(z, \ t) = c_0 + c_1 z \tag{5-20}$$

$$\beta(w, \ t) = d_0 + d_1 z \tag{5-21}$$

令 $H(z, \ t) = (1, \ z, \ z^2 z^3)$

$L(z, \ t) = (1, \ z)$

$\{a\} = (a_0, \ a_1, \ a_2, \ a_3)^T$

$$\{b\} = (b_0, \ b_1, \ b_2, \ b_3)^{\text{T}}$$

$$\{c\} = (c_0 c_1)^{\text{T}}$$

$$\{b\} = (d_0 d_1)^{\text{T}}$$

则式(5-18)~式(5-21)可改写成:

$$u(z, \ t) = H(z, \ t)\{a\} \tag{5-22}$$

$$v(z, \ t) = H(z, \ t)\{b\} \tag{5-23}$$

$$w(z, \ t) = L(z, \ t)\{c\} \tag{5-24}$$

$$\beta(z, \ t) = L(z, \ t)\{d\} \tag{5-25}$$

将端点处的广义节点位移表达式(5-14)~式(5-17)代入式(5-22)~式(5-25)并注意到:

$$Q_{yk} = \frac{\partial u}{\partial z}, \ -Q_{xk}\frac{\partial v}{\partial Z} \quad (K=i, \ j) 则有:$$

$$\{u_1\} = \begin{bmatrix} 1 & 0 & 0 & 0 \\ 0 & 1 & 0 & 0 \\ 1 & L & L^2 & L^3 \\ 0 & 1 & 2L & 3L^2 \end{bmatrix}\{a\} \tag{5-26}$$

$$\{u_2\} = \begin{bmatrix} 1 & 0 & 0 & 0 \\ 0 & 1 & 0 & 0 \\ 1 & L & L^2 & L^3 \\ 0 & 1 & 2L & 3L^2 \end{bmatrix}\{b\} \tag{5-27}$$

$$\{u_3\} = \begin{bmatrix} 1 & 0 \\ 1 & L \end{bmatrix}\{c\} \tag{5-28}$$

$$\{u_4\} = \begin{bmatrix} 1 & 0 \\ 1 & L \end{bmatrix}\{d\} \tag{5-29}$$

由式(5-26)~式(5-29)可求出待定的系数:

$$\{a\} = \begin{bmatrix} 1 & 0 & 0 & 0 \\ 0 & 1 & 0 & 0 \\ -\dfrac{3}{l^2} & -\dfrac{2}{l} & \dfrac{3}{l} & -\dfrac{1}{l} \\ \dfrac{2}{l^3} & \dfrac{1}{l} & -\dfrac{2}{l^3} & \dfrac{1}{l^2} \end{bmatrix}\{u_1\} \tag{5-30}$$

$$\{b\} = \begin{bmatrix} 1 & 0 & 0 & 0 \\ 0 & 1 & 0 & 0 \\ -\dfrac{3}{l^2} & -\dfrac{2}{l} & \dfrac{3}{l} & -\dfrac{1}{l} \\ \dfrac{2}{l^3} & \dfrac{1}{l^2} & -\dfrac{2}{l^3} & \dfrac{1}{l^2} \end{bmatrix}\{u_2\} \tag{5-31}$$

$$\{c\} = \begin{bmatrix} 1 & 0 \\ \dfrac{-1}{l} & \dfrac{1}{l} \end{bmatrix} \{u_3\} \tag{5-32}$$

$$\{d\} = \begin{bmatrix} 1 & 0 \\ \dfrac{-1}{l} & \dfrac{1}{l} \end{bmatrix} \{u_4\} \tag{5-33}$$

将式(5-30)~式(5-33)代入式(5-22)~式(5-25)即得：

$$u(z, t) = H(z, t) [A] \{\mu_1\} \tag{5-34}$$

$$v(z, t) = H(z, t) [A] \{\mu_2\} \tag{5-35}$$

$$w(z, t) = L(z, t) [A] \{\mu_3\} \tag{5-36}$$

$$\beta(z, t) = L(z, t) [A] \{\mu_4\} \tag{5-37}$$

式中

$$[A] = \begin{bmatrix} 1 & 0 & 0 & 0 \\ 0 & 1 & 0 & 0 \\ -\dfrac{3}{l^2} & -\dfrac{2}{l} & \dfrac{3}{l} & -\dfrac{1}{l} \\ \dfrac{2}{l^3} & \dfrac{1}{l} & -\dfrac{2}{l^3} & \dfrac{1}{l^2} \end{bmatrix} \tag{5-38}$$

$$[A_1] = \begin{bmatrix} 1 & 0 \\ -\dfrac{1}{l} & \dfrac{1}{l} \end{bmatrix} \tag{5-39}$$

则式(5-34)~式(5-37)变为：

$$u(z, t) = [N] \{u_1\} \tag{5-40}$$

$$v(z, t) = [N] \{u_2\} \tag{5-41}$$

$$w(z, t) = [N_1] \{u_3\} \tag{5-42}$$

$$\beta(z, t) = [N_1] \{u_4\} \tag{5-43}$$

式(5-40)~式(5-43)就是单元内任一截面的位移与节点移之间的关系。$[N]$，$[N_1]$称为位移的插值函数(形函数)。

2) 单元的动能和势能

在套管柱上，任取一微元段 dz，u，J_d，J_p 分别代表所取微无段上单位长度的质量、直径转动惯量和极转动惯量，则微元段的动能为：

$$d_{T_e} = \frac{1}{2}\mu\, \dot{u} dz + \mu\, \dot{v}^2 dz + \frac{1}{2}\mu\, \dot{w}^2 dz + \frac{1}{2}J_d\dot{\theta}_y^2 dz + \frac{1}{2}J_d\, (-\dot{\theta}_x)^2 dz + \Omega\dot{J}_e\dot{\theta}_y(-\theta_x dz) +$$

$$\frac{1}{2}J_p\, (\dot{\beta})^2 dz + \frac{1}{2}J_p\Omega^2 dz \tag{5-44}$$

把式(5-40)~式(5-43)对时间求导，并注意到：

$$\theta_y = \frac{\partial u}{\partial z} = [N'] \{u_1\} \tag{5-45}$$

$$-\theta_x = \frac{\partial v}{\partial z} = [N'] \{u_2\} \tag{5-46}$$

$$\beta = \frac{\partial w}{\partial z} = [N_1'] \{u_3\} \tag{5-47}$$

则有：

$$\dot{u} = [N] \{\dot{u}_1\} \tag{5-48}$$

$$\dot{v} = [N] \{\dot{u}_2\} \tag{5-49}$$

$$\dot{w} = [N_1] \{\dot{u}_3\} \tag{5-50}$$

$$\dot{\beta} = [N_1] \{\dot{u}_4\} \tag{5-51}$$

$$\dot{Q}_y = [N'] \{\dot{u}_1\} \tag{5-52}$$

$$\dot{Q}_x = [w'] \{\dot{u}_2\} \tag{5-53}$$

将式(5-48)~式(5-53)代入式(5-45)~式(5-47)并沿单元长度积分，得单元动能为：

$$
\begin{aligned}
T_e = &\frac{1}{2} \{\dot{u}_1\}^{\mathrm{T}} \left[\int_o^e u\, [N]^{\mathrm{T}}[N]\,\mathrm{d}z + \int_o^e j_\alpha\, [N']^{\mathrm{T}}[N']\,\mathrm{d}z \right] \cdot \{\dot{u}_1\} + \\
&\frac{1}{2} \{\dot{u}_2\}^{\mathrm{T}} \left[\int_o^e u\, [N]^{\mathrm{T}}[N]\,\mathrm{d}z + \int_o^e j_e\, [N']^{\mathrm{T}} \right] \cdot [N']\,\mathrm{d}x \{\dot{u}_z\} + \\
&\frac{1}{2} \{\dot{u}_3\}^{\mathrm{T}} \left[\int_o^e u\, [N_1]^{\mathrm{T}}[N_1]\,\mathrm{d}z \right] \cdot \{\dot{u}_3\} + \\
&\frac{1}{2} \{\dot{u}_4\}^{\mathrm{T}} \left[\int_o^e J_p\, [N_1]^{\mathrm{T}}[N_1]\,\mathrm{d}z \right] \{\dot{u}_4\} + \\
&\frac{1}{2} \cdot \{\dot{u}_1\} \left[\int_o^e 2j_p\Omega\, [W']^{\mathrm{T}}[N']\,\mathrm{d}z \right] \{u_2\} + \frac{1}{2}j_p L\Omega^2
\end{aligned}
\tag{5-54}
$$

$$令\ [m_{SD}] = \int_o^e u\, [N]^{\mathrm{T}}[N]\,\mathrm{d}z \tag{5-55}$$

$$[m_{SR}] = \int_o^e j_\alpha\, [N']^{\mathrm{T}}[N']\,\mathrm{d}z \tag{5-56}$$

$$[m_{ST}] = \int_o^e j_p\, [N_1]^{\mathrm{T}}[N_1]\,\mathrm{d}z \tag{5-57}$$

$$[m_{SA}] = \int_o^e u_\alpha\, [N_1]^{\mathrm{T}}[N_1]\,\mathrm{d}z \tag{5-58}$$

$$[m_{SR}] = \int_o^e F_\alpha\, [N']^{\mathrm{T}}[N']\,\mathrm{d}z \tag{5-59}$$

则式(5-54)可改写成：

$$
\begin{aligned}
T_e = &\frac{1}{2}\{\dot{u}_1\}^{\mathrm{T}}([m_{SD}] + [m_{SR}])\{\dot{u}_1\} + \\
&\frac{1}{2}\{\dot{u}_z\}^{\mathrm{T}}(m_{so}) + [m_{SR}]\{\dot{u}_2\} + \frac{1}{2}\{\dot{u}_3\}^{\mathrm{T}}[m_{SA}]\{\dot{u}_3\} + \\
&\frac{1}{2}\{\dot{u}_4\}^{\mathrm{T}} \cdot [m_{SA}]\{\dot{u}_4\} + 2\Omega\{\dot{u}_1\}[J_s]\{u_2\} + \frac{1}{2}J\Omega^2
\end{aligned}
\tag{5-60}
$$

微元体的弹性势能由两部分组成：弯曲、扭转变形能和轴向力势能。弯曲扭转变形能为：

$$d_{ve} = \frac{1}{2}EI_y\ (u'')^2\mathrm{d}z + \frac{1}{2}EI_x\ (v'')^2\mathrm{d}z + \frac{1}{2}EA\ (w')^2 \cdot \mathrm{d}z + \frac{1}{2}GI_\rho\ (\beta')^2\mathrm{d}z \qquad (5-61)$$

式中 I_x、I_y、I_ρ 分别表示相对于 x、y 轴的惯性矩和极惯性积。

把式 (5-40)~式 (5-43) 按式 (5-61) 要求分别求一阶、二阶导数，代入式 (5-61) 得：

$$d_{ve} = \frac{1}{2}\{u_1\}^T EI_y\ [w'']^T\ [N'']\{u_1\}\mathrm{d}z + \frac{1}{2}\{u_2\}^T EI_x'\cdot [N'']^T\ [N'']\{u_2\}\mathrm{d}z +$$

$$\frac{1}{2}\{u_3\}^T EA\ [N_1']^T\ [N_1']\ [u_3]\cdot \mathrm{d}z + \frac{1}{2}\{u_4\}^T GI_\rho\ [N_1']^T\ [N']\{u_4\}\mathrm{d}z \qquad (5-62)$$

沿单元长度积分，得单元总势能：

$$V_e = \frac{1}{2}\{u_1\}^T \int_0^l EI_y\ [N'']^T\ [N'']\{u_1\}\mathrm{d}z +$$

$$\frac{1}{2}\{u_2\}^T \int_0^l EI_x\ [N'']^T\ [N'']\{u_2\}\mathrm{d}z +$$

$$\frac{1}{2}\{u_3\}^T \int_0^l EA\ [N_1']^T\ [N_1']\{u_3\}\mathrm{d}z + \qquad (5-63)$$

$$\frac{1}{2}\{u_4\}^T \int_0^l GI_\rho\ [N_1']^T\ [N']\{u_4\}\mathrm{d}z$$

令

$$[K_1] = \int_0^l EI_y\ [N'']^T\ [N'']\ \mathrm{d}z \qquad (5-64)$$

$$[K_2] = \int_0^l EI_x\ [N'']^T\ [N'']\ \mathrm{d}z \qquad (5-65)$$

$$[K_3] = \int_0^l EA\ [N_1']^T\ [N_1']\ \mathrm{d}z \qquad (5-66)$$

$$[K_4] = \int_0^l GI_\rho\ [N_1']^T\ [N_1']\ \mathrm{d}z \qquad (5-67)$$

则式 (5-63) 可简化为：

$$V_e = \frac{1}{2}\{u_1\}^T [K_1]\{u_1\}\mathrm{d}z + \frac{1}{2}\{u_2\}^T [K_2]\{u_2\}\mathrm{d}z +$$

$$\frac{1}{2}\{u_3\}^T [K_3]\{u_3\}\mathrm{d}z + \frac{1}{2}\{u_4\}^T [K_4]\{u_4\}\mathrm{d}z \qquad (5-68)$$

单元轴向力势能为：

$$V_P = -\frac{P}{2}\int_0^l \left[(u')^2 + (v')^2 + \frac{I_P}{A}\ (\beta')^2 \right]\mathrm{d}z \qquad (5-69)$$

将式 (5-40)~式 (5-43) 求导代入上式得：

$$V_P = -\frac{P}{2}\int_0^l\ [N_1']^T\ [N_1']\{u_1\} - \frac{P}{2}\{u_2\}^T\int_0^l\ [N_1']^T\ [N']\{u_2\} -$$

$$\frac{PI_P}{2A}\{u_4\}^T\int_0^l\ [N_1']^T\ [N_1']\{u_4\}\mathrm{d}z \qquad (5-70)$$

令

$$[K_a] = -P \int_0^l [N'_1]^T [N'_1]\,\mathrm{d}z \tag{5-71}$$

$$[K_C] = -\frac{PI_C}{A} \int_0^l [N'_1]^T [N'_1]\,\mathrm{d}z \tag{5-72}$$

则式(5-70)变为：

$$V_P = \frac{1}{2}\{u_1\}^T [K_a]\{u_1\} + \frac{1}{2}\{u_2\}^T [K_a]\{u_2\} + \frac{1}{2}\{u_4\}^T [K_C]\{u_4\} \tag{5-73}$$

由式(5-68)、式(5-73)即可求得单元体总势能：

$$V = V_e + V_P \tag{5-74}$$

3）耗散函数

任何振动都存在不同程度的衰减，它表明在振动过程中，系统机械能在不断地向外界散逸，这种能量的耗散在很多情况下对体系的振动产生不容忽视的影响，套管柱振动的阻尼因素主要包括以下几种：

（1）钻井液对钻柱振动的影响，这种阻力与介质性质钻井液黏度、相对密度等、结构形状、阻抗面积、振动速度有关，由于这种阻力主要发生在钻柱与钻井液接触的界面上，故一般称之为外阻尼力。外阻尼力大小与绝对速度成正比。

（2）钻柱变形过程中材料的内摩擦，大多数工程材料在承受载荷时，应力与应变的关系不是严格的沿着图5-2中的直线变化，而是形成图中所示的"滞变回线"，当应力增加时，曲线微向上凸，而当应力减少时，曲线微向凹，也就是说应变总是落后于应力，这种现象称为滞变现象。

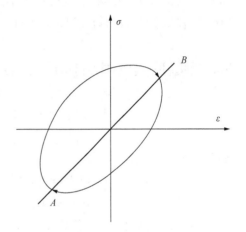

图5-2　材料滞变回线

在此应力循环中滞变回线的面积等于单位体积材料内散的能量。令其为 ΔV，并令 $V_o = \frac{1}{2}E\varepsilon_o^2$ 为与最大应变 ε_o 对应的弹性应变能，则称比值 $\psi = \frac{\Delta V}{V_o}$ 为材料的耗散系数。

由于这种阻尼力发生在材料内部，因此，一般称为内阻尼力，材料的内阻尼力的变化是相当复杂的，常采用的有两种阻尼理论，有：黏滞阻尼和复阻尼理论。拟采用被广泛使用的线性黏滞阻尼理论。该理论假设内阻尼与其相对变形速度成正比。

根据线性黏滞阻尼理论，引入一个包括内阻、外阻影响在内的耗散函数，该耗散函数具有如下性质：

$$F_j = -\frac{\partial \psi}{\partial \dot{q}_j}$$

式中　F_j——阻尼力；

　　　q_j——广义坐标。

设耗散函数为：

$$\psi = \frac{1}{2}\{\dot{u}_1\}^T[D_{e1}]\{\dot{u}_1\} + \frac{1}{2}\{\dot{u}_2\}^T[D_{e2}]\{\dot{u}_2\} + \frac{1}{2}\{\dot{u}_3\}^T[D_{e3}]\{\dot{u}_3\} + \frac{1}{2}\{\dot{u}_4\}^T[D_{e4}]\{\dot{u}_4\} +$$

$$\frac{1}{2}(\{\dot{u}_i\} + \Omega\{u_2\})^T[C_{i1}](\{\dot{u}_1\} + \Omega\{u_2\}) + \frac{1}{2}\{\dot{u}_2\} - \Omega\{u_2\})^T[D_{2i}](\{\dot{u}_2\} - \Omega\{u_1\})$$

$$(5-75)$$

式中　$[D_{e1}]$、$[D_{e2}]$、$[D_{e3}]$、$[D_{e4}]$——相应速度的外阻尼系数矩阵；

　　　　$[C_{i1}]$、$[C_{i2}]$——相应的相对速度的内阻尼矩阵；

　　　　Ω——套管柱转速。

4）单元运动方程

在多自由度系统中，运动必须满足拉格朗日方程：

$$\frac{\mathrm{d}}{\mathrm{d}t}\frac{\partial T}{\partial \dot{q}_j} - \frac{\partial T}{\partial q_j} + \frac{\partial V}{\partial q_j} + \frac{\partial \psi}{\partial \dot{q}_j} = Q_j \qquad (5-76)$$

将式(5-60)、式(5-74)、式(5-75)代入拉氏方程(5-76)得：

$$([M_{SD}] + [M_{SR}])\{\ddot{u}_1\} + \Omega[J_S]\{\dot{u}_2\} + ([C_{e1}] + [C_{i1}])\{\dot{u}_1\} + \Omega[C_{i1}]\{u_2\} + [k_1]\{u_1\} = \{Q_1\}$$

$$(5-77)$$

$$([M_{SD}] + [M_{SR}])\{\ddot{u}_2\} - \Omega[J_S]\{\dot{u}_1\} + ([C_{e2}] + [C_{i1}]) \cdot \{\dot{u}_2\} - \Omega[C_{i2}]\{\dot{u}_1\} + [K_2]\{u_2\} = \{Q_2\}$$

$$(5-78)$$

$$[m_{SA}]\{\ddot{u}_3\} + [D_{e3}]\{\dot{u}_3\} + [K_3]\{u_3\} = \{Q_3\} \qquad (5-79)$$

$$[m_{ST}]\{\ddot{u}_4\} + [D_{e4}]\{\dot{u}_4\} + [K_4]\{u_4\} = \{Q_4\} \qquad (5-80)$$

如令：

$$\{\delta'\}_e = \{\{u_1\}^T \{u_2\}^T \{u_3\}^T \{u_4\}^T\}^T$$

$$\{R'\}_e = \{\{Q_1\}^T \{Q_2\}^T \{Q_3\}^T \{Q_4\}^T\}^T$$

则式(5-77)~式(5-80)用矩阵表示为：

$$\begin{bmatrix} [M_{SD}]+[M_{SR}] & 0 & 0 & 0 \\ 0 & [M_{SD}]+[M_{SR}] & 0 & 0 \\ 0 & 0 & [M_{SA}] & 0 \\ 0 & 0 & 0 & [M_{ST}] \end{bmatrix} \cdot \{\ddot{\delta}'\}_e +$$

$$\begin{bmatrix} [C_{e1}]+[C_{f1}] & 0 & 0 & 0 \\ 0 & [C_{e2}]+[C_{i2}] & 0 & 0 \\ 0 & 0 & [C_{e3}] & 0 \\ 0 & 0 & 0 & [-C_{e4}] \end{bmatrix} \cdot \{\dot{\delta}'\}_e +$$

$$\begin{bmatrix} 0 & \Omega[d_s] & 0 & 0 \\ -\Omega[J_S] & 0 & 0 & 0 \\ 0 & 0 & 0 & 0 \\ 0 & 0 & 0 & 0 \end{bmatrix} \cdot \{\dot{\delta}'\}_e + \begin{bmatrix} 0 & \Omega[C_i] & 0 & 0 \\ -\Omega[C_i] & 0 & 0 & 0 \\ 0 & 0 & 0 & 0 \\ 0 & 0 & 0 & 0 \end{bmatrix} \cdot \{\dot{\delta}'\}_e +$$

$$\begin{bmatrix} [K_1]+[K_a] & 0 & 0 & 0 \\ 0 & [K_2]+[K_a] & 0 & 0 \\ 0 & 0 & [K_3]+[K_a] & 0 \\ 0 & 0 & 0 & [K_4]+[K_a] \end{bmatrix} \cdot \{\dot{\delta}'\}_e = \{R'\}_e \quad (5-81)$$

如令：

$$M_e = \begin{bmatrix} [M_{SD}]+[M_{SK}] & 0 & 0 & 0 \\ 0 & [M_{SD}]+[M_{SR}] & 0 & 0 \\ 0 & 0 & [M_{SA}] & 0 \\ 0 & 0 & 0 & [M_{ST}] \end{bmatrix}$$

称为单元质量矩阵。

$$[C']_e = \begin{bmatrix} [C_{e1}]+[C_{i1}] & 0 & 0 & 0 \\ 0 & [C_{e2}]+[C_{i1}] & 0 & 0 \\ 0 & 0 & [C_{i3}] & 0 \\ 0 & 0 & 0 & [C_{i4}] \end{bmatrix}$$

称为单元阻尼矩阵。

$$[K']_e = \begin{bmatrix} [K_1]+[K_a] & 0 & 0 & 0 \\ 0 & [K_2]+[K_a] & 0 & 0 \\ 0 & 0 & [K_3] & 0 \\ 0 & 0 & 0 & [K_4]+[K_a] \end{bmatrix}$$

称为单元刚度矩阵，它为弹性刚度矩阵与几何刚度矩阵之和。

$$[KC']_e = \begin{bmatrix} 0 & \Omega[C_i] & 0 & 0 \\ -\Omega[C_i] & 0 & 0 & 0 \\ 0 & 0 & 0 & 0 \\ 0 & 0 & 0 & 0 \end{bmatrix} \cdot$$

称为阻尼刚度矩阵。

由此，方程(5-81)可表示成：

$$[M']_e\{\ddot{\delta}'\}_e + ([C']_e+[G']_e)\{\dot{\delta}'\}_e + ([K']_e+[KC']_e)\{\delta'\}_e = \{R'\}_e \quad (5-82)$$

上式就是在局部坐标系下的单元运动方程。

5）系数矩阵的确定

（1）单元质量矩阵。将位移插值矩阵(5-26)代入式(5-55)～式(5-59)得：

单元横向运动质量矩阵：

$$[M_{SD}] = \int_0^l \mu[N]^T[N]\,\mathrm{d}z = \frac{\mu l}{420}\begin{bmatrix} 156 & 22l & 54 & -13l \\ 22l & 4l^2 & 13l & -3l^2 \\ 54 & 13l & 156 & -22l \\ -13l & -3l^2 & -22l & 4l^2 \end{bmatrix}$$

单元转动质量矩阵：

$$[M_{\text{SR}}] = \int_0^l J_d' [N']^{\text{T}} [N] \, \mathrm{d}z = \frac{J_d'}{30l} \begin{bmatrix} 36 & 3l & -36 & 3l \\ 0 & 4l^2 & -3l & -l^2 \\ 0 & 0 & 36 & -3l \\ 0 & 0 & 0 & 4l^2 \end{bmatrix}$$

单元轴向移动质量矩阵：

$$[M_{\text{SR}}] = \int_0^l \mu [N_1]^{\text{T}} [N_1] \, \mathrm{d}z = \frac{\mu L}{6} \begin{bmatrix} 2 & 1 \\ 1 & 2 \end{bmatrix}$$

单元扭转质量矩阵：

$$[M_{\text{ST}}] = \int_0^l I_p [N_1]^{\text{T}} [N_1] \, \mathrm{d}z = \frac{I_p L}{6} \begin{bmatrix} 2 & 1 \\ 1 & 2 \end{bmatrix}$$

$$[J_{\text{S}}] = \int_0^l \dot{j}_p [N']^{\text{T}} [N'] \, \mathrm{d}z = \frac{\dot{j}_p}{30l} \begin{bmatrix} 36 & 3l & -36 & 3l \\ 3l & 4l^2 & -3l & -l^2 \\ -36 & -3l & 36 & -3l \\ 3l & -l^2 & -3l & 4l^2 \end{bmatrix}$$

（2）刚度矩阵：

单元弹性刚度阵：

$$[K_1] = \int_0^l EI_y [N'']^{\text{T}} [N''] \, \mathrm{d}z = \frac{EI_y}{L^3} \begin{bmatrix} 12 & 6l & -12 & 6l \\ 6l & 4l^2 & -6l & 2l^2 \\ -12 & -6l & 12 & -6l \\ 6l & 2l^2 & -6l & 4l^2 \end{bmatrix}$$

$$[K_2] = \int_0^l EI_x [N'']^{\text{T}} [N''] \, \mathrm{d}z = \frac{EI_x}{L^3} \begin{bmatrix} 12 & 6l & -12 & 6l \\ 0 & 4l^2 & -6l & 2l^2 \\ 0 & 0 & 12 & -6l \\ 0 & 0 & 0 & 4l^2 \end{bmatrix}$$

$$[K_3] = \int_0^l EA [N']^{\text{T}} [N'] \, \mathrm{d}z = \frac{EA}{L^3} \begin{bmatrix} 1 & -1 \\ -1 & 1 \end{bmatrix}$$

$$[K_4] = \frac{GI_p}{L} \begin{bmatrix} 1 & -1 \\ -1 & 1 \end{bmatrix}$$

（3）几何刚度矩阵：

$$[K_a] = -P \int_0^l [N']^{\text{T}} [N'] \, \mathrm{d}z = -\frac{P}{30L} \begin{bmatrix} 36 & 3l & -36 & 3l \\ 0 & 4l^2 & -3l & -l^2 \\ 0 & 0 & 36 & -3l \\ 0 & 0 & 0 & 4l^2 \end{bmatrix}$$

$$[K_b] = -P \int_0^l [N']^{\text{T}} [N'] \, \mathrm{d}z = [K_a]$$

$$[K_c] = \frac{-PI\rho}{A} \int_0^l [N']^{\text{T}} [N'] \, \mathrm{d}z = -\frac{PI_p}{AL} \begin{bmatrix} 1 & -1 \\ -1 & 1 \end{bmatrix}$$

（4）单元阻尼矩阵 $[C']_e$：单元阻尼矩阵由外阻尼系数矩阵 $[C_e']^e$ 和内阻尼系数矩阵

$[C_i']^e$ 组成。在推导单元阻尼矩阵时，必须根据结构材料的基本阻尼特性，而这是未知的。因此，只能建立一种近似的阻尼矩阵，用以表示结构在响应中的散逸，假设单元的阻尼矩阵 $[C']^e$ 也能使振型它为数正变，即：

$$\{\phi_i\}^T [C] \{\phi_i\} = 0 (i \neq j) \tag{5-83}$$

式中 ϕ_i、ϕ_j 为结构的第 i、j 防振型，则阻尼矩阵可由结构的振型、阻尼得到：

对于普通的振动方程：

$$[m]\{\ddot{\delta}\} + [c]\{\dot{\delta}\} + [k]\{\delta\} = \{R(t)\} \tag{5-84}$$

作下列变换：

$$\{\delta\} = \{\phi\}\{x(t)\} \tag{5-85}$$

其中 $\{\phi\}$ 是方程(5-84)无阻尼自由振动的振型矩阵，将式(5-86)代入式(5-85)并左乘 $[\phi]^T$，由特征矢量的性质得：

$$[\ddot{x}] + [\phi]^T [C] [\phi] [\dot{x}] + [\Omega]^2 [x] = [\phi]^T \{R\} \tag{5-86}$$

上式就是系统在各降固有振型下的振动方程，各防固的振型下振动的阻尼应该等于测得的振型阻尼比 (ξ_z)，即：

$$[\phi]^T [C] [\phi] = \begin{bmatrix} 2\xi_i\omega_i & & & \\ & 2\xi_i\omega_i & & \\ & & \cdot & \\ & & & 2\xi_i\omega_i \end{bmatrix}_{n \times n} \tag{5-87}$$

拟采用比例阻尼，假设：

$$[c] = \alpha [m] + \beta [k] \tag{5-88}$$

将式(5-88)左乘 $[\phi]^T$ 和右乘 $[\phi]$，则有：

$$[\phi]^T [C] [\phi] = \alpha [\phi]^T [m] [\phi] + \beta [\phi]^T [k] [\phi] \tag{5-89}$$

式中 $[\phi]$ 如采用标准振型矩阵，则有：

$$[\phi]^T [C] [\phi] = [I] \tag{5-90}$$

$$[\phi]^T [C] [\phi] = \begin{bmatrix} \dfrac{k_1}{m_1} & & & \\ & \cdot & & \\ & & \cdot & \\ & & & \dfrac{k_n}{m_n} \end{bmatrix}_{n \times n} - [\Lambda] \tag{5-91}$$

由式(5-87)~式(5-91)可得：

$$\alpha + \beta\omega_i^2 = 2\xi_i\omega_i \tag{5-92}$$

在式(5-92)中，若 $\alpha = 0$ 则：

$$\xi_i = \frac{\beta}{2}\omega_i \tag{5-93}$$

这意味着在各个振型中，阻尼比正比于该振型所对应的固有频率。因而，系统的强迫振动中，高频分量被抑制。

若 $\beta = 0$，则：

$$\xi_i = \frac{\alpha}{2\omega_i} \tag{5-94}$$

此即说明阻尼比反比于该振型所对应的固有频率，因而，在系统强迫振动中，低频分量被抑制。所以，适当选取 α、β 值就可以近似地反映实际振动中阻尼因素对系统振动的影响。通过实验可测得相应于某个固有频率的阻尼比 ξ_2，从而确定 α、β 的值，如果测出了第一、二阶振型的阻尼比 ξ_1、ξ_2，就可由式(5-92)解方程得到 α、β 值。

另一方法是从阻尼的定义出发推导出 α、β，即在黏性阻尼力模型中假设：

$$F_{d1} = -c\dot{u}_2(x_1, \ t) \tag{5-95}$$

式中 c 为黏性阻尼常数，通过虚功等效原理，利用特征函数的正比关系，可得出外阻尼系数：

$$\alpha = \frac{\gamma_v}{\mu} \tag{5-96}$$

式中　γ_v——黏性阻尼系数。

另外，假设内阻尼应力与变形速度 $\dot{\varepsilon}$ 成正比，即总的应力：

$$\delta = E\varepsilon + b\dot{\varepsilon} \tag{5-97}$$

式中　b——应变速度阻尼系数。

按虚功等效原理及特征函数正交性，可得：

$$\beta = \frac{b}{E} \tag{5-98}$$

对于套管柱表面的钻井液黏滞阻尼力，提出了一个经验公式：

$$\gamma_v = \pi(r_i + r_0)\sqrt{2\omega\rho\eta} \tag{5-99}$$

式中　γ_v——黏性阻尼系数，Pa·s；

　　　r_i——套管柱内径；

　　　r_o——套管柱外径；

　　　ω——振动频率；

　　　ρ——钻井液密度；

　　　η——钻井液黏度。

将式(5-99)代入式(5-96)，对于油田实际使用的套管柱及钻井液体系，外阻尼系数一般为：$\alpha = 0.1 \sim 0.5$

对于内阻尼系数 β，现仍然很难有一个确定值，只能大致估计其取值范围，因为对于阻尼振动，其响应的圆频率为：

$$p = \omega_o \sqrt{1 - \left(\frac{n_d}{\omega_o}\right)^2} \tag{5-100}$$

$$n_d = \frac{b}{2\mu}$$

式中　ω_o——不考虑阻尼时的圆频率；

　　　n_d——衰减系数。

由式(5-100)知，当 $\dfrac{n_\mathrm{d}}{\omega_\mathrm{o}} \geqslant 1$ 时，套管柱的运动将不再具有振动的特征，因此有：

$\dfrac{n_\mathrm{d}}{\omega_\mathrm{o}} < 1$，即是

$$\frac{b}{2\mu\omega_\mathrm{o}} < 1 \tag{5-101}$$

将式(5-98)代入式(5-101)有：

$$\beta < \frac{2\mu\omega_\mathrm{o}}{E} \approx 10^{-5} \tag{5-102}$$

阻尼系数 α、β 确定后，即可求得阻尼矩阵 $[C']^e$。

6）单元节点载荷

在振动方程(5-82)中，等式右边为单元节点载荷向量，它由每个单元的集中和分布力二部分组成。分布力是按虚功原理等效到节点上的。

（1）集中载荷。

如图 5-3 所示，在倾斜井眼中，对于每个单元，集中力有作用在两端点上的扭矩和轴向力，事实上，轴向力是随井深的不同而变化的，在单元长度较小时，认为同一单元两端上的轴向力大小相同。

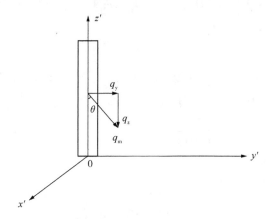

图 5-3　套管柱单元重力

按式(5-11)的广义节点力顺序排列，单元的集中节点力为：

$$\{R'_\mathrm{a}\} = [0,\ 0,\ 0,\ 0,\ 0,\ 0,\ 0,\ 0,\ p_\mathrm{i},\ p_\mathrm{j},\ m_\mathrm{t},\ -m_\mathrm{f}]^\mathrm{T} \tag{5-103}$$

（2）分布力。

作用在单元上的分布力有钻井液浮力、套管柱自重。假设井斜角为 θ，套管柱在钻井液中单位长度的质量为 q_m，依照图 5-3 所定义的局部坐标系，即可求出沿坐标方向的分布载荷大小。

$$\begin{aligned} q_\mathrm{x} &= 0 \\ q_\mathrm{y} &= q_\mathrm{m}\sin\theta \\ q_\mathrm{z} &= -q_\mathrm{m}\cos\theta \end{aligned} \tag{5-104}$$

如图 5-4 所示，对于 q_x、q_y、q_z 为常数的情形，其等效节点力为：

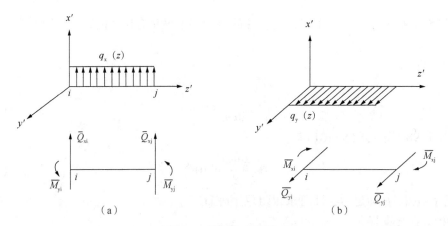

图 5-4 单元分布等效力

$$\{Q'\}_{x}^{l} = [Q_{xi}, \ m_{yi}, \ Q_{xj}, \ m_{yj}]^{T}$$

$$= \int_{0}^{l} [N]^{T} q_{x} \mathrm{d}z \tag{5-105}$$

$$= q_{x} [L/2, \ L^{2}/2, \ L/2, \ -L^{2}/12]^{T}$$

$$\{Q'\}_{y} = [Q_{yi}, \ m_{xi}, \ Q_{yj}, \ m_{j}]$$

$$= \int_{0}^{l} [N]^{T} q_{y} \mathrm{d}z \tag{5-106}$$

$$= q_{y} [L/2, \ L^{2}/2, \ L/2, \ -L/12]^{t}$$

$$\{Q'\}_{z} = [p_{i}, \ p_{j}]^{T}$$

$$= \int_{0}^{l} [N_{1}]^{T} q_{z} \mathrm{d}z \tag{5-107}$$

$$= q_{z} [L/2, \ L/1]^{T}$$

综合式(5-103)、式(5-105)~式(5-107)得单元等效节点力：

$$\{Q'\}^{e} = [Lq_{x}/2, \ L^{2}q_{x}/12, \ Lq_{x}/2, \ -L^{2}q_{x}/12,$$
$$Lq_{y}/2, \ L^{2}q_{y}/12, \ Lq_{y}/2, \ -L^{2}q_{y}/12, \tag{5-108}$$
$$N_{2}+Lq_{z}/2, \ -N_{j}+Lq_{z}/2, \ m_{zi}, \ m_{zj}]^{T}$$

（3）不平衡质量广义节点力。

套管柱偏心是引起套管柱横向振动的重要因素，假使单元两端的偏心坐标为(η_{i}, ξ_{i})，(η_{j}, ξ_{j})，且假设质量不平衡，在单元内的分布呈线性，即：

$$\eta(z) = \eta_{i}(1-\frac{z}{l}) + \eta_{j}(\frac{z}{l}) \tag{5-109}$$

$$\xi(z) = \xi_{i}(1-\frac{z}{l}) + \xi_{j}(\frac{z}{l}) \tag{5-110}$$

微元段不平衡力在局部坐标(x', y')轴上的投影可近似表示成：

$$\begin{Bmatrix} \mathrm{d}F_{xi} \\ \mathrm{d}F_{yi} \end{Bmatrix} = \mu \Omega^{2} C \begin{Bmatrix} \eta(z) \\ \xi(z) \end{Bmatrix} \cos \Omega t + \begin{Bmatrix} -\xi(z) \\ \eta(z) \end{Bmatrix} \sin \Omega t \mathrm{d}z$$

按虚功等效原理有：

$$\{Q_1^n\} = \int_0^l \mu \Omega^2 [N]^{\mathrm{T}} (\eta(z)\cos\Omega t - \xi(z)\sin\Omega t)\,\mathrm{d}z \tag{5-111}$$

$$\{Q_2^n\} = \int_0^l \mu \Omega^2 [N]^{\mathrm{T}} (\xi(z)\cos\Omega t - \eta(z)\sin\Omega t)\,\mathrm{d}z \tag{5-112}$$

将式(5-109)、式(5-110)代入式(5-111)、式(5-112)，即可得到不平衡质量引起的广义节点力为：

$$\{Q'\} = \left\{ \begin{matrix} \{Q_1^n\} \\ Q_2^n \end{matrix} \right\} \tag{5-113}$$

为了适应坐标转换的需要，必须将广义节点位移重新排列，即：

$$\{R'\}^e = [\, Q_{xi}, \ Q_{yi}, \ P_{zi}, \ M_{xi}, \ M_{yi}, \ M_{zi}, \ Q_{xj}, \ Q_{yj}, \ P_{zj}, \ M_{xj}, \ M_{yj}, \ M_{zj}\,]^{\mathrm{T}} \tag{5-114}$$

$$\{\delta'\}^e = \{\, u_i, \ v_i, \ w_i, \ -Q_{xi}, \ Q_{yi}, \ Q_{zi}, \ u_j, \ v_j, \ w_j, \ -Q_{xj}, \ Q_{yj}, \ Q_{ji}\} \tag{5-115}$$

对应的式(5-108)变为：

$$\{Q'\}^e = Lq_x/2, \ Lq_y/2, \ N_i + Lq_z/2, \ L^2 q_y/12, \ L^2 q_x/12,$$
$$m_i, \ Lq_x/2, \ Lq_y/2, \ -N_i + Lq_z/2, \ -L^2 q_y/12, \ -L^2 q_x/12, \ -m_j \tag{5-116}$$

式(5-113)重新写成：

$$\{Q^\mu\}^e = \{Q_x^\mu\}^e \cos\Omega t + \{Q_y^\mu\}^e \sin\Omega t \tag{5-117}$$

式中

$$\{Q_y^\mu\} = \left\{ \begin{matrix} -\dfrac{7}{20}\xi_i L - \dfrac{3}{20}\xi_j L \\[2mm] \dfrac{7}{20}\eta_i L + \dfrac{3}{20}\eta_j L \\[2mm] 0 \\[2mm] \dfrac{1}{20}\eta_i L^2 + \dfrac{1}{30}\eta_j L^2 \\[2mm] -\dfrac{1}{20}\xi_i L^2 - \dfrac{1}{30}\xi_j L^2 \\[2mm] 0 \\[2mm] -\dfrac{3}{20}\xi_i L - \dfrac{7}{20}\xi_j L \\[2mm] \dfrac{3}{20}\eta_i L + \dfrac{7}{20}\eta_j L \\[2mm] 0 \\[2mm] -\dfrac{1}{30}\eta_i L^2 - \dfrac{1}{20}\eta_j L^2 \\[2mm] \dfrac{1}{30}\xi_i L^2 + \dfrac{1}{20}\xi_j L^2 \\[2mm] 0 \end{matrix} \right\} \qquad \{Q_x^\mu\} = \left\{ \begin{matrix} \dfrac{7}{20}\eta_i L + \dfrac{3}{20}\eta_j L \\[2mm] \dfrac{7}{20}\xi_i L + \dfrac{3}{20}\xi_j L \\[2mm] 0 \\[2mm] \dfrac{1}{20}\xi_i L^2 + \dfrac{1}{30}\xi_j L^2 \\[2mm] \dfrac{1}{20}\eta_i L^2 + \dfrac{3}{20}\eta_j L^2 \\[2mm] 0 \\[2mm] \dfrac{3}{20}\eta_i L + \dfrac{7}{20}\eta_j L \\[2mm] \dfrac{3}{20}\xi_i L + \dfrac{7}{20}\xi_j L \\[2mm] 0 \\[2mm] -\dfrac{1}{30}\xi_i L^2 - \dfrac{1}{20}\xi_j L^2 \\[2mm] -\dfrac{1}{30}\eta_i L^2 - \dfrac{1}{20}\eta_j L^2 \\[2mm] 0 \end{matrix} \right\}$$

由式(5-116)、式(5-117)可求得每一单元总的广义节点力。

下面是方程(5-82)中几个系数矩阵：

$$
[M]_s =
\begin{bmatrix}
\dfrac{\mu L}{3} & & & & & & \dfrac{\mu L}{6} & & & & & \\[4pt]
& 156F_1+36F_2 & & & & 22LF_1+3LF_2 & & 54F_1-36F_2 & & & & -13LF_1+3LF_2 \\[4pt]
& & 156F_1+36F_2 & & -22LF_1-3LF_2 & & & & 54F_1-36F_2 & & 13LF_1-3LF_2 & \\[4pt]
& & & \dfrac{J_\mathrm{p}L}{3} & & & & & & \dfrac{J_\mathrm{p}L}{6} & & \\[4pt]
& & -22LF_1-3LF_2 & & 4L^2F_1+4L^2F_2 & & & & -13LF_1+3LF_2 & & -3L^2F_1-L^2F_2 & \\[4pt]
& 22LF_1+3LF_2 & & & & 4L^2F_1+4L^2F_2 & & 13LF_1-3LF_2 & & & & -3L^2F_1-L^2F_2 \\[4pt]
\dfrac{\mu L}{6} & & & & & & \dfrac{\mu L}{3} & & & & & \\[4pt]
& 54F_1-36F_2 & & & & 13LF_1-3LF_2 & & 156F_1+36F_2 & & & & -22LF_1-3LF_2 \\[4pt]
& & 54F_1-36F_2 & & -13LF_1+3LF_2 & & & & 156F_1+36F_2 & & 22LF_1+3LF_2 & \\[4pt]
& & & \dfrac{J_\mathrm{p}L}{6} & & & & & & \dfrac{J_\mathrm{p}L}{3} & & \\[4pt]
& & 13LF_1-3LF_2 & & -3L^2F_1-L^2F_2 & & & & 22LF_1+3LF_2 & & 4L^2F_1+4L^2F_2 & \\[4pt]
& -13LF_1+3LF_2 & & & & -3L^2F_1-L^2F_2 & & -22LF_1-3LF_2 & & & & 4L^2F_1+4L^2F_2 \\
\end{bmatrix}
\begin{Bmatrix}
\ddot{\bar{u}}_i \\[2pt]
\ddot{\bar{v}}_i \\[2pt]
\ddot{\bar{w}}_i \\[2pt]
-\ddot{\bar{\theta}}_{xi} \\[2pt]
\ddot{\bar{\theta}}_{yi} \\[2pt]
\ddot{\bar{\theta}}_{zi} \\[2pt]
\ddot{\bar{u}}_j \\[2pt]
\ddot{\bar{v}}_j \\[2pt]
\ddot{\bar{w}}_j \\[2pt]
-\ddot{\bar{\theta}}_{xj} \\[2pt]
\ddot{\bar{\theta}}_{yj} \\[2pt]
\ddot{\bar{\theta}}_{zj}
\end{Bmatrix}
$$

列标（自左至右）：$\ddot{\bar{u}}_i,\ \ddot{\bar{v}}_i,\ \ddot{\bar{w}}_i,\ -\ddot{\bar{\theta}}_{xi},\ \ddot{\bar{\theta}}_{yi},\ \ddot{\bar{\theta}}_{zi},\ \ddot{\bar{u}}_j,\ \ddot{\bar{v}}_j,\ \ddot{\bar{w}}_j,\ -\ddot{\bar{\theta}}_{xj},\ \ddot{\bar{\theta}}_{yj},\ \ddot{\bar{\theta}}_{zj}$

单元质量矩阵

$$F_1 = vL/420 \qquad F_2 = j_\mathrm{d}/L$$

$$[K]_S =$$

	u_i	v_i	w_i	$-\theta_{xi}$	θ_{yi}	θ_{zi}	u_j	v_j	w_j	$-\theta_{xj}$	θ_{yj}	θ_{zj}
$\bar{u}_i$	$12F_3+36F_4$	0	0	0	$6LF_3+3LF_4$	0	$-12F_3-36F_4$	0	0	0	$6LF_3+3LF_4$	0
$\bar{v}_i$	0	$12F_3+36F_4$	0	$6LF_3+3LF_4$	0	0	0	$-12F_3-36F_4$	0	$6LF_3+3LF_4$	0	0
$\bar{w}_i$	0	0	EA/L	0	0	0	0	0	$-EA/L$	0	0	0
$-\bar{\theta}_{xi}$	0	$6LF_3+3LF_4$	0	$4L^2F_3+4L^2F_4$	0	0	0	$-6LF_3-3LF_4$	0	$2L^2F_3-L^2F_4$	0	0
$\bar{\theta}_{yi}$	$6LF_3+3LF_4$	0	0	0	$4L^2F_3+4L^2F_4$	0	$-6LF_3-3LF_4$	0	0	0	$2L^2F_3-L^2F_4$	0
$\bar{\theta}_{zi}$	0	0	0	0	0	$I_\mathrm{p}/L(G-P/A)$	0	0	0	0	0	$I_\mathrm{p}/L(P/A-G)$
$\bar{u}_j$	$-12F_3-36F_4$	0	0	0	$-6LF_3-3LF_4$	0	$12F_3+36F_4$	0	0	0	$-6LF_3-3LF_4$	0
$\bar{v}_j$	0	$-12F_3-36F_4$	0	$-6LF_3-3LF_4$	0	0	0	$12F_3+36F_4$	0	$-6LF_3-3LF_4$	0	0
$\bar{w}_j$	0	0	$-EA/L$	0	0	0	0	0	EA/L	0	0	0
$-\bar{\theta}_{xj}$	0	$6LF_3+3LF_4$	0	$2L^2F_3-L^2F_4$	0	0	0	$-6LF_3-3LF_4$	0	$4L^2F_3+4L^2F_4$	0	0
$\bar{\theta}_{yj}$	$6LF_3+3LF_4$	0	0	0	$2L^2F_3-L^2F_4$	0	$-6LF_3-3LF_4$	0	0	0	$4L^2F_3+4L^2F_4$	0
$\bar{\theta}_{zj}$	0	0	0	0	0	$I_\mathrm{p}/L(P/A-G)$	0	0	0	0	0	$I_\mathrm{p}/L(G-P/A)$

单元刚度矩阵

$$F_3 = EI_d/l^3 \qquad F_4 = -P/(30l)$$

$$[G]_S = \frac{j_P \Omega}{30 l}$$

	$\dot{u}_i$	$\dot{v}_i$	$\dot{w}_i$	$-\dot{\theta}_{xi}$	$\dot{\theta}_{yi}$	$\dot{\theta}_{zi}$	$\dot{u}_j$	$\dot{v}_j$	$\dot{w}_j$	$-\dot{\theta}_{xj}$	$\dot{\theta}_{yj}$	$\dot{\theta}_{Zj}$
$\dot{u}_i$	0	$-36F_5$	0	$-3LF_5$	0	0	0	$36F_5$	0	$-3LF_5$	0	0
$\dot{v}_i$	$36F_5$	0	0	0	$3LF_5$	0	$-36F_5$	0	0	$3LF_5$	0	0
$\dot{w}_i$	0	0	0	0	0	0	0	0	0	0	0	0
$-\dot{\theta}_{xi}$	$3LF_5$	0	0	0	$4L^2F_5$	0	$-3LF_5$	0	0	$-L^2F_5$	0	0
$\dot{\theta}_{yi}$	0	$-3LF_5$	0	$-4L^2F_5$	0	0	0	$3LF_5$	0	L^2F_5	0	0
$\dot{\theta}_{zi}$	0	0	0	0	0	0	0	0	0	0	0	0
$\dot{u}_j$	0	$36F_5$	0	$3LF_5$	0	0	0	$-36F_5$	0	$3LF_5$	0	0
$\dot{v}_j$	$-36F_5$	0	0	0	$-3LF_5$	0	$36F_5$	0	0	$-3LF_5$	0	0
$\dot{w}_j$	0	0	0	0	0	0	0	0	0	0	0	0
$-\dot{\theta}_{xj}$	$3LF_5$	0	0	0	$-L^2F_5$	0	$-3LF_5$	0	0	$4L^2F_5$	0	0
$\dot{\theta}_{yj}$	0	$-3LF_5$	0	L^2F_5	0	0	0	$3LF_5$	0	$-4L^2F_5$	0	0
$\dot{\theta}_{Zj}$	0	0	0	0	0	0	0	0	0	0	0	0

回转矩阵

$$F_5 = j_P \Omega / (30l)$$

$$[C_{Si}]_S =$$

	u_i	v_i	w_i	$-\theta_{xi}$	θ_{yi}	θ_{zi}	u_j	v_j	w_j	$-\theta_{xj}$	θ_{yj}	θ_{zj}
u_i	0	$12F_6+36F_7$	0	0	$-6LF_6-3LF_7$	0	0	$-12F_6-36F_7$	0	0	$-6LF_6-3LF_7$	0
v_i	$-12F_6-36F_7$	0	0	$6LF_6+3LF_7$	0	0	$12F_6+36F_7$	0	0	$6LF_6+3LF_7$	0	0
w_i	0	0	0	0	0	0	0	0	0	0	0	0
$-\theta_{xi}$	0	$6LF_6+3LF_7$	0	0	$-4L^2F_6-4L^2F_7$	0	0	$-6LF_6-3LF_7$	0	0	$-2L^2F_6+L^2F_7$	0
θ_{yi}	$-6LF_6-3LF_7$	0	0	$4L^2F_6+4L^2F_7$	0	0	$6LF_6+3LF_7$	0	0	$2L^2F_6-L^2F_7$	0	0
θ_{zi}	0	0	0	0	0	0	0	0	0	0	0	0
u_j	0	$-12F_6-36F_7$	0	0	$6LF_6+3LF_7$	0	0	$12F_6+36F_7$	0	0	$6LF_6+3LF_7$	0
v_j	$12F_6+36F_7$	0	0	$-6LF_6-3LF_7$	0	0	$-12F_6-36F_7$	0	0	$-6LF_6-3LF_7$	0	0
w_j	0	0	0	0	0	0	0	0	0	0	0	0
$-\theta_{xj}$	0	$6LF_6+3LF_7$	0	0	$-2L^2F_6+L^2F_7$	0	0	$-6LF_6-3LF_7$	0	0	$-4L^2F_6-4L^2F_7$	0
θ_{yj}	$-6LF_6-3LF_7$	0	0	$2L^2F_6-L^2F_7$	0	0	$6LF_6+3LF_7$	0	0	$4L^2F_6+4L^2F_7$	0	0
θ_{zj}	0	0	0	0	0	0	0	0	0	0	0	0

内阻尼刚度矩阵

$$F_6 = \omega\Omega\beta EIL_d/L^3 \qquad F_7 = -\Omega\beta P_i/(30L)$$

3. 坐标转换

在弯曲井眼情况下，套管柱上每个单元的井斜角和方位角是各不相同的，如果采用与单元方向相同的局部坐标系，每个单元将具有统一形式的系数矩阵，但是，各个单元的局部坐标不同，在组合单元运动方程时，就不能简单地叠加，所以，必须建立统一的坐标系，将单元的节点力和节点位移转换到整体坐标系下，各系数矩阵也相应的转换，这样转换之后的各单元运动方程就可以叠加成整体套管柱的运动方程。

1）整体坐标系和局部坐标系

整体坐标系定义为：以钻头为坐标原点，铅垂线为 z 轴，向上为正，y 轴指正北方向，x 轴指向正东方向。

局部坐标系如前定义，整体坐标系与局部坐标系的相互关系如图5-5所示。

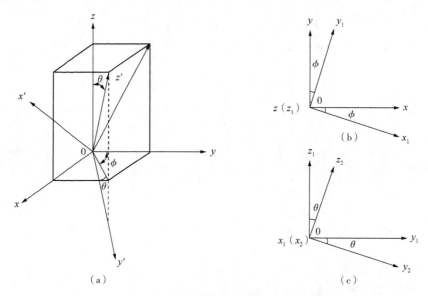

图5-5　坐标转换关系

在局部坐标系中，x' 轴位于水平面内，对于钻头节点，当沿 x' 方向的作用为正时，表示钻头对地层作用力沿 x 的负方向，代表方位的右漂趋势，反之为左漂趋势，同样地当沿 y' 方向的作用力为正时，表示钻头将切削高边，即钻头具有增斜趋势，反之有降斜趋势。

2）整体坐标系与局部坐标系的转换

以 z 轴旋转轴，左旋 ϕ 角，使原来的整体坐标系 oxy 成 $ox_1y_1z_1$，如图5-5（b）所示，则有：

$$\begin{bmatrix} X \\ Y \\ Z \end{bmatrix} = \begin{bmatrix} \cos\phi & \sin\phi & 0 \\ -\sin\phi & \cos\phi & 0 \\ 0 & 0 & 1 \end{bmatrix} \begin{bmatrix} X_1 \\ Y_1 \\ Z_1 \end{bmatrix} \tag{5-118}$$

再以 x_1 为旋转轴，再左旋一个 θ 角，如图5-5（c）所示，成为 $ox_2y_2z_2$，则有：

$$\begin{bmatrix} X_1 \\ Y_1 \\ Z_1 \end{bmatrix} = \begin{bmatrix} 1 & 0 & 0 \\ 0 & \cos\theta & \sin\theta \\ 0 & -\sin\theta & \cos\theta \end{bmatrix} \begin{bmatrix} X_2 \\ Y_2 \\ Z_2 \end{bmatrix} \tag{5-119}$$

此时，$ox_2y_2z_2$ 就与原来的局部坐标系 $ox'y'z'$ 重合。

由上两式可得：整体坐标系与局部坐标转换关系

$$\begin{bmatrix} X \\ Y \\ Z \end{bmatrix} = \begin{bmatrix} \cos\phi & \cos\phi\sin\theta & \sin\theta\sin\phi \\ -\sin\phi & \cos\theta\cos\phi & \sin\theta\cos\phi \\ 0 & -\sin\theta & \cos\theta \end{bmatrix} \tag{5-120}$$

令：

$$[t] = \begin{bmatrix} \cos\phi & \cos\phi\sin\theta & \sin\theta\sin\phi \\ -\sin\phi & \cos\theta\cos\phi & \sin\theta\cos\phi \\ 0 & -\sin\theta & \cos\theta \end{bmatrix}$$

则式（5-120）可简写成：

$$[X, Y, Z]^{\mathrm{T}} = [t][X', Y', Z']^{\mathrm{T}} \tag{5-121}$$

4. 单元运动方程的转换

对于各个单元而言，有 6 个移动位移和 6 个转动位移，它们在局部坐标系和整体坐标系间的关系可写成：

$$[\delta]^e = \begin{bmatrix} t & 0 & 0 & 0 \\ 0 & t & 0 & 0 \\ 0 & 0 & t & 0 \\ 0 & 0 & 0 & t \end{bmatrix} [\delta']^e \tag{5-122}$$

令

$$[T] = \begin{bmatrix} t & 0 & 0 & 0 \\ 0 & t & 0 & 0 \\ 0 & 0 & t & 0 \\ 0 & 0 & 0 & t \end{bmatrix} \tag{5-123}$$

则有

$$[\delta]^e = [T][\delta']^e \tag{5-124}$$

式中　$[T]$——坐标转换矩阵；

$[\delta]^e$——整体坐标下单元广义位移阵；

$[\delta']^e$——局部坐标下单元广义位移阵。

类似地，有：

$$[R]^e = [T][R']^e \tag{5-125}$$

式中　$\{R\}$——整体坐标下单元广义力阵；

$\{R'\}$——局部坐标下单元广义力阵。

设 $[K']^e$、$[K]^e$ 分别代表局部坐标和整体坐标下的刚度矩阵，则有：

$$[R']^e = [K'][\delta']^e \tag{5-126}$$

$$[R]^e = [K][\delta]^e \tag{5-127}$$

将式（5-124）、式（5-125）代入式（5-127）得：

$$[T][R']^e = [K][T][\delta']^e \tag{5-128}$$

将式（5-126）代入式（5-127）得：

$$[T][K']^e[\delta']^e = [K]^e[T][\delta']^e \tag{5-129}$$

由于$[\delta']$的任意性，上式可写成：

$$[T][K']^e = [K]^e[T]$$

上式两边各乘$[T]^{-1}$得：

$$[K]^e = [T][K']^e[T]^{-1}$$

由于$[T]^{-1} = [T]^T$，上式可改写成：

$$[K]^e = [T][K']^e[T]^T \qquad (5-130)$$

同理可得：

$$[m]^e = [T][m']^e[T]^T$$
$$[C]^e = [T][C']^e[T]^T$$

式中$[m]^e$，$[m']^e$分别代表整体坐标局部坐标下的质量矩阵；$[C]^e$、$[C']^e$分别代表整体坐标和局部坐标下的阻尼矩阵。

在对以上各系数矩阵进行转换后，得到整体坐标下的单元运动方程，将各个单元运动方程按一定的规则叠加组成套管柱结构和总体运动方程：

$$[m]\{\ddot{\delta}\} + [C]\{\dot{\delta}\} + [K]\{\delta\} = \{R\}$$

式中　$\{\delta\}$——套管柱结构的各节点广义位移阵；

　　　$\{\dot{\delta}\}$——套管柱结构各节点广义速度阵；

　　　$\{\ddot{\delta}\}$——套管柱结构各节点广义加速度阵；

　　　$[K]$——套管柱结构的总刚度矩阵；

　　　$\{R\}$——套管柱结构的广义外力阵。

三、振动方程求解及程序设计

1. 振动方程的特点及系数矩阵的存储

套管柱振动方程(5-127)各系数矩阵有如下特点：

(1) 所有矩阵均是大型带状(带宽为23)稀疏矩阵；

(2) 质量矩阵正定对称；

(3) 刚度矩阵由于内阻影响不再对称，但仍为带状矩阵；

(4) 由于陀螺效应的反对称阵形式，使阻尼阵$[C] = \alpha[M] + \beta[K] + [G]$不再对称。

根据以上特点，用等带宽压缩存储方法存储各系数矩阵；解方程时，也只对不为零的元素进行运算，以提高求解速度。

等带宽存储的基本思路是：对于每行元素，其行数保持不变，而列数随行数的变化而移动，其形式就是将原有带状矩阵向一边靠拢，压缩存储后元素的下标(i', j')与原有矩阵元素下标(i, j)的关系为：

$$i' = i$$
$$j' = j - i + L$$

2. 套管柱边界条件处理

任何振动体都是其平衡位置附近振动。求解单元运动方程之前，必须确定一平衡位置，以消除套管柱刚体位移的影响。且只有在消除刚体位移后，系统矩阵才是非奇异阵，才能对振动进行模拟。

1）套管柱位移边界条件

建立套管柱运动方程时，已经假设：（1）钻头位于井眼中心；（2）钻头与地层之间无力矩作用；（3）钻头与井壁之间无间隙。这就意味着在钻头处，沿局部坐标三个方向的位移为零。

扶正器的作用是对套管柱位移加以限制，扶正器边界条件对套管柱力学性能的影响很大，在此，我们假设：只有在最上面那个扶正器的间隙为零，而其他扶正器的间隙可不为零。

以上假设是合理的。理论分析和矿场实践都表明：靠近钻头处的扶正器对套管柱的力学性能影响较大，而远离钻头的扶正器对套管柱的力学性能影响要小些。因此，假定顶部扶正器间隙为零不会产生大的影响。

2）上部套管柱对下部套管柱的影响

Dareing 已经证明，影响井眼轨迹最主要的部分是下部套管柱，但这并不意味着上部套管柱对下部套管柱无影响。大多数学者以节点为分界面，只研究切点以下的套管柱，认为切点处弯矩为零。若在动态分析中仍采用这一假设，模拟振动将是困难的，因为切点可能沿井壁周向滑动，无法确定上部节点的边界条件。

在上部切点处采用六个线弹簧和六个扭转弹簧来模拟上部套管柱对下部柱的影响。若用油田实测的振动资料对这六个弹簧常数逐步校正，本模型可以较好地模拟下部套管柱的振动特性。

采用轴向振动的三倍频响应假设，在顶部节点附加一个类似于支座激扰的外载荷。

3）边界条件的处理

上节讨论了套管柱中某些节点位移的限制，现在讨论如何处理这些限制，才能使约束点处的位移满足约束条件。

假设第 i 个位移为指定值，则第 i 行、第 j 列的元素置为 1，第 i 行、第 j 列的其他元素全部置零。在载荷列向量中，相应行的值换为指定值，载荷向量的其他行都减去节点位移的指定值与原来等效刚度矩阵中对应的第 i 列元素的乘积，这样处理并不影响方程组的解，这就是处理边界条件的对角线元素置 1 法。它通过改变等效刚度矩阵及节点载荷向量而改变整个运动方程，但并不改变原系数矩阵的稀疏、带状特点。

3. 动力响应计算

用有限元处理边界约束条件后得到系统动力学方程：

$$[M]\{\ddot{\delta}\} + [C]\{\dot{\delta}\} + [K]\{\delta\} = \{R\} \tag{5-131}$$

初始条件为：

$$t = 0 \qquad \{\delta\} = \{\delta_0\} \qquad \{\dot{\delta}\} = \{\dot{\delta}_0\} \tag{5-132}$$

求解系统动力学方程可以得到时刻 t 的位移、速度和加速度矢量，这个过程称为求解动力响应问题的动力仿真。常采用下面方法：

1）振型叠加法

用系统的无阻尼自由振动的振型矩阵作为变换矩阵，使方程（5-131）变成一组非耦合微分方程。逐个求解并叠加结果而得到方程（5-131）的解，这就是振型叠加法，它适于固有振型较小的系统，对于大自由的有限元分析有许多实际困难。

2）逐步积分法

其基本思想是：将本来要在任何时刻 t 都满足的动力学方程（5-131）的位移矢量 $\{\delta(t)\}$

代入以在时间离散点上满足动力学方程的位移矢量，而在一个时间隔内，对位移、速度和加速度采取某种假说。由于假说不同，有纽马克和威尔逊-θ法。将采用无重要条件稳定的威尔-θ法。

威尔逊-θ法假设加速在时间隔 $\tau = Q \cdot \Delta t$ 内呈线性变化，于是，时刻 $t+\tau$ 的速度和位移表示为：

$$\{\dot{\delta}\}_{t+\tau} = \{\dot{\delta}\}_t + \frac{\tau}{2}(\{\ddot{\delta}\}_t + \{\ddot{\delta}\}_{t+\tau}) \tag{5-133}$$

$$\{\delta\}_{t+\tau} = \{\delta\}_t + \frac{\tau^2}{6}(2\{\ddot{\delta}\}_t + \{\ddot{\delta}\}_{t+\tau}) \tag{5-134}$$

将式(5-133)、式(5-134)变换成：

$$\{\ddot{\delta}\}_{t+\tau} = \frac{3}{\tau^2}(\{\delta\}_{t+\tau} - \{\delta\}_t) - \frac{6}{\tau}\{\dot{\delta}\}_t - 2\{\dot{\delta}\}_t - \frac{\tau}{2}\{\ddot{\delta}\}_t \tag{5-135}$$

$$\{\dot{\delta}\}_{t+\tau} = \frac{3}{\tau}(\{\delta\}_{t+\tau} - \{\delta\}_t) - 2\{\dot{\delta}\}_t - \frac{\tau}{2}\{\ddot{\delta}\}_t \tag{5-136}$$

将式(5-135)、式(5-136)式代入式(5-131)式得：

$$[\bar{K}]\{\delta\}_{t+\tau} = \{\bar{F}\}_{t+c} \tag{5-137}$$

式中，

$$[\bar{K}] = [K] + \frac{3}{\tau}[C] + \frac{6}{\tau^2}[M] \tag{5-138}$$

称为等效刚度矩阵，而

$$[\bar{F}]_{t+\tau} = \{F\}_{t+\tau} + [M]\left(2\{\ddot{\delta}\}_t + \frac{6}{\tau}\{\dot{\delta}\}_t + \frac{6}{\tau^2}\{\delta\}_t\right) + [C]\left(\frac{\tau}{2}\{\ddot{\delta}\}_t + 2\{\dot{\delta}\}_t + \frac{3}{\tau}\{\delta\}_t\right) \tag{5-139}$$

按与静力学问题相同的方法解式(5-137)，就可以求出 $t+\tau$ 时刻的位移，再将其代入式(5-135)，就可以求出 $t+\tau$ 时刻的加速度 $\{\ddot{\delta}\}_{t+\tau}$ 于是，时刻 $t+\Delta t$ 的加速可由下式求得：

$$\{\ddot{\delta}\}_{t+\Delta t} = (1 - \frac{1}{\theta})\{\ddot{\delta}\}_t + \frac{1}{\theta}\{\ddot{\delta}\}_{t+\tau}$$

同一时刻的速度 $\{\ddot{\delta}\}_{t+\Delta t}$ 和位移 $\{\ddot{\delta}\}_{t+\Delta t}$ 可按时间增量为 Δt 代入式(5-133)、式(5-134)求得。

威尔逊-θ法查 $\theta \geq 1.37$ 时，在所有场合，解都是收敛的。

4. 程序设计及框图

套管柱振动的计算机模拟程序具有很强的可读性和通用性。程序的输入参数包括：

(1) BHA 结构参数：包括单元长度、材料类型、套管柱的内外径、扶正器安放位置、扶正器摩擦系数等。

(2) 井眼结构参数：包括井斜角、方位角、井眼尺寸、井眼曲率等。

(3) 钻井参数：包括钻压、转速、钻头处摩擦系数、扶正器与井壁之间的间隙等。

程序最终的输出结果包括：每一时刻钻头处变井斜力，变方位为及钻头相对井眼轴线的位移。据此，可以了解钻头处井斜力、变方位力随时间变化的趋势以及套管柱某些截面中心的运动轨迹。

程序设计时，首先是划分单元，然后求每一个单元的运动方程，再将其转换到整体坐标系下叠加，最后求解得到某一时刻的位移及钻头力。

对任意时刻 t，计算该时刻套管柱每个节点的位移，然后判断这些点是否全部位于井筒内，一旦节点位移超过了该节点对应处的径向间隙，就对该节点的位移加以限制，修改原来的动力方程。重新求解动力方程组。如果所有节点都位于井筒内，就进行下一次时间循环，求解下一时刻的位移和受力。程序框图如图5-6所示。

5. 动态模型成立的条件

提出的三维套管柱动态模型只适合于描述套管柱的稳定运动。随着转速的提高，材料内阻将给套管柱提供一个位于轴心轨迹平面内而与轴心径向垂直，且与速度同向的侧向力，正是这种力使套管柱的周向速度增加，促使侧向力增大，偏离了正常运动，致使套管柱进入不稳定运动状态。

套管柱失稳后，侧向力会逐渐增大，达到某一数值后将保持不变，轴心轨迹为一封闭的环。事实上，当套管柱轴心离较远时，使套管柱失稳的力随轴心位移或速度改变的函数已不再是线性的。这说明，套管柱失稳后，用线性微分方程已不能准确地描述套管柱轴心的失稳运动。此时，模拟程序已不能继续运行下去。从理论上讲，转速小于临界转速时，内阻对套管柱的运动起阻碍作用，但当转速高于临界转速时，内阻对套管柱运动起促进作用。因此，当模拟程序无法模拟套管柱振动时，调内阻值仍不能使程序继续执行。此时，就可以认为套管柱的转速已超过临界转速。因此，本程序可确定套管柱失稳的临界转速。

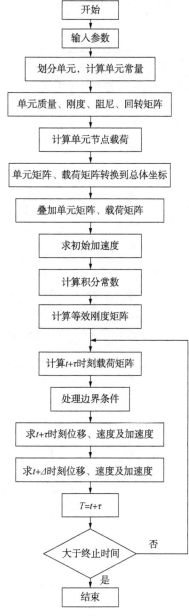

图5-6　模拟程序框图

四、有限元时域分析结果

对所建立的有限元模型进行求解，可模拟出井下套管柱的运动轨迹和钻头的侧向力。图5-7、图5-8和图5-9为井斜角变化情况下增斜钻具组合、稳斜钻具组合和降斜钻具组合的运动轨迹图。

五、有限元频域分析结果

以钟摆钻具为例，取钻头至顶扶正器的整个钻柱为研究对象。边界条件为：最底端(钻头)三个线位移受约束，三个方向的旋转自由；顶扶正器间隙为零。从钻头开始沿钻柱向上划分单元，每单元长度为 1m，同一单元内材料特性和几何性质保持一致。该井的下部钻具组合见表 5-1。

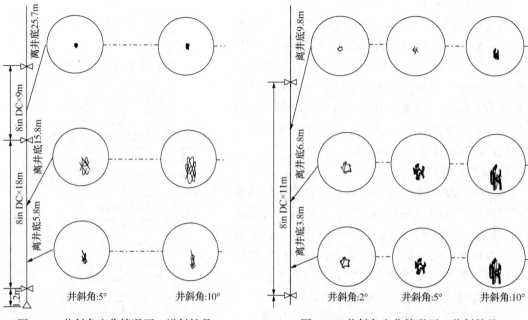

图 5-7　井斜角变化情况下，增斜钻具组合运动轨迹图

图 5-8　井斜角变化情况下，稳斜钻具组合运动轨迹图

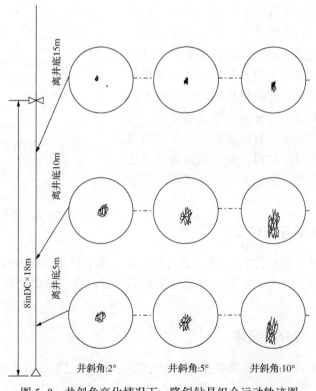

图 5-9　井斜角变化情况下，降斜钻具组合运动轨迹图

表 5-1　钻具结构参数

参数	长度，m	外径，mm	内径，mm
三牙轮钻头	0.4	444.5	
金刚石复合片钻头 DC1	18	228.6	76.2
1 号扶正器	2.1	442	71.4
金刚石复合片钻头 DC2	9	228.6	76.2
2 号扶正器	2.1	442	71.4

　　图 5-10、图 5-11 分别反映了下部钻具组合的最大相对位移，最大相对弯曲应力与转速(频率)之间的函数关系。转速为 60r/min、105r/min 和 190r/min 时出现较强烈的动力响应，说明在实际操作中应避开这些临界转速。图 5-12、图 5-13 分别表示转速为 60r/min 时，下部钻具组合上的位移、相对弯曲应力。

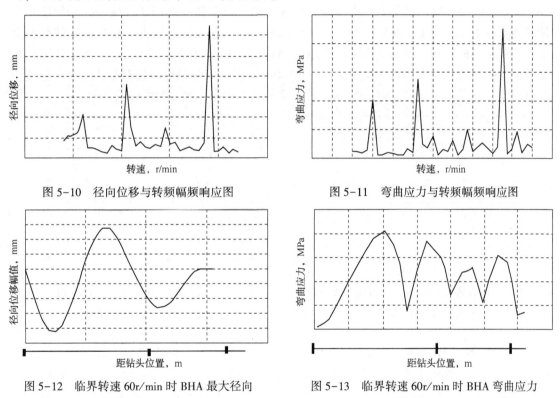

图 5-10　径向位移与转频幅频响应图　　　　图 5-11　弯曲应力与转频幅频响应图

图 5-12　临界转速 60r/min 时 BHA 最大径向　　　图 5-13　临界转速 60r/min 时 BHA 弯曲应力
　　　　　位移幅频响应图　　　　　　　　　　　　　　　幅频响应图

　　图 5-12 表示在距钻头 5m、13m 和 22m 处出现 3 个较大的位移量，从图上可以看出钻柱在井中的状态应该是一个"S"形曲线。其中第一个扶正器到钻头跨距大(18m)，产生了二次屈曲，第一次屈曲即距钻头 5m 的横向位移最大；而第二次屈曲即距钻头 13m 处横向位移又产生一次最大值。而第一个扶正器到第二个扶正器跨距相对较小(9m)，仅发生了一次屈曲，在跨距中点处相对位移较大，而在钻头处，距钻头 10m、18m 和 30m 处位移量较小，其中距钻头 29m 处 2# 扶正器前的横向位移最小。说明钟摆钻具振动位移幅值与钻头到扶正器跨距或是两扶正器跨距有关，跨距大相当于降低了刚体刚度系数，刚体在旋转受力状态下则可能产生二次屈曲。从钻头至 1# 扶正器的跨距中点附近和 1# 至 2# 扶正器附近的跨距

中点的振动位移较大；而钻头、扶正器及其前后的振动位移较小，这也是钻柱在井下工作时产生"S"形麻花状螺旋曲线的一个原因。

图5-13表示高峰值应力出现在屈曲突变附近，钻头与扶正器之间，1#扶正器外螺纹处（距钻头约19m）和2#扶正器外螺纹部位（距钻头约30m）。因而在钟摆钻具中这几个位置承受较大弯曲应力，易发生失效。

由动力响应图可以看出大井眼钟摆钻具由于钻具跨距长，井眼间隙大，过大的不平衡力导致强烈的横向弯曲振动，在横向位移虽小，但是角位移却很大的位置对应着较大的弯曲应力，因而横向弯曲振动是钟摆钻具失效的主要原因。

图5-14、图5-15给出了响应频率（转速）为105r/min时的动力响应（即下部钻具组合上的相对位移量，相对弯曲应力量）。图5-14表示转速为105r/min时，下部钻具的相对位移量。在距钻头3m、8m、14m和25m出现几个较大的相对位移；而在钻头处、扶正器处、距钻头6m和11m处出现几个较小的相对位移。同样说明转速提高了，横向振动加剧导致旋转体更多的地方发生了屈曲。图5-15表示转速为105r/min时，由于发生屈曲的截面更多，下部钻具的相对弯曲应力量在距钻头6.3m、11.3m、19.1m、21.8m和29m处出现几个较大的相对弯曲应力，而在距钻头20m和30m处出现2个较小的相对弯曲应力。从图中可以看出扶正器附近（连接螺纹处）作用着较高的弯曲应力，容易导致钻具失效。

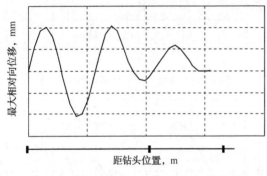

图5-14 临界转速105r/min时BHA最大径向
相对位移幅频响应图

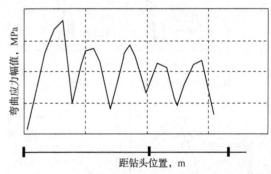

图5-15 临界转速105r/min时BHA最大相对
弯曲应力幅频响应图

通过比较不同转速60r/min和105r/min下的动力响应，可以看出两者有所不同。但发生剧烈横向振动的部位仍集中于钟摆钻具上两支点跨距内。并且随着转速提高，钟摆钻具发生屈曲的部位不仅增多了，而且它对应的相对弯曲应力也增加了，说明如果采用高转速，更易发生钻柱失效，而且会在低转速基础上出现新的失效位置。所以，大井眼采用高转速是十分危险的。

第三节　保护及防止套管柱失效的措施

一、水力加压装置的使用

对套管钻井来说，套管的强度尤其是螺纹部位远远低于同尺寸的钻杆，因此套管钻井中必须更好地采取措施来减轻套管柱地振动尤其是减轻纵向、横向和扭转振动的耦合作用，实现保护套管柱的目的。作者设计了经济的水力加压装置，在套管钻井时可实现修正井壁和减轻套管柱横向振动。如图 5-16 所示。水力加压装置的作用如下：

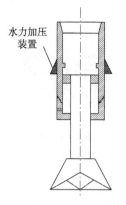

（1）用于减振和纵横振动解耦，延长钻具和钻头使用寿命。

液压油阻尼纵向减振、弹簧元件纵向减振、液压油阻尼纵向和扭转减振都存在钻头振幅、频率与减振器减振元件刚度和钻铤刚度的匹配问题。匹配不好起不到减振作用，致使有的钻井工作者不愿使用它。使用得当，减振器对保护钻头和套管柱会起到显著作用。问题是现场调整弹性元件刚度系数和钻铤刚度几乎不可能，这就造成了效果不稳定。另外，一般减振器中心轴直径小，是下部套管柱组合的薄弱环节，中心轴段的事故时有发生。

图 5-16　套管钻井用
水力加压装置示意图

水力加压装置将套管柱分为两段，其下段套管柱自重和水力载荷作为钻压作用于钻头。当工作时，水力加压装置之上的套管柱与之下的套管柱在轴向上无机械上的关联，钻头纵向振动不会传到水力加压装置之上的钻铤上。钻铤的振动来自压力波动和弯曲横振激发的纵振，这就有效地保护了下部套管柱组合。

钻头纵向振动、钻铤纵向的脉动载荷会激发横向弯曲振动。水力加压装置之下钻头或短钻铤的纵向振动不会传到钻铤上，因而就不会发生钻头纵振激发钻铤纵振和横振的耦合，这就是解耦作用，这对硬地层和易跳钻的地层至关重要。

（2）水力加压装置用于加钻压。

定向井和水平井、大位移井由于套管柱摩阻大，钻进时钻头究竟得到多少钻压是一个难于解决的问题，用水力加压装置时钻压是恒定的。

二、采用非旋转套式稳定器减轻套管钻井管柱横向振动

非旋转套式稳定器由心轴和外壳组成。正常钻井时，心轴随套管柱转动，而外壳不转动，因此可降低扭矩、克服稳定器反进动造成的动应力以及减轻套管柱的横向摆动。在软地层中由于井壁变形和吸收能量这种振动的危害会显著降低。

非旋转套式稳定器的主要特点是：心轴和扶正套之间采取特殊处理技术来提高两者的耐磨性；扶正块和扶正套的连接处有橡胶皮，可吸收横向冲击振动；在起钻遇卡时，牙嵌结合，扶正套可随套管柱旋转，上方可切屑井壁或砂桥，实现倒划眼，如图 5-17 所示。

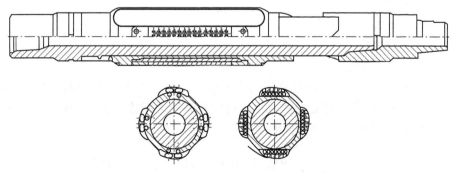

图 5-17　非旋转套式稳定器示意图

第六章　套管钻井套管柱与岩石磨损试验

　　由于套管钻井时，作为钻柱的套管柱要受到拉、压、弯、扭、振动等载荷的联合作用，使得套管柱与井壁岩石不断接触，很容易产生滑动磨损。有时由于受地层等因素的影响，作业时所用的工艺参数比较苛刻，使得井眼中的套管柱发生屈曲，从而造成套管外表面磨损非常严重，直接影响或制约了套管钻井这一崭新技术的推广与应用。从国内外文献调研情况发现，目前还没有一套用来评价套管钻井完钻后套管柱的剩余强度、剩余寿命的完善的技术方法，并且这一问题已经成为广大钻井科技工作者关注的焦点。

　　我们在研究确定套管钻井管柱与井壁接触压力的基础上，对套管钻井用 J55 钢级套管、N80 钢级套管以及 P110 钢级套管与典型岩石（砂岩、花岗岩）的滑动磨损情况进行试验研究。研究结果可用来确定套管钻井钻至一定深度或完钻后套管外表面磨损缺陷，为实物实验模拟含有外表面缺陷的套管的抗挤、抗拉、抗内压等性能作必要的理论、数据准备，从而可以更加准确地确定套管钻井完钻后套管的剩余寿命，还可以确定给定套管和作业参数条件下，套管柱的安全可钻深度。另外，根据试验结果提出了一套切实可行的减磨减阻技术方法，所考察的润滑剂具有良好的润滑减磨减阻性能，在今后套管钻井所用的钻井液中加入一定量的该种润滑剂，既可以降低能耗，降低工作扭矩，又可以降低套管外表面的磨损量，从而保证完钻后套管的安全可靠性和较长的服役年限。

第一节　套管钻井管柱与井壁之间接触压力的计算

　　为了从理论上计算套管钻井套管与岩石之间的接触压力，假定套管钻井时套管柱平稳旋转，即不考虑振动和碰撞。

　　1993 年 J. Wu 用能量法推导出了直井中钻柱正弦和螺旋屈曲的临界值：

$$F_{cr} = 2.55 \, (EIq^2)^{1/3} \tag{6-1}$$

$$F_{hel} = 5.55 \, (EIq^2)^{1/3} \tag{6-2}$$

式中　F_{cr}——正弦屈曲临界值；

　　　F_{hel}——临界螺旋压弯载荷；

　　　EI——抗弯刚度；

　　　q——单位长度钻柱浮重。

　　2003 年，中国石油大学（北京）高德利等在研究套管钻井管柱屈曲和弯曲行为时，用能量法推导出了直井中套管柱螺旋屈曲后，套管柱与井壁之间接触力的计算公式以及发生螺旋屈曲后，轴向力—扭矩—螺距之间的关系：

$$h = -\frac{2r}{(16EI)^3}(9T^2 + A + 6T\sqrt{A})(3T^2 + T\sqrt{A} + 16EIF) \tag{6-3}$$

　　其中，
$$A = 9T^2 + 32EIF \tag{6-4}$$

$$F+\frac{3\pi T}{p}=\frac{8\pi^2 EI}{p^2} \qquad (6-5)$$

式中　h——单位长度的侧向接触力；

　　　　T——扭矩；

　　　　F——轴向力(压力为正)；

　　　　r——井眼半径；

　　　　EI——抗弯刚度；

　　　　p——螺距。

【例6-1】吉林石油有限责任公司在白-92套B+3-4井开展了套管钻井先导性试验工作，所用套管：6.91mm×7in的J55套管，短圆螺纹，短接箍(1in左右)，保证上扣时两外螺纹端对接，减少扭矩。套管钻井深度：300m，用时100h；钻压：正常钻进钻压3~5tf，最大试验压力7tf；转速：90~120r/min；钻进扭矩：1400~1800N·m。

利用式(6-1)、式(6-2)计算得6.91mm×7in套管发生正弦屈曲或螺旋屈曲的临界钻压分别是1.47tf和3.41tf。

根据吉林油田套管钻井作业参数和有关地层、设备等情况，确定了比较苛刻的用来计算套管与岩石之间接触压力的作业条件：钻压范围为4~10tf，扭矩范围为1.4~4.0kN·m。

用式(6-3)可以求得单位长度套管柱的侧向接触力，并据此计算相应井深的总侧向力。然后用式(6-4)求得螺距长度，再根据钻压大小求得加压套管柱长度，从而可以求得与井壁的接触点数。最后可以求得单位面积上的接触压力，其范围为2.3~6.2kgf/cm²。

为了研究相对苛刻条件下套管柱与岩石之间的滑动磨损情况，使试验能够尽可能包括各种作业情况，在实验室试验时最终确定的接触力范围为2~12kgf/cm²。

第二节　磨损试验方案和试验程序

目前套管钻井主要用于表层套管和浅层油层套管施工，而钻遇的岩层主要有砂岩、泥岩、卵砾石等。大家知道，泥岩的硬度低、研磨性小，因此，试验时不作考虑。卵砾石则选用花岗岩替代。

为了使试验结果更真实、可靠，并与钻井过程中所钻遇的砂岩具有相同或类似的性能，专门到煤矿井下采集埋深288m的二叠系石千峰组紫红色砂岩。花岗岩则是从建筑用石材厂获得的。两种岩石的力学性能参数见表6-1。

表6-1　所用岩石的力学性能参数

岩石	弹性模量，10³MPa	泊松比
砂岩	26	0.24
花岗岩	67	0.15

试验用试样按GB 12444.1-1990《金属磨损试验方法—MM型磨损试验》进行加工。

砂岩、花岗岩通过特殊的石材加工，使其成为如图6-1所示的圆环形状。岩石样品是在蓝田玉器石雕厂加工的，为了确保试样均匀磨损，对所加工出的环形岩石试样的同心度要求非常高，粗加工成型后必须要将试样套在木棒上进行旋转精抛光处理，以提高其同心度和光洁度。

套管钢试样用分别用 $13\frac{3}{8}$in×9.65mm J55 套管样品、$5\frac{1}{2}$in×9.17mm N80 套管样品以及 $5\frac{1}{2}$in×9.17mm P110 套管样品,将套管展平后加工成如图 6-1 所示的形状。试验时套管钢样与岩石试样之间的接触面积为 1.5cm²。

试验用 MM 型磨损试验机如图 6-2 所示。

图 6-1　砂岩、花岗岩及套管钢试样　　　　　图 6-2　MM 磨损试验机

接触介质:目前国内套管钻井主要用于施工表层,为了最大限度地节约成本,所用的钻井液基本都是普通水基低固相钻井液。因此,我们以自来水和低固相钻井液作为钢与岩石磨损试验用接触介质。另外,为了寻求一种适用于套管钻井的减磨减阻方法,试验时还对一种利用植物油脚料(精炼食用油时的下脚料)开发出的润滑减阻剂进行了评价,在自来水介质中加入 0.5%该润滑剂,在钻井液介质中加入 0.8%该润滑剂。这样,最终确定的接触介质为 4 种:自来水、自来水+润滑剂、低固相钻井液、低固相钻井液+润滑剂。其中钻井液是用 10%评价土配制的,密度 1.04g/cm²,表观黏度 6.0mPa·s,塑性黏度 5.0mPa·s,含砂量 3%~5%。

旋转周次:根据国内套管钻井先导性试验得知,钻 300~1000m 的井,纯钻时间大约 10~40h。按转速 60~90r/min 计算,从开钻到完钻,井眼中的套管柱要旋转 3~20 万周。此数值作为试验旋转周次。

试验程序:除了严格按照 GB 12444.1—1990 标准规定的金属磨损试验方法和试验程序外,对预磨损作了统一规定:按照设计接触压力的 60%进行 60min(即 24000 转)的预磨损,预磨损后对套管样品进行称重,然后根据设计要求进行磨损试验,达到设计的旋转周次后再进行称重,两次重量之差即为该条件下的磨损量。

实际试验时发现由于岩石的机械、力学性能所限,特别是砂岩,当旋转周数超过 3 万周后,非常容易因产生断裂而需要更换预磨损好的试样,有时要完成 20 万周次试验,竟需要更换 7~8 个试样,因此,实际磨损试验时,当接触压力比较大时磨损试验机运行期间必须密切注意机器运转情况,及时发现试样断裂并及时停机更换试样,以免影响试验结果的准确程度。

试验方案设计见表 6-2。

表 6-2　试验方案设计

岩石	接触介质	接触压力，kgf/cm²								
		20万周次	5万周次	10万周次	15万周次	20万周次	20万周次	20万周次	20万周次	20万周次
砂岩	钻井液					4				
	钻井液+润滑剂					4				
	自来水	2	4	4	4	4	6	8		
	自来水+润滑剂					4				
花岗岩	钻井液					6				
	钻井液+润滑剂					6	8	10	12	
	自来水					6	8	10	12	
	自来水+润滑剂					6	8	10	12	

第三节　J55 钢级套管磨损试验

通过对 J55 钢级套管与岩石的磨损进行的一系列试验，获得了大量的试验数据。

一、相同接触压力，不同旋转周数对磨损量的影响

以自来水作为接触介质，分别在三种接触压力（2kgf/cm²、4kgf/cm²、8kgf/cm²）条件下用砂岩磨损套管样品，测定不同旋转周次时的磨损量（失重）。结果分别如图 6-3、图 6-4 和图 6-5 所示。

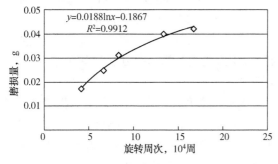

图 6-3　在接触压力 2kgf/cm² 下不同的旋转周数对磨损重量的影响（砂岩）

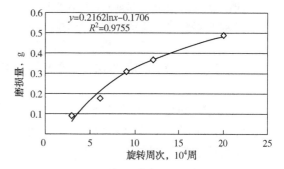

图 6-4　在接触压力 4kgf/cm² 下不同的旋转周数对磨损重量的影响（砂岩）

尽管不同接触压力的磨损量差别很大，有时甚至相差 1~2 个数量级，但是，在同一接触压力条件下，磨损量与旋转周次（滑动磨损距离）的关系呈对数曲线形式。这与表面钝化磨损机理是一致的。即磨损伊始，由于磨损副表面相对较粗糙，磨损量随着旋转周次的增加而快速增加，随着磨损时间的延长，各试样表面的光洁度不断增加，从滑动磨损角度来说，表面不断钝化，从而降低了岩石的研磨性，即随旋转周次的增加，磨损量增加的幅度越来越小。

由试验获得不同接触压力条件下套管样品磨损量与旋转周次之关系的回归方程如下：

2kgf/cm² 接触压力下：$y = 0.0188\ln x - 0.1867$；

4kgf/cm² 接触压力下：$y = 0.2162\ln x - 2.1622$；

8kgf/cm² 接触压力下：$y = 1.2196\ln x - 11.319$。

二、不同接触压力对磨损量的影响

不同接触压力下砂岩、花岗岩对套管样品的磨损情况如图6-6、图6-7所示。

从图6-6可以看出，磨损量与接触压力的关系呈指数形态，并且指数系数很大（0.6808），表明，随着接触压力的增加磨损量增加的幅度很大。分析认为：由于砂岩是由粒度不同的砂粒胶结而成，各砂粒之间的胶结强度不尽相同，滑动磨损时，当由于接触压力而产生的摩擦力或剪切力大于某些砂粒的胶结强度时，这些砂粒就会从岩石上剥离下来，这一方面造成砂岩试样表面的粗糙度增加，使磨损副表面锐化；另一方面，砂粒本身在磨损副中又成为磨粒，磨粒磨损要比纯粹的滑动磨损更加严重。因此，随着接触压力的增加，剥离的砂粒量会大幅度增加，从而造成套管样品磨损加剧，磨损量自然会大幅度增加。

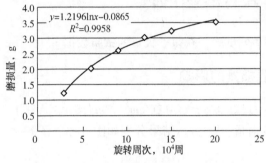

图6-5　在接触压力8kgf/cm²下不同的旋转周数对磨损重量的影响(砂岩)

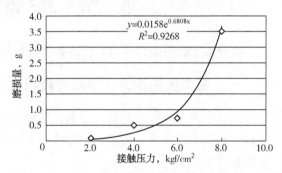

图6-6　不同接触压力对磨损量的影响(砂岩、自来水)

对砂岩、自来水介质来说，套管的磨损量与接触压力之关系的回归方程为：

$$y = 0.0158e^{0.6808x}$$

图6-7表明，对花岗岩来说，尽管三种不同接触介质条件下，接触压力与磨损量的关系也呈指数形态，但指数系数要比砂岩小得多(三种介质下指数系数均小于0.3)，说明花岗岩对套管的磨损量随接触压力增大而增加的幅度较小。这主要是由于花岗岩本身比较致密，加工抛光和预磨损使得表面相当光滑，并且在磨损期间不产生磨粒现象。

花岗岩对套管的磨损量与接触压力之关系的回归方程分别为：

自来水接触介质时：$y = 0.0241e^{0.2443x}$

钻井液接触介质时：$y = 0.0907e^{0.1952x}$

钻井液加润滑剂接触介质时：$y = 0.0639e^{0.0725x}$

三、不同岩石、不同接触介质对磨损量的影响

两种岩石在不同接触介质条件下对套管的磨损量如图6-8所示。

从图6-8可以看出，在自来水或钻井液介质中，砂岩、花岗岩对套管的磨损量差别很

大，由于砂岩表面相对粗糙，且容易产生磨粒磨损现象，因此其研磨性要比花岗岩大得多。并且，由于实际地层中砂岩层相当多，所以在进行套管钻井套管外表面磨损研究时应以砂岩作为主要考察对象。

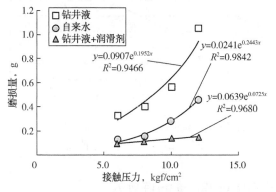

图 6-7　不同接触压力对磨损量的影响（花岗岩）

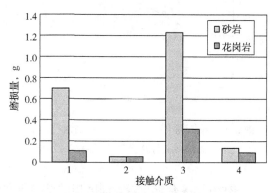

图 6-8　接触压力 6kgf/cm² 下不同接触介质对磨损量的影响（旋转周次均为 20 万转）

接触介质：1 为自来水；2 为自来水+润滑剂；
3 为钻井液；4 为钻井液+润滑剂

从图 6-8 还可以看出，砂岩磨损时，当循环介质中添加润滑减阻剂后，磨损量会大大降低。这一方面是由于润滑剂本身具有减磨作用；另一方面，由于润滑剂降低了磨损副的滑动摩擦阻力，从而在磨损过程中可以大大降低砂粒的剥离。

从图 6-8 和表 6-3 可以明显看出，无论砂岩还是花岗岩，不管是自来水介质或是钻井液介质，当加入一定量润滑剂后，摩擦力矩会大大降低，并且套管样品的磨损量也大大降低，甚至呈数量级地降低。说明所考察的润滑剂的减磨减阻性能良好。

表 6-3　磨损试验时所测得的摩擦力矩

岩石	接触介质	接触压力，kgf/cm²	摩擦力矩，kgf·cm
砂岩	自来水	6	11.0
	自来水+0.5%润滑剂	6	4.5
	钻井液	6	15.0
	钻井液+0.8%润滑剂	6	5.5
花岗岩	自来水	6	10.0
	自来水+0.5%润滑剂	6	2.5
	钻井液	6	12.0
	钻井液+0.8%润滑剂	6	3.0

第四节　N80 钢级和 P110 钢级套管磨损试验

套管钻井技术不仅适用于表层钻井施工，而且还适用于油层（产层）套管钻井施工，为了比较全面地评价不同钢级套管用于套管钻井时与地层岩石磨损的磨损情况，还分别对 N80 钢级套管、P110 钢级套管与典型岩石（砂岩、花岗岩）间磨损进行试验研究。N80 钢级套管与岩石间磨损的试验结果如图 6-9 ~图 6-11 所示。

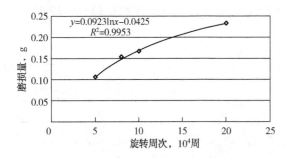

图 6-9　4kgf/cm² 压力、砂岩、自来水条件下，
旋转周次与磨损量关系曲线

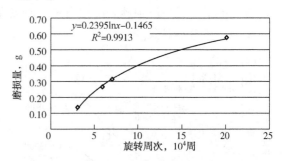

图 6-10　6kgf/cm²、砂岩、自来水条件下，
旋转周次与磨损量关系曲线

P110 钢级套管与岩石间磨损的试验研究结果如图 6-12~图 6-14 所示。

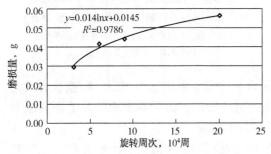

图 6-11　10kgf/cm²、花岗岩、自来水，
磨损量与旋转周次关系曲线

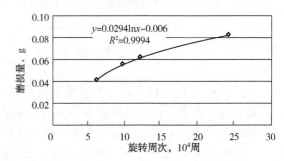

图 6-12　4kgf/cm² 压力、砂岩、自来水条件下，
旋转周次与磨损量关系曲线

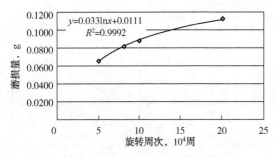

图 6-13　6kgf/cm² 压力、砂岩、自来水条件下，
旋转周次与磨损量关系曲线

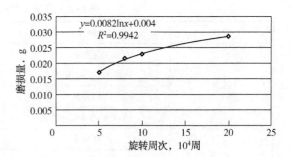

图 6-14　10kgf/cm² 压力、花岗岩、自来水条件下，
旋转周次与磨损量关系曲线

　　从 N80 钢级套管、P110 钢级套管与典型岩石(砂岩、花岗岩)间磨损试验结果来看，在同样试验条件下磨损量随着钢级的提高而降低，说明材料钢级高耐磨性强。因此，吉林油田用 P110 钢级套管施工生产套管，其剩余强度和剩余寿命要比用 N80 或 J55 钢级套管施工同样深度的井要高。

第七章 含磨损等缺陷套管的剩余强度分析

第一节 无缺陷套管体的强度计算

由工程实际可知，套管钻井中套管体的强度主要包括抗拉（或抗压）强度、抗外挤强度（简称"抗挤强度"）等。

在针对含缺陷套管的剩余强度进行讨论之前，有必要预先进行完好套管的各种强度分析，以便作为含缺陷套管剩余强度分析的计算依据。

对于无缺陷套管，可以认为是理想的圆筒（管）体，针对该类结构的强度分析技术已比较成熟，工程力学和 API 均给出了相应的计算公式。

本书不考虑套管头、套管螺纹等对其强度的影响。

一、套管体的抗拉/压强度计算

API 给出的套管体抗拉（或抗压）强度计算公式与工程力学中给出的"细长杆"的拉（或压）强度计算公式是一致的：

$$F = A_C \sigma_s = \frac{\pi}{4}(D^2 - d^2)\sigma_s \times 10^{-3} \tag{7-1}$$

式中　F——套管体抗拉（或抗压）强度，kN；

　　　σ_s——套管材料的屈服强度，一般取最小值，MPa；

　　　A_C——套管的有效横截面积；

　　　D、d——分别为套管体的公称外径和公称内径，mm。

工程应用中一般将套管材料视为各向同性材料。在未涉及轴向屈曲失稳时，轴向拉、压对套管应力的影响是等价的，因此本书中对套管体的抗拉（或抗压）强度计算，一般以拉伸计算为主。

式（7-1）在计算套管体的轴向抗压强度时未考虑细长杆的屈曲失稳问题。关于套管柱作为细长杆承受轴向压力时的屈曲失稳计算，可以由欧拉公式求出：

$$F_y = \frac{\pi^2 EI}{(\mu L)^2} = \frac{\pi^3 E}{(\mu L)^2} \cdot \frac{(D^4 - d^4) \times 10^{-6}}{64} \tag{7-2}$$

式中　F_y——压杆屈曲失稳的临界压力，kN；

　　　E——材料的弹性模量，GPa；

　　　I——形心轴惯性矩，mm^4；

　　　μ——长度系数，无量纲；

　　　L——杆的有效长度，m；

　　　μL——计算长度，m。

文献[2]给出了不同支撑情况下欧拉公式中的长度系数，见表7-1。

表7-1　典型约束下细长压杆屈曲失稳的临界力计算长度系数

杆端支撑情况钢级	一端自由，一端固定	两端铰支	一端铰支，一端固定	两端固定
挠曲线图形	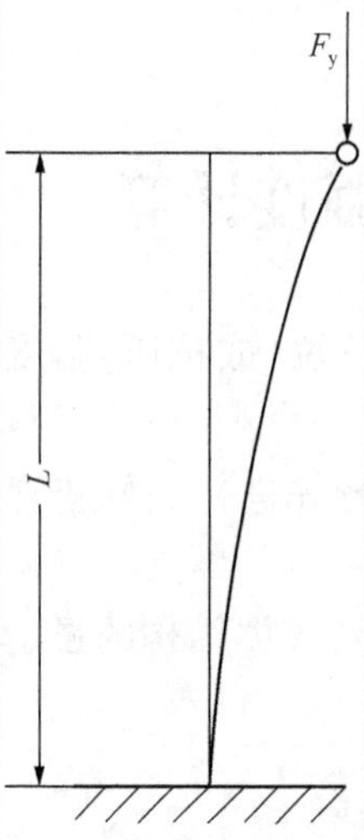 F_y	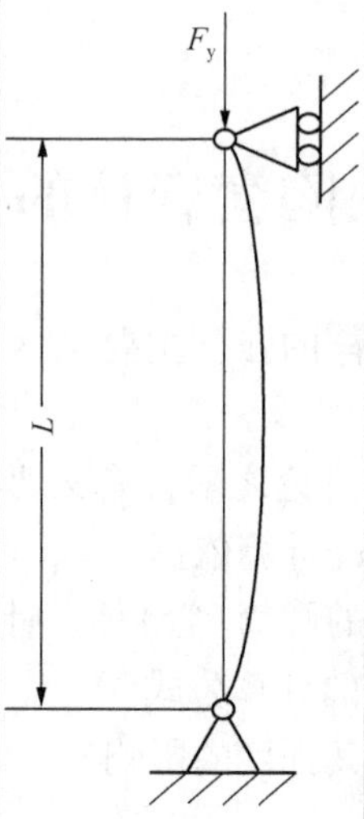 F_y	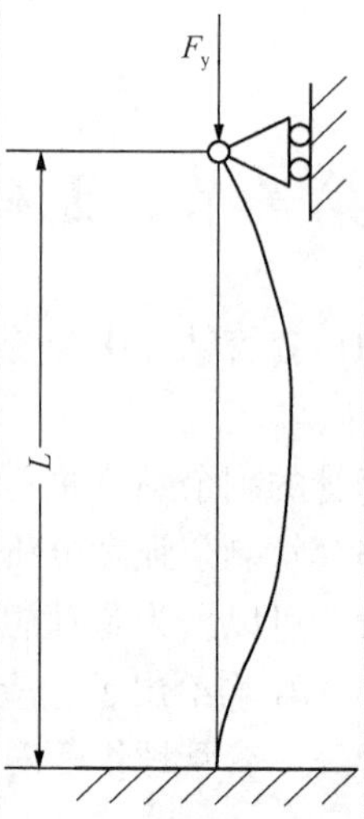 F_y	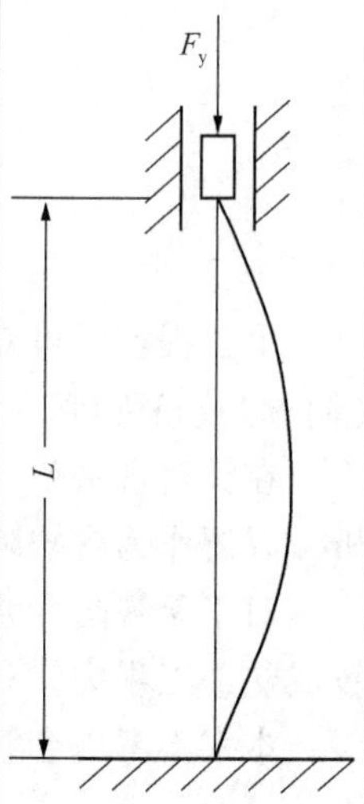 F_y
长度系数 μ	2	1	0.7	0.5

二、套管体的抗挤强度计算

由于无缺陷套管可以视为圆筒（管）体，若壁厚较厚，套管承受的外挤压力将首先使套管上的应力达到并超过套管的屈服强度，因此套管将发生塑性变形，即认为屈服破坏，此时可以由 Lame 公式求得套管体上的应力值：

$$\sigma_r = \frac{p_0 D^2}{D^2 - d^2}\left[1 - \left(\frac{d}{2R}\right)^2\right] \tag{7-3}$$

$$\sigma_\theta = \frac{p_0 D^2}{D^2 - d^2}\left[1 + \left(\frac{d}{2R}\right)^2\right] \tag{7-4}$$

式中　σ_r、σ_θ——分别为套管壁径向和周向应力，MPa；

p_0——外挤压力，MPa；

R——套管壁上任意一点至套管轴线的距离（$0.5d \leqslant R \leqslant 0.5D$），mm。

当套管壁厚较薄时，套管在外挤压力的作用下将被挤扁，丧失稳定，发生所谓的失稳屈曲。对于套管的径向失稳一般采用欧拉公式和经验公式来计算临界外挤压力。

针对上述情况，API 规定了四种套管抗挤强度的计算公式：屈服强度挤毁公式、塑性挤毁公式、塑弹性挤毁公式和弹性挤毁公式。这四个公式中，除第一个为按照屈服破坏计算的抗挤强度之外，后三者均是按照屈曲失稳破坏计算得出的抗挤强度。并以径厚比（公称外径与壁厚之比 $\frac{D}{t}$）的不同来选择合适的计算公式：

当 $\frac{D}{t} \leqslant \left(\frac{D}{t}\right)_Y$ 时，按照屈服强度挤毁公式计算其抗挤强度（MPa）：

$$p_{OY} = 2\sigma_s \left[\frac{\frac{D}{t} - 1}{\left(\frac{D}{t}\right)^2} \right] \tag{7-5}$$

其中，$\left(\dfrac{D}{t}\right)_Y = \dfrac{\sqrt{(A-2)^2 + 8\left(B + \dfrac{6.894757C}{\sigma_s}\right)} + (A-2)}{2\left(B + \dfrac{6.894757C}{\sigma_s}\right)}$

当 $\left(\dfrac{D}{t}\right)_Y \leqslant \dfrac{D}{t} \leqslant \left(\dfrac{D}{t}\right)_P$ 时，按照塑性挤毁公式计算其抗挤强度（MPa）：

$$p_{OP} = \sigma_s \left(\frac{A}{D/t} - B \right) - 6.894557C \tag{7-6}$$

其中，$\left(\dfrac{D}{t}\right)_P = \dfrac{\sigma_s(A-F)}{6.894757C + Y_p(B-G)}$

当 $\left(\dfrac{D}{t}\right)_P \leqslant \dfrac{D}{t} \leqslant \left(\dfrac{D}{t}\right)_T$ 时，按照塑弹性挤毁公式计算其抗挤强度（MPa）：

$$p_{OT} = \sigma_s \left(\frac{F}{D/t} - G \right) \tag{7-7}$$

其中，$\left(\dfrac{D}{t}\right)_T = \dfrac{2 + B/A}{\dfrac{3B}{A}}$；当 $\dfrac{D}{t} \geqslant \left(\dfrac{D}{t}\right)_T$ 时，按照弹性挤毁公式计算其抗挤强度（MPa）：

$$p_{OE} = \frac{323.7088 \times 10^3}{\dfrac{D}{t}\left(\dfrac{D}{t} - 1\right)^2} \tag{7-8}$$

式（7-5）~式（7-8）中 $\left(\dfrac{D}{t}\right)$ 的分界值及系数 A、B、C、F、G 可以从表7-2中查得。

表 7-2 API套管抗挤公式的系数值

钢级	$(D/t)_Y$	$(D/t)_P$	$(D/t)_T$	A	B	C	F	G
H-40	16.4	26.62	42.70	2.950	0.0463	0.755	2.047	0.034125
H-50	15.24	25.63	38.83	2.976	0.0515	1.056	2.003	0.0347
J-K-55	14.80	24.99	37.20	2.990	0.0541	1.205	1.990	0.0360
C-75	13.67	23.09	32.05	3.060	0.0642	1.805	1.985	0.0417
L-N-80	13.38	22.46	31.05	3.070	0.0667	1.955	1.998	0.0434
C-95	12.83	21.21	28.25	3.125	0.0745	2.405	2.047	0.0490
P-105	12.55	20.66	26.88	3.162	0.0795	2.700	2.052	0.0515
P110	12.42	20.09	26.20	3.180	0.0820	2.855	2.075	0.0535

三 套管的抗内压强度计算

套管单承受内压时，不会发生屈曲失稳破坏。同样可以使用 Lame 公式进行计算：

$$\sigma_r = \frac{p_I d^2}{D^2 - d^2}\left[1 - \left(\frac{D}{2R}\right)^2\right] \tag{7-9}$$

$$\sigma_\theta = \frac{p_I d^2}{D^2 - d^2}\left[1 + \left(\frac{D}{2R}\right)^2\right] \tag{7-10}$$

式中 p_I——内压，MPa。

当套管体仅承受内压时，套管壁上的径向应力 σ_r 总是拉应力，周向应力 σ_t 总是拉应力，且应力的最大（绝对）值均在套管体的内壁处。因此，一般认为套管承受内压时，屈服破坏从内壁开始。

API 在应用 Lame 公式时，考虑了壁厚不均的影响，给出的套管体抗内压强度公式如下：

$$p_I = 1.75\frac{\sigma_s}{\left(\dfrac{D}{t}\right)} \tag{7-11}$$

一般情况下，钻井套管在作业过程一般同时承受外压和内压，如图 7-1 所示。在不影响计算结果的前提下，为了计算方便，可以进行如下处理：当外压大于内压时，套管的径向载荷表现为外挤压力，可以用二者之差的绝对值表示套管承受的有效外挤压力；当内压大于外压时，套管的径向载荷表现为内压，可以用二者之差的绝对值表示套管承受的有效内压。本书在未作出特别说明时，所指的外挤压力和内压均是指有效值。

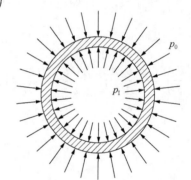

图 7-1 套管承受外压—内压时的平面力学模型

第二节 套管体的缺陷描述

套管体的缺陷主要包括磨损和裂纹。

磨损是固体摩擦表面上的物质不断消耗的过程，表现为物体尺寸和（或）形状的改变，磨损是渐进的表面损耗过程。按照形成原理划分，磨损一般可以分为机械磨损和机械化学磨损，前者是由于机械作用引起的磨损，后者则是由机械作用及材料与环境的化学和（或）电化学作用共同引起的磨损。按照失效形式划分，磨损可以分为黏着磨损、磨粒磨损、表面疲劳磨损、冲刷磨损、腐蚀磨损、气蚀磨损、电蚀磨损和微动磨损等。

工程上检测及描述磨损严重程度的方法包括质量描述法、体积描述法、面积描述法等，有关参量包括磨损量（可以是以长度、质量、体积等单位描述的磨损结果）、磨损率（磨损量与产生该磨损量的时间之比）、磨损度（磨损量与产生该磨损量的相应摩擦路程或与所作的功之比值）、相对磨损率等。

套管磨损是石油装备中常见的磨损之一。由于传统石油工程中，套管仅作为固/完井装备，而且由于固井套管承受的载荷较为单一（典型的载荷如外挤压力和内压等），因此目前有关套管磨损及磨损后剩余强度的研究大多是针对完/固井套管来说的，且一般只研究剩余抗挤强度。如覃成锦，高德利等在文献[7]中对固井套管中常见的内表面均匀磨损进行了描述，假设磨损面由圆柱面和两个旋转椭球面组成，并采用数值方法研究了含磨损缺陷套管的抗挤强度的影响；韩建增、李中华、张毅等在文献[8]中针对"月牙形"内表面偏磨对套管抗挤强度的影响进行了研究；杨龙、练章华、高智海等曾就"月牙形"内表面偏磨对套管抗内压性能的影响进行了研究，并提出了抗内压强度系数的概念，并且给出了磨损量与抗内压强度系数的关系。

由于套管钻井在国内仍处于研究阶段，目前针对套管钻井中套管磨损对其强度影响的研究在国内仍比较少见。与固井套管相比，用于钻井的套管柱受力要复杂得多，且作为活动体，钻井套管更容易出现磨损等缺陷，故开展钻井套管的磨损与剩余强度的关系研究是推广套管钻井技术的关键之一。

根据现场实际，套管钻井过程中套管磨损一般发生在外表面，其形成原因一般是机械磨损，失效类型包括磨粒磨损、表面疲劳磨损、冲刷腐蚀等磨损。根据钻井过程中套管柱的运动、受力状态不同，套管外表面的磨损形式一般可以分为均匀磨损和偏磨两种类型。

金属的局部破裂称为裂纹。在金属表面、表层或内部，依据应力应变状态及材质条件而在最薄弱位向都可能萌生裂纹并扩展。事实上，金属零件在加工过程中很难避免有极小裂纹的存在，但这些裂纹可能既不扩展也不会使零件失效。当然，对于用于钻井的套管而言，由于其工作条件要求较高，必须严格控制裂纹的产生和扩展。套管钻井中套管裂纹的产生原因与其他金属零件类似，主要包括制造缺陷、冲击损伤、疲劳损伤。类型依不同的分类方法，裂纹可以分为多种类型：按照宏观形貌，裂纹可以分为网状（龟裂）、鱼鳞状、枝叉状、放射状、脉状、弧状（周向、环形）和直线状等；按照微观位向，裂纹可以分为沿晶、穿晶和混合型裂纹；按形成的阶段，裂纹可以分为工艺裂纹、使用裂纹（常见的有疲劳裂纹、应力腐蚀裂纹、氢脆和蠕变裂纹等）两大类。

一、套管体的均匀磨损

由于套管钻井中主要是套管柱的外表面与井壁等结构物接触、碰撞，其磨损主要发生在套管外表面。故未特别说明，本书所说的磨损均是指套管的外表面磨损。

对于均匀磨损类型，根据现场实际，并借鉴参考文献[7]，以及为了方便分析，本书将均匀磨损的磨损形状简化成两种描述形式：圆弧形和坦平形（两端为过渡圆弧或椭圆弧）。圆弧形可以认为是球面在套管的外壁滚动切除形成的，在空间上实际是凹环面，在纵剖视图中其形式为圆弧形，如图7-2所示；坦平形则可以视为圆柱面，以及和圆柱面在两端相切的圆环面或椭圆环面在套管的外壁滚动切除形成的空间形状，在纵剖视图中显示为船底状的坦平形，如图7-3所示。后者实际上是文献[7]中使用的磨损形式。

根据经验，对于磨损段长度较短的均匀磨损，一般认为是圆弧形；对于磨损段长度较长的均匀磨损，一般将其近似为坦平形进行计算比较合适。本书根据计算实际，规定将磨损段长度在50mm以下的均匀磨损视为圆弧形磨损，而将磨损段长度在50mm以上的视为坦平形。

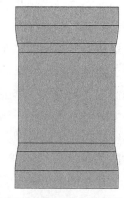

图 7-2　套管柱外表面的圆弧形均匀磨损类型　　　图 7-3　套管柱外表面的坦平形均匀磨损类型

鉴于本章只针对磨损套管的剩余强度进行研究，结合上述对磨损进行描述的参量，以及考虑到本书研究的方便，笔者选用如下几个磨损参量对套管磨损进行评价：

磨损量(δ)——套管同一磨损处的最大深度，mm。这里的磨损量是几何线性磨损量，其值等于套管原壁厚(t_0)与磨损后最小壁厚($t_{\min}$)之差。

$$\delta = t_0 - t_{\min} \tag{7-12}$$

磨损百分率(k_δ)——套管磨损的磨损量与原壁厚之百分比，%。

$$k_\delta = \frac{\delta}{t_0} \times 100\% \tag{7-13}$$

由于所研究套管本身的壁厚较薄，讨论套管过大的磨损量(如 $\delta = 5$mm)没有实际意义。因为套管在没有达到该磨损量时显然已经失效。但用于钻井的套管的磨损量限制在什么范围内合适，目前没有任何资料给出明确的答案。在此，借鉴 API 对钻杆磨损百分率的规定：钻杆的Ⅱ类磨损百分率为 30%。在此规定均匀磨损套管的平均磨损百分率应不高于 30%，否则即视为套管失效。此时，可以计算出套管体容许的最大磨损量为 2.073mm。因此，未特别说明，本书针对均匀磨损套管的磨损量只限于讨论 $0 \le \delta \le 2.073$mm，即 $0\% \le k_\delta \le 30\%$ 的情况。

磨损长度(L_C)——套管磨损的磨损段长度，mm。

对于磨损长度，当磨损长度过小(如 $L_C = 0.1$mm)，此时不应将其视为磨损，而是裂纹(或裂缝)，因此，未特别说明，本书限定磨损长度的最小界限为 $L_C \ge 1.0$mm。

二、套管体偏磨

套管钻井中常见的套管外表面偏磨为半月形和"8"字形。

偏磨多是由于各种原因致使钻柱偏心等导致套管体与井壁接触、摩擦从而在套管外壁的部分区域产生的磨损。理想偏磨的磨损部分从套管的横剖面上看为两个圆弧面的交集部分，呈月牙形；若在套管的同一截面处存在两处呈对称的月牙形磨损，则称其为"8"字形偏磨。

上述偏磨的命名是沿用固井套管对此类偏磨的命名而命名的(固井套管的磨损一般发生在内壁，偏磨的形状更像"半月"和"'8'字"，在外壁偏磨中并不十分确切)。半月形偏磨和"8"字形偏磨的评价参数除了磨损量(δ)和磨损长度(L_C)之外，还包括其他参数：如磨损圆半径(R_C)，该值在一般情况下可以认为与井眼半径相等；磨损圆弧度(θ)，在磨损圆半径一定时，磨损圆弧度的大小将直接影响磨损量和磨损面积的大小。

半月形和"8"字形偏磨的磨损形状、形成原因及评价参数如图7-4~图7-6所示。

由几何知识可知，偏磨的磨损量(δ)与套管外径(D)、磨损圆弧度(θ)、磨损圆半径(R_C)之间具有如下关系：

$$\delta = \frac{D(1-\cos\theta)}{2} + \sqrt{R_C^2 - (D^2 \sin^2\theta)/4} - R_C \tag{7-14}$$

由式(7-14)可知，针对某一套管，其外径为定值，若磨损圆半径一定，则磨损圆弧度数与磨损量之间存在定量关系。因此，在磨损圆半径一定时，只需要分析其中的一个参数即可。

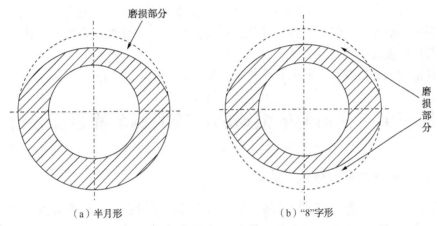

（a）半月形　　　　　　　（b）"8"字形

图7-4　套管外表面偏磨类型

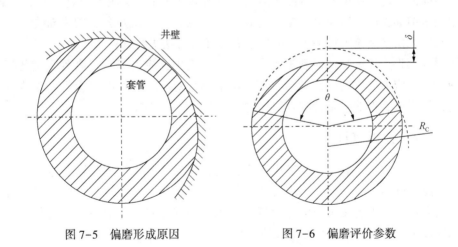

图7-5　偏磨形成原因　　　　　图7-6　偏磨评价参数

鉴于讨论的统一性，本书仍旧使用磨损量(δ)进行偏磨分析。对于磨损量较小(如$\delta =$ 0.1mm)的磨损，难以确定是偏磨还是均匀磨损，数值计算的计算误差往往将数据差异的真实值湮没，其对套管剩余强度的影响规律也难以回归得出。但局部磨损往往允许比均匀磨损较大的磨损量。因此，本书在未特别说明的情况下，一般针对偏磨套管的磨损量，只分析 1.0mm≤δ≤2.5mm 的情况。

对于磨损圆半径 R_C 的讨论。根据套管钻井中，套管与井壁之间环空的实际情况确定，公称外径 177.8mm 的套管一般适用于直径在 200~250mm 之间的井眼。因此，本书仅对 100mm ≤ R_C ≤ 125mm 的磨损圆进行讨论。经过计算发现，一般情况下，在磨损量一定时，随着磨损圆半径的增大，套管的剩余强度略有提高，但影响不大。为安全起见，本书只讨论磨损圆半径较小（R_C = 100mm）的情况。

本书不专门就磨损圆半径对套管剩余强度的影响进行讨论。

综上，本书在研究影响偏磨套管剩余强度的主要因素时，与均匀磨损一致，只考虑磨损量（δ）和磨损长度（L_C）。

对于其他文献中常用的"磨损圆偏心量"这个概念，本书认为完全可以由磨损圆半径和磨损量来计算，因此本书不采用该评价参数。

针对半月形偏磨和"8"字形偏磨对套管剩余强度的影响差异，经过分析发现，二者对套管的剩余强度影响具有一定的差异，但差别不大，尤其是对套管剩余抗挤和抗内压强度的影响，以及在磨损长度较大的情况下。

对于其他类型的偏磨，由于现场不多见，本书不再讨论。

第三节　含均匀磨损缺陷套管的剩余静强度分析

一、磨损缺陷对剩余强度的影响

当套管磨损时，套管的实际尺寸将减小，从而导致套管的实际强度降低；磨损的存在导致套管整体几何形状的变化，从而引起套管整体受力分配情况的差异；此外，磨损必然造成套管表面的几何形状突变，从而产生局部应力远远大于名义应力的应力集中现象等。

其他因素诸如长度、磨损量等参数对套管强度的影响，以及各种因素对套管强度的综合影响，难以求出其理论解析解，一般通过有限元等方法进行计算。

上述因素都将直接影响磨损套管的剩余强度。其中，应力集中对套管强度的影响尤其不容忽视。有关应力集中的讨论见第四节。本书不针对某一种情况对套管剩余强度的影响进行讨论，只考虑磨损缺陷套管综合因素对其剩余强度的影响。

二、剩余抗拉强度计算

套管的抗拉强度主要取决于其最小屈服强度和横截面积，因此，磨损量是影响含磨损缺陷套管抗拉强度的主要因素。但当套管磨损时，其表面必然存在几何形状的突变，从而产生局部应力远远大于名义应力的应力集中现象。根据材料力学理论，应力集中对套管强度的影响同样不可忽视，尤其是在磨损段长度较短时，更容易出现应力集中。

对均匀磨损套管抗拉剩余强度的计算，采用的是三维模型，完好模型的外径和内径分别为 177.8mm 和 164mm，长度 2m。分别采用圆弧形和坦平形两种均匀磨损类型。磨损量共分四级：0.5mm、1.0mm，1.5mm 和 2.0mm；磨损段长度从 1mm 到 100mm，并根据计算情况有区别地选择计算点的数量。采用的三维计算模型如图 7-7 所示。

计算发现，坦平形均匀磨损的应力集中较圆弧形均匀磨损的应力集中大，当磨损长度增大时，这一差异趋于不明显。因此，在磨损长度较长时，可以使用坦平形均匀磨损来代

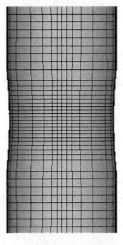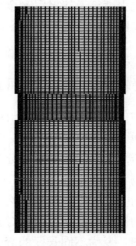

（a）圆弧形均匀磨损 　　　　　　　（b）坦平形均匀磨损

图 7-7　均匀磨损套管剩余强度的三维计算模型

替圆弧形，从而验证了第二节做出的规定是合理的。

为安全起见，本书在进行均匀磨损套管的剩余强度分析时，多采用坦平形结构。未特别说明，本书所作的有关均匀磨损套管剩余强度的讨论均以坦平形磨损为主要依据——尽管本书多处将圆弧形均匀磨损的计算结果和坦平形均匀磨损的计算结果作以比较。

套管的失效采用屈服破坏准则。计算发现：套管的抗拉强度与磨损量和磨损长度具有如下关系：不论磨损量的大小，随着磨损长度的增大，套管的抗拉强度逐渐变大；当磨损长度趋于无穷大时，套管的抗拉强度趋于稳定，本书规定该稳定值为一定磨损量的均匀磨损套管剩余抗拉强度的极限值，即极限剩余抗拉强度；当磨损长度 $L_C \geqslant 400\text{mm} > 2D$（$D$ 为套管公称外径）时，套管的剩余抗拉强度接近极限剩余抗拉强度。

回归得出了磨损量为定值时均匀磨损套管的抗拉强度与磨损长度的关系服从如下指数关系（$L_C \geqslant 1\text{mm}$ 时成立）：

$$F_U(L_C) = a_0 + a_1 \cdot \exp\left(-\frac{L_C}{b_0}\right) \tag{7-15}$$

式中　F_U——均匀磨损套管的剩余抗拉强度，kN；

a_0、a_1、b_0——待定系数。磨损量不同，待定系数不同。表 7-3 给出了不同磨损量时的待定系数值。

表 7-3　不同磨损量下式（7-15）中的待定系数

磨损量 δ，mm	a_0	a_1	b_0
0.5	1298	−500.0	25.0
1.0	1194	−705.0	28.0
1.5	1089	−725.0	35.0
2.0	985	−689.6	36.0

由于当磨损长度较大时套管的剩余抗拉强度接近其极限剩余抗拉强度，且磨损长度越长，接近程度越高。为了精确起见，本书规定当 $L_C \geqslant 500\text{mm}$ 时，可以认为一定磨损量的均

匀磨损套管剩余抗拉强度等于其极限剩余抗拉强度。即均匀磨损套管的极限剩余抗拉强度与磨损长度无关，与磨损量之间具有如下线性关系：

$$\tilde{F}_{U}(\delta) = -208.72334\delta + 1402.8147 \tag{7-16}$$

三、套管承受轴向压载荷时的屈曲失稳分析

由于套管钻井中的套管柱在其下部很可能承受轴向压载荷，套管受轴向压载荷时屈服破坏分析同上节。而套管作为细长杆，受轴向压载荷时往往发生屈曲失稳破坏。

对套管受轴向压载荷时的屈曲失稳分析计算，采用的是三维梁单元模型，套管完好模型的外径和内径分别为 177.8mm 和 164mm，长度 10~500m，如图 7-8 所示。

由于套管柱轴向受压屈曲失稳属于宏观受力状况，研究发现，套管外壁局部磨损对套管柱轴向屈曲失稳的影响不大。在此仅对套管柱受轴向压载荷时套管的屈曲变形与载荷关系进行分析讨论。图 7-9 为不同长度的套管柱受轴向压载荷时套管中点的最大挠曲变形与载荷之间的关系曲线。

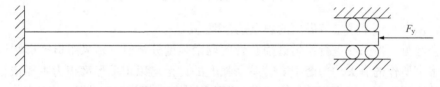

图 7-8　套管受轴向压载荷屈曲失稳的计算模型

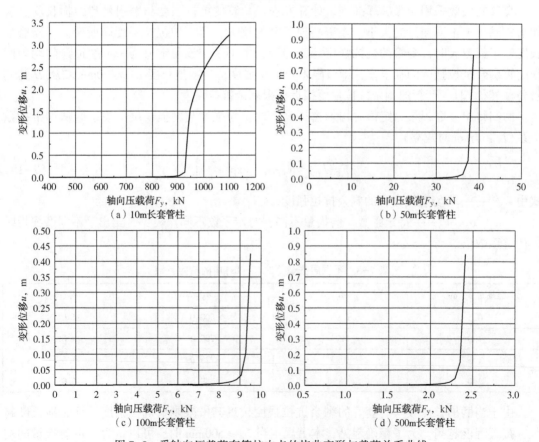

（a）10m长套管柱　　（b）50m长套管柱

（c）100m长套管柱　　（d）500m长套管柱

图 7-9　受轴向压载荷套管柱中点的挠曲变形与载荷关系曲线

四、剩余抗挤强度计算

针对均匀磨损套管剩余抗挤强度的计算，本书共使用了两种三类模型：三维模型(包括圆弧形均匀磨损和坦平形均匀磨损)和平面模型。三维计算模型的结构同剩余抗拉强度的计算模型(图7-7)，平面计算模型如图7-10所示。无缺陷时的内、外径分别为177.8mm和164mm，三维长度为2m。磨损量分四级：0.5mm、1.0mm，1.5mm和2.0mm；磨损段长度从0.1mm到500mm，并根据计算情况有区别地选择计算点的数量。

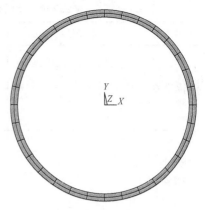

图7-10　均匀磨损套管抗挤强度的
平面计算模型

由于本书所讨论的磨损套管径厚比介于25.7~35.9之间，由表7-4可知该套管承受外挤时能够较好地服从塑弹性挤毁破坏。但鉴于屈服破坏在工程实际应用中的普遍性，本书分别按照上述两种准则进行了均匀磨损套管的剩余抗挤强度研究。

其中，图7-11为平面应变下计算得出的套管承受外挤压力时屈曲失稳破坏的部分计算结果。

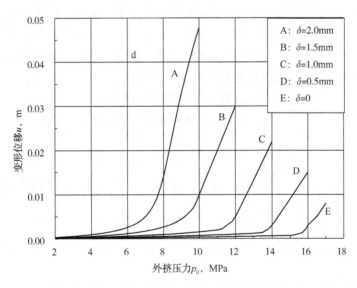

图7-11　不同磨损量的均匀磨损套管承受外压时的径向屈曲最大变形与载荷关系

经过数学回归发现，均匀磨损套管的剩余抗挤强度与磨损量之间仍能够较好地服从如下指数关系：

$$p_{UO}(L_C) = a_0 + a_1 \cdot \exp\left(-\frac{L_C}{b_0}\right) \tag{7-17}$$

$$L_C \geq 0mm$$

式中　p_{UO}——均匀磨损套管的剩余抗挤强度，MPa；

　　a_0、a_1、b_0——待定系数。

不同破坏准则、不同磨损量下相对的待定系数值见表7-4。

表 7-4　不同磨损量下式(7-17)中的待定系数

破坏准则	磨损量 δ, mm	a_0	a_1	b_0
屈服破坏	0.5	26.2	2.0	26.0
	1.0	24.0	4.2	30.3
	1.5	22.1	6.1	29.8
	2.0	19.9	8.2	34.1
塑弹性挤毁破坏	0.5	13.7	2.0	12.0
	1.0	11.7	4.0	19.0
	1.5	9.7	6.0	20
	2.0	7.6	8.1	23.5

该计算结果为：均匀磨损套管的剩余抗挤强度随磨损量的增大而减小，且随长度的增加而降低并趋于一下限值。计算可知：当 $L_C \geqslant 200mm$ 时，套管的剩余抗挤强度将稳定于该下限值，本书规定该下限值为均匀磨损套管的极限剩余抗拉强度。因此，可以认为套管的均匀磨损长度趋于无穷大(以 $L_C \geqslant 200mm$ 为界限)时，套管的极限剩余抗挤强度仅与磨损量有关。

需要注意的是，式(7-17)在 $L_C = 0$ 处仍然成立。当磨损长度 $L_C = 0$ 时，不同磨损量的套管的抗挤强度均趋于同一值(以屈服破坏准则计算为28.1MPa，以塑弹性屈曲失稳破坏准则计算为15.7MPa)，即完好套管的抗挤强度。该结果符合 API 中的相关规定。

式(7-18)、式(7-19)分别为采用屈服破坏准则和塑弹性挤毁破坏准则得出的均匀磨损套管的极限剩余抗挤强度与磨损量之间的近似线性关系：

$$\tilde{p}_{UOY}(\delta) = -3.75673\delta + 28.359 \tag{7-18}$$

$$\tilde{p}_{UOT}(\delta) = -4.00537\delta + 15.69963 \tag{7-19}$$

五、小结

通过对均匀磨损套管的剩余抗拉、抗挤强度分析，可以发现上述剩余强度与均匀磨损的特性具有较为明确、一致的关系：

均匀磨损套管的剩余强度与磨损长度一般服从指数关系；

当磨损长度趋于无穷时，剩余强度将不随磨损长度的变化而变化，仅与磨损量具有极为近似的线性关系；

较短长度($L_C \leqslant 100mm$ 时)的均匀磨损往往对套管剩余强度的影响较大。当磨损长度较短时，均匀磨损套管的剩余抗拉强度随磨损长度的变化而变化最为剧烈，即应力集中等局部应力对套管的抗拉强度影响较为明显。

第四节　含偏磨缺陷的套管剩余静强度分析

如上所述，套管外表面偏磨可以是半月形或"8"字形。这两种偏磨在本质和形式上均无较大差别。在同一截面处存在一处偏磨即可视为半月形，存在两处近似对称的偏磨即可视为"8"字形。

偏磨的评价参数包括磨损量(δ)、磨损长度(L_C)、磨损圆半径(R_C)和磨损圆弧度(θ)等。

根据上述分析，本节主要讨论偏磨类型（半月形偏磨和"8"字形偏磨）、磨损量和磨损长度对偏磨套管剩余强度影响。

一、剩余抗拉强度计算

对偏磨套管剩余抗拉强度的计算采用的是三维模型，完好模型的外径 D 和内径 d 分别为 177.8mm 和 164mm，总长度 2m。分别采用半月形和"8"字形两种偏磨类型。磨损量 δ 共分三级：1.5mm、2.0mm 和 2.5mm；磨损段长度取 5~200mm，并根据计算情况有区别地选择计算点的数量；磨损过渡部分全部采用圆弧过渡形式（图7-12）。

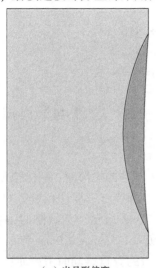

（a）半月形偏磨　　　　　　　　（b）"8"字形偏磨

图7-12　套管偏磨剩余强度的三维计算模型

分析偏磨类型和磨损长度对套管剩余抗拉强度的影响时发现：不论是半月形偏磨还是"8"字形偏磨，其剩余抗拉强度与磨损长度之间的关系相似，均近似服从指数分布，且数值相差不大；当磨损长度较短时，其剩余抗拉强度均随磨损长度的减小急剧降低，二者差别较大；当磨损长度较长时（如300~600mm），由于应力集中等局部因素对偏磨套管剩余抗拉强度的影响减弱，半月形偏磨和"8"字形偏磨的剩余抗拉强度随着磨损长度的增加均趋于某一稳定值（极限值），该极限值实际上是一定磨损量偏磨套管的最大剩余抗拉强度，该值小于式（7-1）根据截面积得出的理论计算值，且在磨损量一定时，"8"字形偏磨的剩余抗拉强度的极限值较半月形略小，本书规定该极限值为偏磨套管的极限剩余抗拉强度。

套管剩余抗拉强度与磨损长度之间的关系如下：

$$F_P(L_C) = a_0 + a_1 \cdot \exp\left(-\frac{L_C}{b_0}\right) \tag{7-20}$$

$$L_C \geqslant 1\text{mm}$$

式中　F_P——偏磨套管的剩余抗拉强度，kN；

　　　a_0、a_1、b_0——待定系数。

表7-5给出了不同情况下的待定系数值。

表 7-5　不同情况下式(7-20)中的待定系数

偏磨类型	磨损量 δ, mm	a_0	a_1	b_0
半月形	1.5	1270.0	−558.8	45.0
	2.0	1210.0	−563	60.0
	2.5	1170.0	−530.0	95.0
"8"字形	1.5	1260.0	−574.0	60.0
	2.0	1200.0	−540.0	75.0
	2.5	1160.0	−590	105.0

在此，针对两种偏磨的磨损量与套管的极限剩余抗拉强度之间的关系进行分析发现，二者之间具有近似的线性关系：

$$F_{PS}(\delta) = -100\delta + 1416.7 \tag{7-21}$$

$$F_{P8}(\delta) = -100\delta + 1406.7 \tag{7-22}$$

式中　F_{PS}——半月形偏磨套管的极限剩余抗拉强度，kN；

　　　F_{P8}——"8"字形偏磨套管的极限剩余抗拉强度，kN。

以上两式在 $1.5\text{mm} \leqslant \delta \leqslant 2.5\text{mm}$，$L_c \geqslant 300\text{mm}$ 时成立，且 L_c 越大，精确程度越高。

二、剩余抗挤强度计算

关于偏磨套管剩余抗挤强度的计算分析使用了两种四类模型：三维模型(包括半月形和"8"字形偏磨)和平面模型(包括半月形和"8"字形偏磨)。三维计算模型的结构同剩余抗拉强度的计算模型(图 7-12)，平面计算模型如图 7-13 所示。无缺陷时的内、外径分别为 177.8mm 和 164mm，三维长度 2m。磨损量分三级：1.5mm、2.0mm 和 2.5mm；磨损段长度 5~800mm，并根据计算情况有区别地选择计算点的数量。同时考虑屈服破坏和屈曲失稳破坏两种破坏准则。

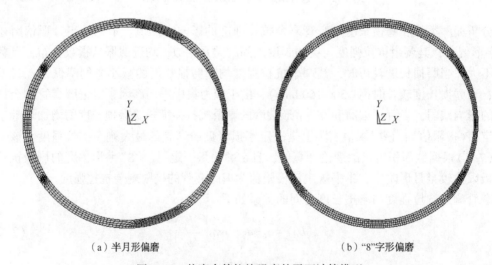

（a）半月形偏磨　　　　　　　　　（b）"8"字形偏磨

图 7-13　偏磨套管抗挤强度的平面计算模型

由于三维模型和平面应变模型的数值计算结果之间存在较大的差异，为安全起见，一般取较小的强度值作为归纳计算依据。计算发现，采用不同的破坏准则，计算得出的偏磨套管承受外挤压力时的变形状况差别较大，弹塑性挤毁破坏更符合实际情况。

归纳得出偏磨套管的剩余抗挤强度与磨损量之间的相应函数关系如下：

$$p_{PO}(L_C) = a_0 + a_1 \cdot \exp\left(-\frac{L_C}{b_0}\right) \tag{7-23}$$

$$L_C \geqslant 0mm$$

式中　p_{PO}——偏磨套管的剩余抗挤强度，MPa；

　　　a_0、a_1、b_0——待定系数。

表 7-6 给出了不同情况下的待定系数值。

表 7-6　不同磨损形态和破坏准则情况下式 (7-23) 中的待定系数

偏磨类型	破坏准则	磨损量 δ, mm	a_0	a_1	b_0
半月形	屈服破坏	1.5	19.7	8.6	80.0
		2.0	16.7	11.6	110.0
		2.5	14.4	13.9	120.0
	塑弹性屈曲失稳破坏	1.5	15.1	0.6	80.0
		2.0	14.2	1.5	110.0
		2.5	13.3	2.4	120.0
"8"字形	屈服破坏	1.5	18.6	9.7	90.0
		2.0	15.3	13.0	115.0
		2.5	12.7	15.6	120.0
	塑弹性屈曲失稳破坏	1.5	13.3	2.4	90.0
		2.0	11.9	3.8	115.0
		2.5	10.6	5.1	120

当磨损长度较长时，偏磨套管的剩余抗挤强度趋于一极限稳定值，该值是一定磨损量偏磨套管的最小剩余抗挤强度，称为偏磨套管的极限剩余抗挤强度，该值与磨损量之间的关系如下：

$$p_{POYS}(\delta) = -5.3\delta + 27.5 \tag{7-24}$$

$$p_{POY8}(\delta) = -5.9\delta + 27.3 \tag{7-25}$$

$$p_{POQS}(\delta) = -1.8\delta + 17.8 \tag{7-26}$$

$$p_{POQ8}(\delta) = -2.7\delta + 17.3 \tag{7-27}$$

式中　p_{POYS}——按照屈服破坏准则计算得出的半月形偏磨套管的极限剩余抗挤强度，MPa；

　　　p_{POY8}——按照屈服破坏准则计算得出的"8"字形偏磨套管的极限剩余抗挤强度，MPa；

　　　p_{POQS}——按照塑弹性屈曲失稳破坏准则计算得出的半月形偏磨套管的极限剩余抗挤强度，MPa；

　　　p_{POY8}——按照塑弹性屈曲失稳破坏准则计算得出的"8"字形偏磨套管的极限剩余抗挤强度，MPa。

以上四式在 $1.5mm \leqslant \delta \leqslant 2.5mm$，$L_C \geqslant 300mm$ 时成立，且 L_C 越大，精确程度越高。

由上可知，半月形偏磨和"8"字形偏磨对套管剩余抗挤强度的影响较之套管剩余抗拉强度较大。

三、小结

经过计算发现，偏磨套管的剩余抗拉、抗挤强度具有与均匀磨损套管剩余强度基本一致的性质。其各种剩余强度与磨损长度、磨损量之间具有较为明确的规律关系：

（1）偏磨套管的剩余强度与磨损长度一般服从指数关系。

（2）当磨损长度趋于无穷时，偏磨套管的剩余强度将不随磨损长度的变化而变化，而是趋于一极限值，该极限值可能是偏磨套管的最大剩余强度（如剩余抗拉强度），也可能是最小剩余强度（如剩余抗挤强度），且该值仅与磨损量具有极为近似的线性关系。

（3）较短长度（$L_c \leqslant 500$mm 时）的偏磨往往对套管剩余强度的影响较大。当磨损长度较短时，偏磨套管的剩余抗拉强度随磨损长度的变化而变化最为剧烈，半月形偏磨和"8"字形偏磨对偏磨套管剩余强度的影响基本一致。

第八章 套管钻井套管的 P-S-N 曲线及可靠性分析

第一节 套管钻井套管的 P-S-N 曲线

根据相似原理，用小试样进行实验研究。采用 J-55 钢级 60.3mm×4.8mm 油管，将其加工成疲劳圆管试件：内径 52mm，外径 60mm；试验段外径 53~55mm，内径 50~52mm，壁厚 1.5~2.0mm；试验段长度 70mm；过渡段圆角曲率半径 R 等于 30mm；试件总长度 $L=$ 300mm 左右；两端试验机夹持段为 70mm。

分别进行拉—拉单轴疲劳和拉—扭双轴疲劳实验。所用疲劳试验机为 MTS809 电液伺服材料试验机。拉—拉单轴疲劳实验条件为：试验频率：120~140Hz；循环应力：波动正弦波，$r=0.25$ 左右。拉—扭双轴疲劳实验条件为：试验频率：1~3Hz；循环应力：波动正弦波，$r=0.1$。比例加载方式：剪切应变幅与轴向应变幅之比 $\beta=\dfrac{\Delta\tau}{\Delta\sigma}$ 在 0.25~0.6 范围内的等比例加载。疲劳破坏判定准则：试件出现明显裂纹或断裂。

拉—拉疲劳试件的结构示意图和实物如图 8-1 所示。拉—扭双轴疲劳试验试件结构如图 8-2 所示。图 8-3 为拉—扭双轴疲劳试验中套管试件断裂情况。

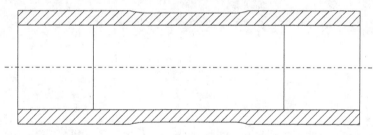

（a）试件的结构示意图

（b）安装有转换接头的套管试件

图 8-1 拉—拉高周疲劳试验试件

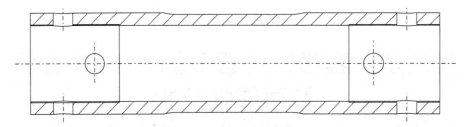

图 8-2　拉—扭双轴疲劳试验试件结构示意图

（a）2号试件的断裂情况

（b）3号试件的断裂情况——正面

（c）3号试件的断裂情况——背面

（d）3号试件的断裂情况——侧面

（e）4号试件的断裂情况——正面

图 8-3　拉—扭双轴疲劳试验中套管试件断裂情况部分记录图片

（f）7号试件的断裂情况——背面

（g）7号试件的断裂情况

图 8-3　拉—扭双轴疲劳试验中套管试件断裂情况部分记录图片（续）

拉—拉单轴和拉—扭双轴疲劳实验结果分别见表 8-1 和表 8-2。

表 8-1　拉—拉高周疲劳试验试件的壁厚测量结果

测量点 试件号	A	B	C	D	E	F	J	H	I	J	K	L	M	N	O	P	Q	R	S	T	最小值
01	1.47	1.85	1.72	1.87	1.49	1.82	1.76	1.93	1.56	1.78	1.77	1.86	1.49	1.71	1.74	1.83	1.56	1.83	1.86	2.06	1.47
05	2.02	2.04	2.11	1.99	1.57	1.67	1.89	1.67	1.53	1.71	1.91	1.74	1.55	1.68	1.91	1.70	2.20	2.35	2.14	2.02	1.53
09	3.16	2.74	2.82	2.91	1.59	1.62	1.75	1.54	1.22	1.44	1.50	1.53	1.27	1.35	1.49	1.45	2.35	2.33	2.35	2.69	1.22
10	2.24	2.35	2.74	2.55	1.75	1.71	1.66	1.61	1.78	1.65	1.70	1.63	1.84	1.64	1.64	1.77	2.11	2.15	2.07	2.24	1.61
12	2.10	1.86	2.09	1.90	1.85	1.52	1.83	1.88	1.64	1.46	1.76	1.84	1.67	1.42	1.74	1.78	1.93	1.76	2.16	2.20	1.42
13	2.32	2.30	2.13	1.93	1.68	1.71	1.43	1.40	1.70	1.80	1.40	1.41	1.66	1.84	1.40	1.39	2.36	2.30	2.01	2.38	1.39
14	3.11	2.67	3.19	3.11	1.58	1.49	1.87	1.76	1.42	1.40	1.91	1.80	1.28	1.46	1.87	1.87	2.73	2.10	2.56	2.40	1.28
15	2.45	2.50	2.35	2.35	1.70	1.55	1.52	1.85	1.70	1.52	1.44	1.90	1.80	1.56	1.45	1.91	2.19	1.90	1.99	2.01	1.44
16	1.84	1.77	1.86	1.85	1.70	1.56	1.66	1.86	1.67	1.64	1.65	1.91	1.63	1.65	1.68	1.89	1.78	2.10	2.03	1.65	1.56
17	1.83	1.98	1.45	1.88	1.66	1.56	1.53	1.78	1.71	1.63	1.54	1.76	1.73	1.62	1.45	1.74	2.05	1.70	1.63	2.03	1.45
18	2.17	2.10	2.37	1.97	1.67	1.71	1.82	1.91	1.72	1.77	1.92	1.88	1.68	1.78	1.68	1.88	2.28	2.51	1.82	2.03	1.67
19	1.55	1.72	1.88	1.62	1.44	1.67	1.77	1.61	1.41	1.69	1.74	1.65	1.50	1.60	1.70	1.58	1.64	1.82	1.94	1.64	1.41
20	1.92	2.17	1.95	1.70	1.87	1.98	1.52	1.42	1.77	1.96	1.46	1.55	1.79	1.92	1.92	1.43	2.15	2.10	1.63	1.78	1.42
21	1.86	1.87	1.99	1.53	1.81	1.66	1.85	1.49	1.83	1.67	1.84	1.50	1.90	1.62	1.81	1.54	1.93	1.95	1.85	1.89	1.49
22	1.91	1.55	1.68	1.83	1.82	1.57	1.62	1.84	1.82	1.53	1.62	1.80	1.78	1.62	1.55	1.7	1.87	1.75	1.66	1.74	1.53
23	2.77	2.12	1.70	1.51	1.37	1.59	1.28	1.55	1.39	1.69	1.27	1.50	1.32	1.70	1.24	1.51	2.71	2.69	2.50	2.71	1.24
25	2.34	1.97	2.15	1.90	1.53	1.29	1.37	1.20	1.51	1.25	1.44	1.21	1.50	1.25	1.41	1.21	2.54	2.45	2.54	2.25	1.20

表 8-2 拉—扭双轴疲劳试验结果

试件号	最大轴向载荷 F_{max} kN	最小轴向载荷 F_{min} kN	最大扭矩 T_{max} N·m	最小扭矩 T_{max} N·m	载荷比例 $\beta=\Delta\gamma/\Delta\varepsilon$	应力比 r	频率 Hz	疲劳寿命 N	最小壁厚 mm	截面面积 mm²
02	98.0	9.8	728.0	72.8	0.29	0.1	3.0	800534	1.42(Q)	235.97
03	94.0	9.4	1370.0	137.0	0.58	0.1	2.0	210590	1.46(P)	241.36
04	103.0	10.3	1510.0	151.0	0.57	0.1	2.0	161280	1.65(O)	272.47
07	109.0	10.9	795.0	79.5	0.29	0.1	3.0	1265756	1.64(N)	270.58

经过大量的疲劳实验，结合实测 P-S-N 曲线(图 8-4)，采用 Von Mises 等效应力准则或 Tresca 等效应力准则进行等效转换和修正，得到了套管钻井现场实际套管疲劳寿命预测模型。

$$\lg N_P = a_P - b_P \lg(\varphi_{eq} \cdot K_C) + b_P \lg S \tag{8-1}$$

其中系数 a_P、b_P 的值见表 8-3；φ_{eq} 由式(8-2)求得；K_C 式(8-3)求得；S 为套管钻井现场实际套管的等价对称循环等效应力幅值，即最大值。

$$\phi_{eq} = \frac{\sigma_{eq-A}}{\sigma_{eq-max}} = \sqrt{\frac{(1-r+\varphi_\sigma+\varphi_\sigma r)^2 + 3\beta^2 (1-r+\varphi_\tau+\varphi_\tau r)^2}{4(1+3\beta^2)}} \tag{8-2}$$

式中　φ_{eq}——采用 Mises 等效应力准则时相应等效应力的等价非对称循环度系数；

　　　β——载荷比例；

　　　φ_σ、φ_τ——分别为拉压疲劳和扭转疲劳的不对称循环度系数。

$$K_C = \frac{\varepsilon_{eq-d}}{\varepsilon_{eq-55}} \cdot \frac{1}{K_{eq}} \cdot \beta_{eq} \tag{8-3}$$

式中　K_C——套管疲劳极限的对称循环等效应力的复合修正系数，无量纲；

　　　ε_{eq-d}——截面尺寸等于 d 的实际套管的等效尺寸修正系数，无量纲；

　　　ε_{eq-55}——截面尺寸等于 55mm 的套管试件的等效尺寸修正系数，无量纲；

　　　K_{eq}——等效有效应力集中系数，无量纲；

　　　β_{eq}——表面状态的等效修正系数，无量纲。

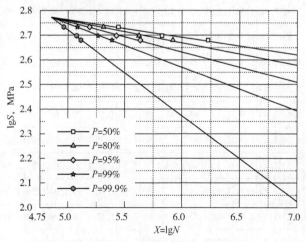

图 8-4　J-55 套管试件的等效 P-S-N 曲线($r=0.25$)

表 8-3 不同存活率下 P–S–N 曲线的有关系数

存活率,%	a_P	b_P	ρ
50	43.98551061	-14.11435747	-0.981603186
80	35.49671545	-11.05279974	-0.985414107
90	31.05946383	-9.452466385	-0.988100375
99	20.52139594	-5.65182064	-0.997081348
99.9	12.81667517	-2.873046148	-0.99359986

第二节　套管钻井中套管柱的可靠性数值模拟计算

套管钻井过程中，套管柱的受力情况异常复杂，不确定因素较多，随机性日益增大；主要通过试验手段获得的套管几何及性能参数（如几何尺寸、力学性能等）在很大程度上是一个随机值，服从一定的分布规律，而不是传统意义上的定值；而以安全系数作为套管柱设计的主要依据也存在不合理性，因为安全系数主要来自经验，本身意义不明确，带有很大的盲目性和保守性，以安全系数进行计算往往导致不经济或不可靠，不能从根本上满足套管钻井的安全要求。

本章旨在通过比较完善的概率论和数理统计理论，结合疲劳实验数据与材料的循环应力应变曲线，采用动态有限元计算方法，建立套管钻井中套管柱的载荷-应力-强度概率模型，从力学的角度进行套管钻井用套管柱的可靠性分析，确定各载荷变量对套管可靠度的影响程度，为全面、科学地进行套管钻井用套管柱的可靠性设计和安全评估奠定一定的理论基础。

一、套管可靠性参数的统计分析

通过大量的统计分析表明，在一般情况下，构件的静载荷和几何尺寸可用正态分布描述，因此其应力也必然服从正态分布，而动载荷和疲劳强度等多服从正态分布或对数正态分布。对应的概率密度函数分别具有如下的形式：

$$f(x) = \frac{1}{\sqrt{2\pi}\,\sigma} \exp\left[-\frac{(x-\mu)^2}{2\sigma^2}\right] \tag{8-4}$$

式中　σ——母体标准差，$\sigma > 0$；
　　　μ——母体中心倾向尺度，可以是均值、众数或中位数。其数字特征分别为：

$$E(X) = \mu \tag{8-5}$$

$$D(X) = \sigma^2 \tag{8-6}$$

$$f(x) = \begin{cases} \dfrac{1}{\sqrt{2\pi}\,x\sigma} \exp\left[-\dfrac{(\ln x-\mu)^2}{2\sigma^2}\right] & x > 0 \\ 0 & x \leq 0 \end{cases} \tag{8-7}$$

式中　μ、σ——分别为对数均值和对数标准差。其数字特征分别为：

$$E(X) = \exp(\mu + 0.5\sigma^2) \tag{8-8}$$

$$D(X) = \exp(2\mu + \sigma^2) \cdot [\exp(\sigma^2) - 1] \tag{8-9}$$

此外，威布尔分布也是一种常用的分布类型，其概率密度具有如下形式：

$$f(x) = \begin{cases} \dfrac{m}{\eta}\left(\dfrac{x-\gamma}{\eta}\right)^{m-1} \exp\left[-\left(\dfrac{x-\gamma}{\eta}\right)^{m}\right] & x \geqslant \gamma;\ m,\ \eta > 0 \\ 0 & x < \gamma \end{cases} \tag{8-10}$$

式中　m——形状参数；

　　　η——尺度参数；

　　　γ——位置参数。

其数值特征分别为：

$$E(X) = \gamma + \eta\Gamma\left(1 + \dfrac{1}{m}\right) \tag{8-11}$$

$$D(X) = \eta^2\left\{\Gamma\left(1 + \dfrac{2}{m}\right) - \Gamma^2\left(1 + \dfrac{1}{m}\right)\right\} \tag{8-12}$$

此外，对于具有均值和标准差的随机变量，主要参数——变异系数的定义如下：

$$C_X = \dfrac{\sigma_X}{\mu_X} \tag{8-13}$$

二、样本相关系数与独立性转换

一般来说，套管钻井中套管柱承受的各种载荷之间大部分是相互独立的。但是，仍有某些载荷变量之间具有一定的关联性，其中较为典型的例子是钻压和扭矩之间具有很强的相关性。

以概率论为基础的可靠性分析要求随机变量之间相互独立，因此对于具有相关性的随机变量，需将其转换为相互独立的随机变量。

设 n 维随机变量 ξ_1，ξ_2，$\cdots$，ξ_n 的数学期望为 $E(\xi_1)$，$E(\xi_2)$，$\cdots$，$E(\xi_n)$，方差为 $D(\xi_1)$，$D(\xi_2)$，$\cdots$，$D(\xi_n)$，其中任意两个随机 $(\xi_i$、$\xi_j)$ 之间的协方差为：

$$c_{ij} = Cov(\xi_i,\ \xi_j) = E\{[\xi_i - E(\xi_i)][\xi_j - E(\xi_j)]\} \tag{8-14}$$

则其相关系数 ρ 为：

$$\rho_{ij} = \rho_{\xi_i\xi_j} = \dfrac{C_{ov}(\xi_i,\ \xi_j)}{\sqrt{D(\xi_i)}\ \sqrt{D(\xi_j)}} \tag{8-15}$$

三、套管强度的可靠性模型

针对用于钻井的套管柱承受载荷的复杂性，本书采用常用的应力-强度可靠性模型。此处的应力与强度在静强度可靠性分析中是指套管体的最大等效应力，强度是指屈服强度；在疲劳可靠性分析中是指疲劳应力和疲劳强度。在此统一用 S 和 S_0 分别表示应力和强度。显然，当套管应力 S 小于其强度 S_0 时即可认为套管安全，不发生失效。

在此引入一个可靠性判断参数 R，并令：

$$R = S_0 - S \tag{8-16}$$

当 $R \geqslant 0$ 时可以认为套管安全。并设套管体上的最大等效应力和套管屈服强度分别服从概率密度函数为 $f(S)$ 和 $f(S_0)$ 的概率分布，则可以得出套管的可靠度表达式如下：

$$P_R = P(R > 0) = P(S_0 > S) = \int_0^{\infty} f(S)\left[\int_S^{\infty} f(S_0)\,\mathrm{d}S_0\right]\mathrm{d}S \tag{8-17}$$

当然，如图 8-5 所示，当套管体上的等效应力概率密度函数曲线与屈服强度的概率密度函数曲线存在交叉区域时（图中阴影部分），式(8-17)的计算结果将小于 100%，即存在一定的失效概率。而图中的阴影部分成为应力—强度的干涉区域。

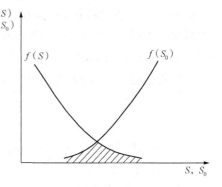

图 8-5　应力—强度分布干涉

当应力与强度均呈正态分布时，其可靠度计算公式为：

$$p_R = P(R > 0)$$
$$= \int_0^\infty \frac{1}{\sqrt{2\pi}\,\sigma_R} \exp\left[-\frac{(R - \mu_R)}{2\sigma_R^2} \right] dR \quad (8-18)$$

式中
$$\mu_R = \mu_{S0} - \mu_S \quad (8-19)$$
$$\sigma_R = \sqrt{\sigma_{S0}^2 + \sigma_S^2} \quad (8-20)$$

当应力与强度均呈对数正态分布时，其可靠度计算公式为：

$$p_R = \int_{-\infty}^Z \frac{1}{\sqrt{2\pi}} \exp\left(-\frac{Z^2}{2} \right) dZ \quad (8-21)$$

式中
$$Z = -\frac{\mu_{\ln S0} - \mu_{\ln S}}{\sqrt{\sigma_{\ln S0}^2 + \sigma_{\ln S}^2}} \quad (8-22)$$

应力和强度的对数均值 $\mu_{\ln S}$、$\mu_{\ln S0}$ 和标准差 $\sigma_{\ln S}$、$\sigma_{\ln S0}$ 可通过式(8-8)、式(8-9)求得。

当然，若要求套管钻井中的套管柱具有一定的安全裕量，则可以要求 R 不仅仅大于 0，而是大于该安全余量时套管安全。即：

$$R = S_0 - S > R_0 \quad (8-23)$$

式中　R_0——要求的安全余量，MPa。

此时，套管的可靠度计算方法同上。

四、套管可靠性的数值计算方法

由于套管钻井中套管承受载荷的复杂性，式(8-19)的套管可靠性的解析求解方法比较烦琐，该过程需要进行大量的矩阵、偏微分、积分等运算，计算相当复杂，工作量颇大。随着计算机的发展，数值方法在复杂系统可靠性分析中显示了越来越明显的优越性。目前，普遍采用的可靠性数值方法有 Monte Carlo 法和响应面分析法。其中 Monte Carlo 法又可以分为直接 Monte Carlo 法和改进的重要性样本法、改进样本法、分层样本法、拉丁超立方体样本法等。鉴于 Monte Carlo 法在结构可靠性分析中应用较为普遍、理论较为成熟的事实，本书主要以该方法来研究套管的可靠性数值求解问题。

Monte Carlo 法是一类通过随机变量的统计试验、随机模拟，求解数学、物理、工程技术问题近似解的数值方法。事实上，该方法的基本思想就是按照各随机变量的概率密度进行抽样，将多次试验中落入可靠区域中的试验次数 N_f 与总抽样试验数 N 之比作为可靠度 P_R 的无偏估计 $\hat{P}_R$，即：

$$\hat{P}_R = \frac{N_f}{N} \quad (8-24)$$

Monte Carlo 法实际上是一种在计算机上模拟随机抽样试验的方法。根据大数定理，当样本数足够大时，该方法的误差将趋于零。当然，随机变量的样本不可能无穷大。因此，该方法存在一定的计算误差，可以采用如下方法对其进行误差估计。

给定置信度为 $1-\alpha$ 的 Monte Carlo 法的计算误差为：

$$\varepsilon = x_a \sqrt{\frac{1-P_f}{NP_f}} \tag{8-25}$$

式中　x_a——给定置信度 $1-\alpha$ 的截尾界限坐标值；

　　　N——样本数量；

　　　P_f——结构失效概率。

$$P_f = 1 - P_R \tag{8-26}$$

另外，如何抽取大量样本进行多次循环也是 Monte Carlo 法的关键所在。目前普遍采用的方法是在计算机上通过数学方法产生(伪)随机数，主要包括反变换法和舍选法等，基本过程一般是先在一定区间内产生均匀随机数，然后再根据其分布类型产生相应的(伪)随机数。

Monte Carlo 法具有比较明显的优点，如精度高、通用性强，特别适用于非线性结构可靠性分析，收敛速度与基本随机变量的维数无关，极限状态函数的复杂程度与模拟过程无关，误差和模拟次数容易确定等。目前，Monte Carlo 方法的求解主要有三个基本步骤：随机变量的抽样、样本反应求解和计算反应量的统计量估计值。

本书采用以有限元为主的应力数值求解方法和以 Monte Carlo 法为主的可靠性数值求解方法，通过计算机程序实现套管的可靠性数值模拟。

五、套管钻井工况与套管柱的载荷计算

用于钻井的套管柱在作业过程中，其载荷较为复杂。在进行套管的可靠性计算时，必须明确套管柱的受力状态。在此借鉴传统钻杆的载荷状况，可知用于钻井的套管主要承受轴向载荷、径向压力(内压和外挤压力)和扭矩等。

1. 轴向载荷

套管钻井中的轴向载荷包括套管柱的自重产生的轴向拉力、施加钻压的轴向压力、钻井液浮力、摩擦力以及钻井液循环附加力等。其中，最主要的是套管柱自重产生的轴向拉力，其计算公式如下：

$$F = \sum_{i=1}^{n} q_i L_i \tag{8-27}$$

式中　F——某一截面处的套管轴向拉力，kN；

　　　q_i——该截面以下各段套管的线重，kN/m；

　　　L_i——该截面以下各段套管长度，m；

　　　n——计算截面以下不同型号套管的段数。

若考虑钻井液浮力，且由于套管钻井中的钻压全部来自套管的重力，则套管上某一截面处的实际轴向拉力约为：

$$F = K_b \sum_{i=1}^{n} q_i L_i - W \tag{8-28}$$

$$K_b = 1 - \frac{\rho_b}{\rho}$$

式中　K_b——钻井液浮力系数；

　　　ρ_b——钻井液密度；

　　　ρ——套管密度；

　　　W——钻井钻压，kN。

显然，最大轴向载荷可能表现为拉力，发生在井口处；或者表现为压力，发生在井底。但由于钻压的波动，摩擦力及钻井液循环附加力的存在且不稳定性，因此难以确定出套管轴向载荷的准确值。

2. 径向压力

包括外挤压力 p_0 和内压力 p_1。外挤压力一般只在钻杆(套管钻井中为套管)测试中出现，此时套管柱内部被掏空。外挤压力可以按照下式进行计算：

$$p_0 = \rho_b g L + p_w \tag{8-29}$$

式中　g——重力加速度；

　　　L——井深，m；

　　　p_w——井口处钻井液的上返压力，kgf/m^2。

套管钻井过程中，套管承受的内压一般是由于钻井液循环压耗而产生的。这里的压耗主要包括套管柱内外的钻井液压耗、钻头水眼压耗等，但不包括地面管汇压耗。最大内压一般出现在井口处。实际表现出的径向压力只可以是一种，要么为外挤压力，要么为内压力，或者为零。套管承受的外挤压力与内压具有相当的正相关性。本书主要针对套管钻井过程中的套管可靠性进行分析，即主要考虑内压的影响。

3. 扭矩

套管钻井中，直接进行套管柱扭矩的测量是比较困难的。可以通过下式估算：

$$T = \frac{P_{ow}}{n_d} \tag{8-30}$$

式中　P_{ow}——转盘或水龙头(定驱钻井)功率；

　　　n_d——套管柱转速。

本书中，现场提供的扭矩值 $T = 4 \sim 5 kN \cdot m$。根据套管钻井的现场实际，扭矩 T 和轴向载荷 F(拉力)均与钻压有关，二者存在一定的负相关性。

套管钻井中，套管柱除了承受上述载荷外，还承受各种类型的动载荷，如离心力、纵向振动、扭转振动、横向振动，以及其他惯性载荷等。这些载荷的计算比较困难，超出了本书的讨论范围。

六、影响套管可靠性的随机变量与参数统计

在套管钻井中，套管柱的可靠性受多种因素的影响。这些因素通过影响应力与强度分布来间接影响套管的可靠性，不仅包括套管柱自身的物理参数、几何参数等，还包括套管柱承受的各种载荷。可以认为，所有这些参数都是随机变量，它们应当是经过多次试验测定的实际数据并经过统计检验后得到的统计量。当然，完全掌握这些随机变量的分布形式与参数是最理想的情况。但这往往是做不到的，因为需要做大量的试验测定与统计积累。此时，一般需要采用适当的假设与处理。

对于套管载荷的变量统计,静载荷可用正态分布描述,动载荷可用正态分布或对数正态分布描述;材料的极限强度和屈服极限大都呈正态分布;材料的弹性模量与泊松比近似于正态分布;零件尺寸的偏差多呈正态分布。

由于各随机变量的均值及其他统计参数难以准确计算,尤其是对于套管钻井这类较为复杂的情况。以载荷为例,由上述分析可知,套管载荷不仅在时间上表现为不恒定,在统计上为不确定值,而且在空间上也是变化的。因此,只能根据现有经验,有针对性地选择具体的工况进行计算。本书选择套管柱顶部和底部两个工作部位进行可靠性分析。表8-4和表8-5分别为套管顶部和底部静载荷,利用上述公式可计算得出的套管柱顶部和底部两个截面承受载荷的大致情况统计与估算值。

关于套管几何尺寸的公差,API规定外径 $D\pm0.75\%$,壁厚 $t-12.5\%$,内径 d 通过控制外径和重量公差(间接表现为壁厚公差)进行控制。对于材料性能,弹性模量和泊松比采用试验得到的统计参数,屈服强度则根据API规定的最小屈服强度和最大屈服强度进行统计计算。统计计算得出的套管属性的有关参数统计见表8-6。并假设内压力与外挤压力的线性相关性系数为0.8,轴向拉力与扭矩的线性相关系数为-0.5,其他参量之间不存在相关性,即线性相关系数为0。

表8-4 套管顶部静载荷的有关参数统计

载荷类项 统计参数	轴向压力 F kN	内压力 p_1 MPa	外挤压力 p_O MPa	扭矩 T kN·m	其他
均值	25.0	4	2.5	40.0	忽略
标准差	5.5	1.0	0.5	10.0	忽略
变异系数	0.22	0.25	0.2	02.5	忽略
分布类型	正态	正态	正态	正态	忽略

表8-5 套管底部静载荷的有关参数统计

载荷类项 统计参数	轴向压力 F kN	内压力 p_1 MPa	外挤压力 p_O MPa	扭矩 T kN·m	其他
均值	50	7.2	5.4	4.0	忽略
标准差	10	1.8	1.28	1.0	忽略
变异系数	0.2	0.25	0.2	0.25	忽略
分布类型	正态	正态	正态	正态	忽略

表8-6 套管几何机构与力学性能的有关参数统计

类项 统计参数	外径 D mm	壁厚 t mm	弹性模量 E GPa	泊松比 μ	屈服强度 σ_s MPa
均值	339.7	12.19	205.42	0.2860	465.5
标准差	1.3335	-0.8625[①]	8.67	0.0208	86.5
变异系数	0.0075	0.0125	0.0422	0.0512	0.1860
分布类型	正态	截断正态	正态	正态	正态

① 负号"-"说明其分布只允许负偏差,并不代表实际的正负意义。

七、套管静强度可靠性数值模拟

由于 Monte Carlo 法需要多次反复求解，特别适合计算机运算。故本部分工作主要通过 ANSYS 大型有限元分析软件的概率设计系统（PDS）来完成。根据甲方提供的套管钻井的典型工况，分别就套管柱的顶部载荷（表8-4）和底部载荷（表8-5）进行分析。

数值计算采用三维模型，模型参数分别为：外径 $D=339.7$mm，壁厚 $t=12.19$mm，长度 $L=2$m。采用 Monte Carlo 法，分别按照套管钻井中套管柱顶部承受的载荷及其参数（表8-4）和套管柱底部承受的载荷及其参数（表8-5），各进行200次随机抽样试验和计算。

部分参数的分布状态及其相关性的模拟情况分别如图8-6和图8-7所示。套管的可靠性判断参数 R 的模拟结果如图8-8和图8-9所示。其中，图8-8和图8-9中的累积概率密度曲线分别由三条线组成，这三条线分别为95%置信度下累积概率的上、下限值和均值。

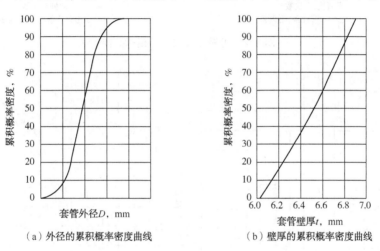

（a）外径的累积概率密度曲线　　　（b）壁厚的累积概率密度曲线

图8-6　套管外径和壁厚的概率分布模拟图

表8-7和表8-8则给出了不同安全余量时对应的套管可靠度 $P(R)$ 值。由表可以看出，若要求套管具有较高的安全余量（或强度余量），则其对应的可靠度越低。

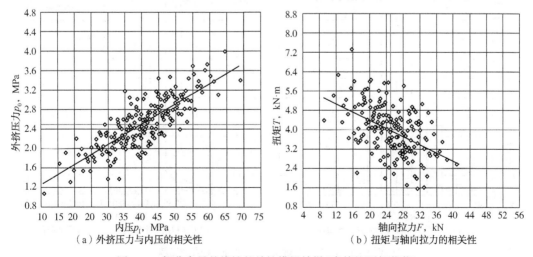

（a）外挤压力与内压的相关性　　　（b）扭矩与轴向拉力的相关性

图8-7　部分参量的线性相关性模拟抽样（套管柱顶部载荷）

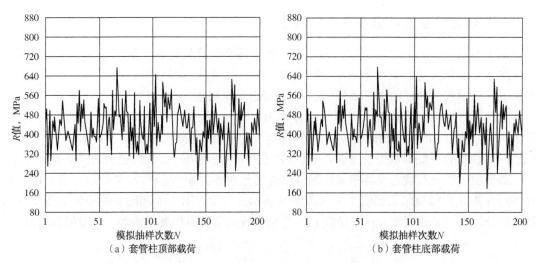

（a）套管柱顶部载荷　　　　　　　　（b）套管柱底部载荷

图 8-8　可靠性参数 R 的模拟抽样

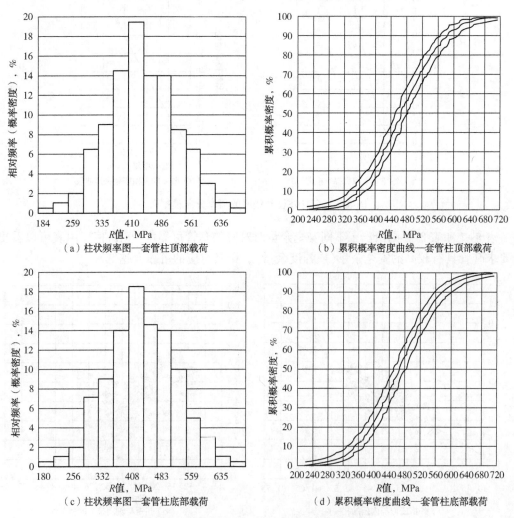

（a）柱状频率图—套管柱顶部载荷　　　　　　（b）累积概率密度曲线—套管柱顶部载荷

（c）柱状频率图—套管柱底部载荷　　　　　　（d）累积概率密度曲线—套管柱底部载荷

图 8-9　可靠性参数 R 的概率分布模拟图(续)

表 8-7 不同安全余量 R_0 对应的套管可靠度 $P(R>R_0)$——顶部载荷

R_0，MPa		100	150	200	250	300	350	400
$P(R>R_0)$，%（95%置信度）	均值	100	100	99.38	98.03	93.19	82.75	63.14
	上界值	100	100	99.93	99.38	96.13	87.54	69.62
	下界值	100	100	97.66	95.48	89.16	77.12	56.32

表 8-8 不同安全余量 R_0 对应的套管可靠度 $P(R>R_0)$——底部载荷

R_0，MPa		100	150	200	250	300	350	400
$P(R>R_0)$，%（95%置信度）	均值	100	100	99.20	97.58	92.94	80.74	62.19
	上界值	100	100	99.89	99.13	95.94	85.78	68.72
	下界值	100	100	97.32	94.83	88.85	74.91	55.36

八、套管疲劳可靠性数值模拟

根据上述分析，可以认为表 8-4 和表 8-5 中的载荷在严格意义上属于交变载荷。因此，根据现场实际，表 8-4 和表 8-5 中的载荷动态化见表 8-9。由于本书只针对套管的拉-扭双轴疲劳进行讨论，此处也只考虑轴向载荷和扭转载荷，并假设轴向载荷和扭转载荷为等比例（同相位）加载，从而将扭转载荷略作变动。

表 8-9 套管钻井中套管柱承受的交变载荷

载荷类项 载荷参数	顶部载荷		底部载荷	
	轴向拉力 F，kN	扭矩 T，kN·m	轴向拉力 F，kN	扭矩 T，kN·m
均值	25.0	4.0	50	4.0
幅值	5.5	0.89	10	0.8
最大值	30.5	4.89	60	4.8
最小值	19.5	3.11	40	3.2
应力比 r	0.64	0.667		

表 8-10 按照套管顶部载荷求得的套管疲劳等价等效应力

载荷类项 载荷参数	轴向应力 σ MPa		剪切应力 τ MPa		等效应力 σ_{eq} MPa		载荷比例 β		等价不对称循环度系数 ϕ_{eq}		等价等效应力 σ_{eq-A}，MPa	
	数值解	理论解	数值解	理论解	数值解	理论解	数值解	理论解	数值解	理论解	数值解	理论解
均值	7.2	6.7	13.8	12.6	24.9	22.9	1.92	1.88	0.275	0.276	0	0
幅值	1.6	1.5	3.1	2.8	5.5	5.1	1.94	1.87			8.3875	7.7280
最大值	8.7	8.2	16.9	15.4	30.5	28.0	1.94	1.88			8.3875	7.7280
最小值	5.6	5.3	10.7	9.8	19.4	17.8	1.91	1.85			-8.3875	-7.7280
应力比 r	0.64	0.64	0.63	0.64	0.64	0.64	—	—	—	—	-1	-1

表 8-11 按照套管底部载荷求得的套管疲劳等价等效应力

载荷类项 载荷参数	轴向应力 σ MPa		剪切应力 τ MPa		等效应力 σ_{eq} MPa		载荷比例 β		等价不对称循环度系数 ϕ_{eq}		等价等效应力 σ_{eq-A}，MPa	
	数值解	理论解	数值解	理论解	数值解	理论解	数值解	理论解	数值解	理论解	数值解	理论解
均值	14.3	13.5	13.8	12.6	27.7	25.7	0.97	0.93	0.273	0.287	0	0
幅值	2.9	2.7	2.8	2.5	5.6	5.1	0.97	0.93			9.0909	8.8683
最大值	17.2	16.2	16.6	15.2	33.3	30.9	0.97	0.94			9.0909	8.8683
最小值	11.4	10.8	11.1	10.1	22.2	20.6	0.97	0.94			-9.0909	-8.8683
应力比 r	0.66	0.67	0.67	0.67	0.67	0.67	—	—	—	—	-1	-1

套管加工方法为热轧，即非对称循环度系数分别为 $\phi_\sigma = 0.18$，$\phi_\tau = 0.11$。

将上述交变载荷分别输入数值计算模型，该模型为三维模型（图 8-10），尺寸参数分别为：外径 339.7mm，壁厚 12.19mm，长度 2m。

分别采用有限元数值算法和理论解析法进行求解，计算所得的结果见表 8-10 和表 8-11。

然后将根据式(8-1)求得的 P-S-N 曲线输入上述数值模拟模型，分别求得不同可靠度(存活率)下的寿命均(远远)大于 10^7，见表 8-12。

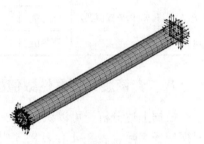

图 8-10 套管疲劳可靠性的
三维计算模型

表 8-12 不同可靠度下的套管柱疲劳寿命计算

寿命 计算部位	$N_{99.9}$		N_{99}		N_{80}	
	数值解	理论解	数值解	理论解	数值解	理论解
套管顶部	147×10^7	186×10^7	$\gg 10^7$	$\gg 10^7$	$\gg 10^7$	$\gg 10^7$
套管底部	125×10^7	135×10^7	$\gg 10^7$	$\gg 10^7$	$\gg 10^7$	$\gg 10^7$

表 8-12 中的数据说明若按照上述交变载荷进行计算，则套管的寿命将是无限的，而且可以认为该结论是 100% 成立的。即其存活率为 100% 时的疲劳寿命大于 10^7。

假设套管钻井中的套管柱旋转一周，承受一次循环应力，则按照甲方提供的工况，可以计算出套管在整个钻井过程中套管柱共承受循环应力 33000~44000 次，与上述计算得出的疲劳寿命相比微乎其微，因此可以认为套管柱在整个钻井过程不会发生疲劳失效。

第九章　钻井套管螺纹接头疲劳寿命

第一节　偏梯形套管螺纹应力应变分布

一、偏梯形套管螺纹有限元模型

套管接头是由带外螺纹的套管与带内螺纹的接箍拧在一起组成的，套管与接箍的接触面是一个空间螺旋曲面，而且套管接头受力较复杂，除了拧紧力矩产生的接触压力外，还受到轴向力、内压力(由油、气或其他介质引起)等载荷的作用。套管接头的受力分析涉及材料非线性、几何非线性和复杂接触摩擦状况等非线性问题。对于这类问题用有限元弹塑性软件 ABAQUS 分析，计算采用的几何模型依据 API SPEC 5B 标准中关于偏梯形套管螺纹上扣尺寸及螺纹牙几何形状(图 9-1)。

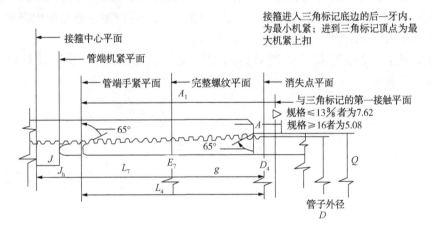

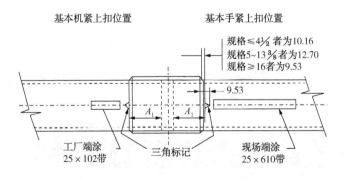

图 9-1　偏梯形套管螺纹上扣尺寸及螺纹牙几何形状

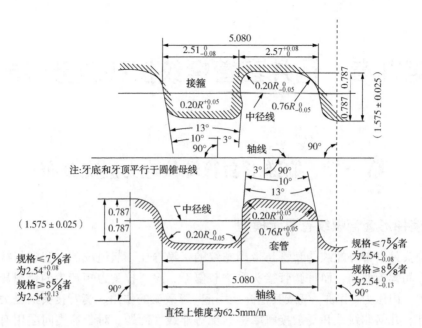

图9-1　偏梯形套管螺纹上扣尺寸及螺纹牙几何形状(续)

根据套管接头的结构和受力特点，建模时引入下述简化和假设：（1）由于螺纹的螺旋升角很小，忽略其影响，把接头视为轴对称结构。（2）接触面的摩擦系数与所用螺纹脂的类型有关，一般为 0.015~0.025 之间，本书中取 0.02。

根据上述假设，将套管接头按轴对称问题处理，建立 7in 套管接头轴对称模型，如图 9-2~图 9-4 所示。

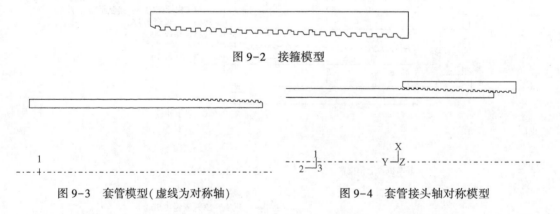

图 9-2　接箍模型

图 9-3　套管模型(虚线为对称轴)　　　　图 9-4　套管接头轴对称模型

图 9-5 给出了 7in 套管钻井螺纹有限元网格和受力模型。选用的单元类型为轴对称四结点四边形旋转单元(CGAX4R)。

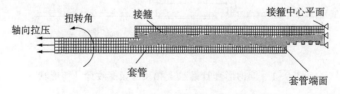

图 9-5　有限元计算模型

套管钻井中的套管材料为 J55 钢,对该材料进行室温静力拉伸试验,得到材料的静力拉伸性能。屈服强度 σ_s:547MPa,抗拉强度 σ_b:748MPa,延伸率 δ:26.81%,断面收缩率 Ψ:63%,幂硬化指数 $n = 0.17$。

计算采用弹塑性大变形的非线性有限元分析,需要输入材料的真实应力应变曲线来描述材料特性(图 9-6)。真实应力、对数应变与工程应力、工程应变之间的关系,由以下转换公式求得。

$$\sigma = (1+\varepsilon_0)\sigma_0 \quad \varepsilon = \ln(1+\varepsilon_0) \qquad (9-1)$$

式中　σ、ε——分别为真实应力与对数应变;

　　　σ_0、ε_0——分别为名义应力与名义应变。

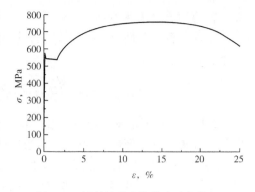

图 9-6　材料的静力拉伸实验曲线

二、偏梯形套管螺纹有限元分析

建立的套管钻井螺纹接头轴对称模型可以得到螺纹接头的螺牙接触状态、位移场和应力应变场。分析的工况分为:(1)上扣;(2)上扣、内压力;(3)上扣、内压力、轴向力;(4)上扣、内压、轴向力、扭转。

1. 螺纹牙的 Mises 应力分布

螺纹接头应力状态非常复杂,图 9-7 是几种工况下套管螺纹牙的 Mises 应力分布情况。从图中可以看出:上扣(2 扣和 1 扣)工况下,应力按一个螺纹牙为周期进行变化,导向面根部倒角处应力值最大,齿底应力值最小;离套管端面越远,应力值越小。施加轴向压载荷,螺纹牙整体应力水平有所下降,前几牙的应力下降而后几牙的应力增大,各螺纹牙的应力趋于均匀,说明偏梯形螺纹比较适用于套管承受轴向压载荷的情况下。在轴向拉载荷作用下,螺纹牙的应力增大;在较大的轴向拉载荷作用下,螺纹前几牙发生塑性变形。7in偏梯形套管螺纹从第 11 牙起为不完整螺纹,螺纹牙实际面积逐渐减小,第 20 牙是有承载面的最后一牙,承载面积的骤减加上较大的轴向拉载荷使该牙承载面齿根倒角处(离套管端面 99.6mm)应力很大。

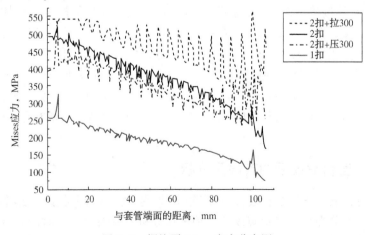

图 9-7　螺纹牙 Mises 应力分布图

2. 等效塑性应变分布

金属材料的塑性应变用等效塑性应变来表征，等效塑性应变与三个塑性主应变的关系如下：

$$\bar{\varepsilon}^p = \frac{\sqrt{2}}{3}\sqrt{(\varepsilon_1^p-\varepsilon_2^p)^2+(\varepsilon_2^p-\varepsilon_3^p)^2+(\varepsilon_3^p-\varepsilon_1^p)^2} \qquad (9-2)$$

2 扣后，套管未发生塑性变形。随着轴向拉伸载荷的增大，套管螺纹及套管壁逐渐进入塑性，在离套管端面最近的第一螺纹牙导向面齿根倒角处最先产生塑性变形。图 9-8 显示"2 扣+轴向拉伸 300MPa"载荷工况时套管端面附近的等效塑性应变分布。从图中看出，套管内壁很大一个区域都进入了塑性，螺纹牙的塑性域相对要小些，但是第一牙导向面齿根倒角处的等效塑性应变很大，说明此处有非常明显的应力集中。

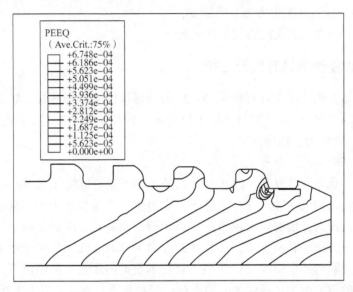

图 9-8　2 扣+拉 300MPa 等效塑性应变分布

3. 套管内壁的弹塑性应力应变分布

φ177.8mm(7in)偏梯形套管螺纹的锥度为 1/16，牙距为 5.08，上 2 扣时有 0.3175mm 的径向过盈量。在该过盈量作用下，接箍外胀，在其端部径扩最严重；管体径缩，在其端部径缩最严重(上 2 扣为 0.208mm)。图 9-9 和图 9-10 分别为几种典型工况下套管内壁的径向位移图和套管内壁的 Mises 应力分布图。上 1 扣时，套管内壁的径缩量小得多，对应的 Mises 应力也小得多。轴向拉伸载荷加大了套管的径缩量和应力值，而轴向压缩载荷减小径缩量和应力值。从图 9-9 中我们可以看出，2 扣时套管内壁即将发生塑性变形，2 扣+轴向拉伸 300MPa 时塑性区域已扩大到套管前 26mm 处。图 9-10 给出了套管内壁的应力分布。

三、无装配套管螺纹牙的有限元分析

螺纹连接时，套管螺纹牙数多于接箍螺纹牙数，有部分套管螺纹牙裸露在外(图 9-11)。对这部分裸露的套管螺纹牙也须进行分析。有限元分析时套管端面固结，另一端施加轴向拉载荷，如图 9-12 所示。

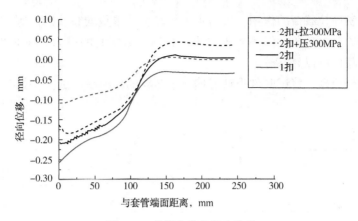

图 9-9　套管内壁的径向位移

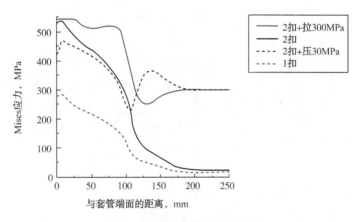

图 9-10　套管内壁的应力分布

图 9-11　无装配套管受力模型(虚线为中心轴)

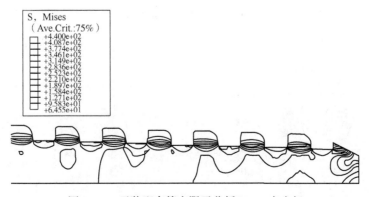

图 9-12　无装配套管有限元分析 Mises 应力场

套管壁承受轴向拉载荷的作用，应力水平较高，基本呈均布状态。螺纹牙基本不受力，螺纹牙根部有应力集中现象，但不是很厉害。相比于装配时的应力集中现象，无装配时螺纹牙根部的应力集中可以忽略。

根据几何相似原理，将试验件设计成偏梯形螺纹的牙型缺口试件，如图 9-13 所示。

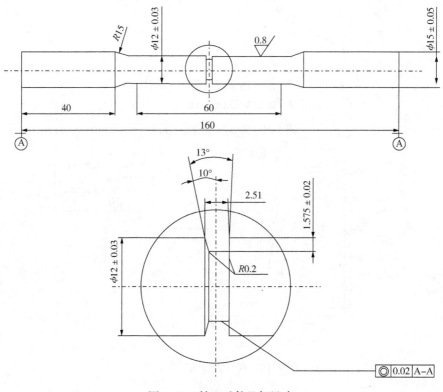

图 9-13　缺口试件几何尺寸

理论上，试件为绝对轴对称，有限元计算采用轴对称单元 CGAX4R。试件缺口部位的应力应变为应力应变集中部位，重点关注。所以将缺口部位的网格细分。有限元划分如图 9-14，图 9-15 所示。

图 9-14　试件有限元模型图

图 9-15　试件有限元模型局部放大图

该试件用于多轴疲劳试验，同时受到轴向拉伸和扭矩的作用。有限元计算时，模型一端固定约束，另一端同时作用轴向拉伸载荷和扭矩。疲劳试验载荷比 $R=0.1$，要获得疲劳参量的幅值，需分别计算最大载荷及最小载荷的作用。工况见表 9-1。

表 9-1　多轴疲劳试验工况

工况	最大轴向拉伸，N	最大扭矩，N · mm	载荷比 R	最小轴向拉伸，N	最小扭矩，N · mm
1	12000	28030		1200	2803
2	15000	28034		1500	2803
3	17000	28034		1700	2803
4	21560	28034		2156	2803
5	23520	28034	0.1	2352	2803
6	20000	24504		2000	2450
7	20000	30000		2000	3000
8	20000	40000		2000	4000
9	20000	45000		2000	4500

计算分别采用弹性和弹塑性模型。材料属性由室温静力拉伸试验获得。不论何种模型，弹性模量 E 均为 206.334GPa，泊松比 μ 为 0.3。弹塑性模型的材料属性与偏梯形套管螺纹有限元分析中所用的材料一样。

在轴向拉载荷扭矩作用下，试件的光滑段沿轴向受力均匀。由于扭矩的作用，试件光滑段沿径向应力值增大。缺口部位有很明显的应力集中现象，如图 9-16，图 9-17 和图 9-18所示。从图 9-17 和图 9-18 可以看出缺口根部受力最严重，Mises 应力值最大，局部已进入塑性范围。工况 9 时，缺口根部应力变化梯度较小，较大范围的材料进入了塑性，如图 9-17 所示。而工况 1 时，缺口根部应力变化梯度相对较大，只有缺口根部一小部分材料进入了塑性，如图 9-18 所示；图 9-19 是工况 9 时缺口局部的等效塑性应变分布，从图中可以看到，缺口根部的很大部分都进入了塑性，缺口根部倒角处的等效塑性应变最大，此处为应力应变最集中的地方，也将是最容易破坏的地方。

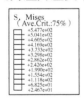

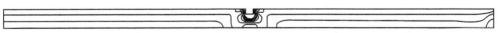

S, Mises
(Ave.Crit.:75%)
+5.477e+02
+5.041e+02
+4.605e+02
+4.169e+02
+3.733e+02
+3.298e+02
+2.862e+02
+2.426e+02
+1.990e+02
+1.554e+02
+1.118e+02
+6.825e+01
+2.467e+01
ODB:1anv-008-20000-45000 . odb　ABAQUS/STANDARD Version 6.5-1　Wed Sep 27 17:27:20 GMT+08:00 2006
Step: Step-1
Increment 6: Step Time = 1.000
Primary Var: S, Mises
Deformed Var: U Deformation Scale Factor: +1. 000e+00

图 9-16　工况 9 的有限元分析试件 Mises 应力分布

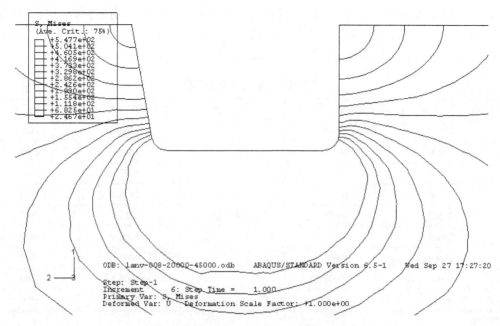

图 9-17　工况 9 的有限元分析试件缺口局部 Mises 应力分布

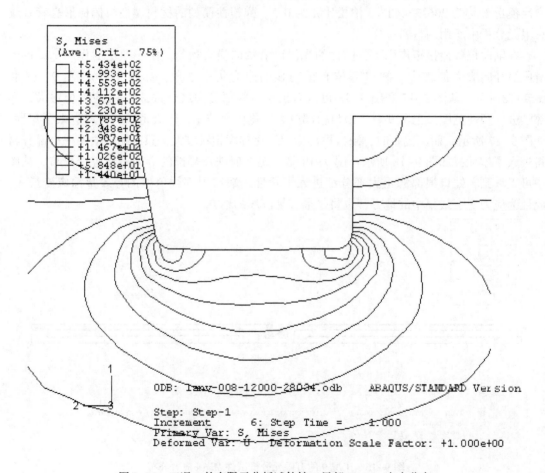

图 9-18　工况 1 的有限元分析试件缺口局部 Mmises 应力分布

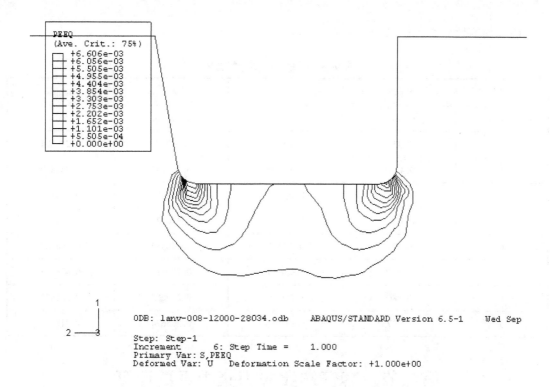

图 9-19　工况 9 的有限元分析试件缺口局部等效塑性应变分布

弹性模型计算结果见表 9-2，其中 σ_{max}、σ_{min} 为缺口根部的最大载荷和最小载荷时的 Mises 应力值，应力幅 $\sigma_a = \dfrac{\sigma_{max} - \sigma_{min}}{2}$。

表 9-2　弹性模型计算结果

工况	σ_{max}, Pa	σ_{min}, MPa	应力幅 σ_a, MPa
1	802.6	81.31	360.645
2	879.5	79.3	400.1
3	936.1	85.6	425.25
4	1077	101.4	487.8
5	1141	107.8	516.6
6	978.7	92.02	443.34
7	1056	97.5	479.25
8	1217	108.2	554.4
9	1301	131.8	584.6

弹塑性模型计算结果见表 9-3。其中，

最大剪切应变 $\gamma_{max} = \dfrac{\sigma_1 - \sigma_3}{2}$；

最大剪切平面的法向应变 $\varepsilon_n = \dfrac{\sigma_1 + \sigma_3}{2}$；

临界面等效应变 $\Delta\varepsilon_{eq}/2 = \left[\varepsilon_n^2 + \dfrac{(\Delta\gamma_{max}/2)^2}{3}\right]^{1/2}$。

表 9-3 弹塑性模型计算结果

工况	ε_{eqv},%	γ_{max}	ε_n	$\Delta\varepsilon_{eq}/2$
1	0.2611	0.691767	0.148014	0.248569
2	0.335	0.865805	0.16161	0.297634
3	0.4235	1.011069	0.164202	0.334889
4	0.6383	1.400256	0.169172	0.438192
5	0.7464	1.593612	0.170121	0.490484
6	0.473	1.15407	0.148389	0.364704
7	0.6014	1.321468	0.180417	0.421987
8	0.886	1.768376	0.279205	0.581852
9	1.227	2.141795	0.365674	0.718325

第二节 套管螺纹应力集中系数计算

在零件的截面几何形状突然变化处(如轴间圆角、沟槽、横孔等),局部应力远大于名义应力,这种现象称为应力集中。在材料的弹性范围内,最大局部应力 σ_{max} 与名义应力 σ_n 的比值称为理论应力集中系数,即:

$$K_t = \frac{\sigma_{max}}{\sigma_n} \tag{9-3}$$

理论应力集中系数 K_t 是个几何参数,仅由零件的几何形状决定,所以 K_t 又称为几何应力集中系数或弹性应力集中系数。

在扭转情况下,理论应力集中系数 $K_{t\tau}$ 定义为:

$$K_{t\tau} = \frac{\tau_{max}}{\tau_n^{max}} \tag{9-4}$$

式中 τ_{max}——缺口根部最大切应力;

τ_n^{max}——净断面表面的切应力(即净断面的最大名义切应力)。

且由扭转理论:

$$\tau_n^{max} = \frac{T \cdot R}{I_p} = \frac{T}{W_p} \tag{9-5}$$

$$I_p = \int_A r^2 \mathrm{d}A$$

$$= \int_0^R r^2 \cdot 2\pi r \cdot \mathrm{d}r \tag{9-6}$$

$$= \frac{\pi R^4}{2} = \frac{\pi d_n^4}{32}$$

式中　I_p——试件该断面对其中心的截面二次矩；

　　　τ_n^{max}——净断面表面的切应力(即断面的最大名义切应力)。

显然，对于正应力 $K_t \rightarrow K_{t\sigma}$；对于切应力 $K_t \rightarrow K_{t\tau}$。应力集中系数 K_t 的值可以用弹性力学解析法、光弹法或有限元软件计算得到，也可查阅相关手册得到。

由于该试件的外形具有几何不连续性，即存在缺口，这就在缺口的根部引起应力和应变集中。缺口试件的几何尺寸如图 9-20 所示，$r = 0.20mm$，$d = 8.85mm$，$D = 12.00mm$，故：

$$\begin{cases} \dfrac{D}{d} = 1.36 \\ \dfrac{r}{d} = 0.023 \end{cases} \tag{9-7}$$

对于阶梯轴，$K_{t\sigma}$ 和 $K_{t\tau}$ 的值可根据缺口的几何形状，可由理论应力集中系数曲线(图 9-20)得到。

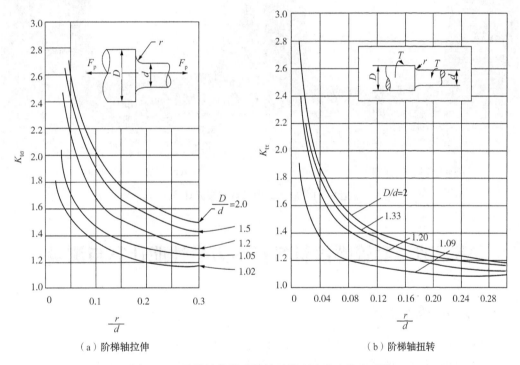

（a）阶梯轴拉伸　　　　　　　　　　　（b）阶梯轴扭转

图 9-20　阶梯轴拉伸或扭转时的理论应力集中系数

$$\begin{cases} K_{t\sigma} = 2.7 \\ K_{t\tau} = 2.1 \end{cases} \tag{9-8}$$

根据本试件的几何尺寸，通过有限元进行计算，可以得到该试件拉伸时的正应力集中系数 $K_{t\sigma} = 2.57$ 和扭转时的切应力集中系数 $K_{t\tau} = 1.67$，如图 9-21 所示。

由于阶梯轴的缺口内壁与试件端面是平行的，而本试件的缺口内壁则与试件端面呈 3° 和 10° 的较小夹角，所以在相同尺寸下，阶梯轴的应力集中应比试件更明显一些。因此试件的应力集中系数应比阶梯轴稍小。以上两种方法证明了这一点。在下面的计算中，取 $K_{t\sigma} = 2.57$ 和 $K_{t\tau} = 1.68$。

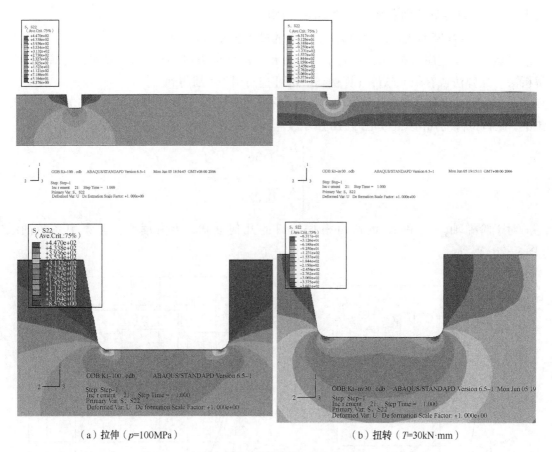

（a）拉伸（p=100MPa）　　　　　　　　　（b）扭转（T=30kN·mm）

图 9-21　应力集中系数有限元计算

第三节　套管螺纹材料基本力学性能计算与测量

一、力学性能计算

　　所谓拉伸性能，是由材料工程应力-应变曲线上的某些特殊点的应力与应变之值确定的。拉伸性能包括材料的弹性、强度、塑性和韧性。工程应力 σ 与工程应变 e 的关系可近似地用胡克定律（Hook's law）表示，即：

$$\sigma = Ee \tag{9-9}$$

　　比例常数 E 通常称为弹性模量或杨氏模量（Young's modulus），单位：MPa。但当材料所受的应力高于屈服强度时，胡克定律不再适用，需要用弹-塑性变形阶段金属材料的本构方程来描述。

　　工程中常用延伸率 δ 和断面收缩率 ψ 来衡量材料的塑性变形程度。延伸率 δ 按下述方法测定：拉伸试验前测定试件的标距 L_0，拉伸断裂后测得标距为 L_k，然后按下式计算：

$$\delta = \frac{L_k - L_0}{L_0} \times 100\% = \frac{\Delta L_k}{L_0} \times 100\% \tag{9-10}$$

δ 的值越大，表示材料的塑性变形能力越大。工程上把延伸率 δ 作为衡量材料塑性的指标：$\delta > 5\%$ 的材料称为塑性材料，如碳钢、铝合金等；$\delta < 5\%$ 的材料称为脆性材料，如铸铁、陶瓷等。

断面收缩率 ψ 表征材料拉伸时截面积减小的程度。对圆柱形试件，其初始直径为 d_0，断裂后试件的最小直径为 d_k，则：

$$\psi = \frac{A_0 - A_k}{A_0} \times 100\% = \frac{d_0^2 - d_k^2}{d_0^2} \times 100\% \tag{9-11}$$

在均匀塑性变形阶段，可根据变形前后材料体积不变的原理，即：$L_0 A_0 = LA$，求得：

$$\begin{cases} \psi = \dfrac{e}{1+e} \\ e = \dfrac{\psi}{1-\psi} \end{cases} \tag{9-12}$$

为了真实反映材料的应力应变特性，需要对应力和应变作另一种定义：

$$S = \frac{P}{A} = \frac{P}{A_0} \frac{A_0}{A} = \frac{\sigma}{1-\psi} = (1+e)\sigma \tag{9-13}$$

$$\varepsilon = \int_{L_0}^{L} \frac{\mathrm{d}L}{L} = \ln \frac{L}{L_0} = \ln(1+e) = \ln\left(\frac{1}{1-\psi}\right) = -\ln(1-\psi) \tag{9-14}$$

式中　A、L——分别为试件拉伸时的瞬时截面面积和标距；

　　　S、ε——分别称为真应力和真应变。

断裂是试件在拉应力作用下至少分裂为两部分的现象。拉伸断裂时的真应力称为断裂强度（或断裂真应力），记作 σ_f（或 S_k）。拉伸断裂时的真应变称为断裂延性（或断裂真应变），记作 ε_f。

对脆性材料，$\sigma_f = \sigma_b$。对塑性材料，则需要由相应的公式计算。通常在拉伸试验中，不测定断裂真应力 σ_f，但可由经验公式估算：

$$\sigma_f = \sigma_b(1+\psi) \tag{9-15}$$

由经验公式（9-15）计算的断裂强度 σ_f 与试验结果符合的很好，只有少数的个别例外。

断裂真应变 ε_f 之值也不能由试验直接测定，但可以利用式（9-14）和断面收缩率 ψ 求得：

$$\varepsilon_f = -\ln(1-\psi) \tag{9-16}$$

在弹-塑性变形阶段，只有真应力-真应变曲线才能描述材料的力学行为。金属材料的 S-ε 曲线可用不同的方程表示，但常用的是 Hollomon 方程，即：

$$S = K\varepsilon_p^n \tag{9-17}$$

式中　ε_p——真应变的塑性分量；

　　　n——应变强化指数；

　　　K——强度系数，即 $\varepsilon_p = 1$ 时的真应力值。

应变强化指数 n 越大，形变强化越显著。n 值通常在 $0 \sim 1$ 间变化，$n=0$ 时，材料为理想塑性的；$n=1$ 时，式（9-17）即变化为式（9-9），材料处于弹性状态。形变强化是提高金属材料强度的重要技术措施。

强度系数 K 值可由下列公式近似估算：

$$K = \frac{\sigma_f}{\varepsilon_f^n} \tag{9-18}$$

全应变 ε 由弹性应变分量 ε_e 和塑性应变分量 ε_p 组成，即：

$$\varepsilon = \varepsilon_e + \varepsilon_p \tag{9-19}$$

由式(9-17)、式(9-18)得：

$$n = \frac{\lg(\dfrac{S}{\sigma_f})}{\lg(\dfrac{\varepsilon_p}{\varepsilon_f})} = \frac{\lg(\dfrac{S}{S_k})}{\lg(\dfrac{\varepsilon_p}{\varepsilon_f})} \tag{9-20}$$

然后由式(9-18)可求得强度系数 K。

缺口强度 σ_{bN} 是缺口试件的一个重要静力拉伸性能参数。如图 9-22 所示，缺口试件做静力拉伸试验时，记录最大载荷 P_{max}，除以缺口处的静断面积 A_n，即得缺口强度 σ_{bN}，即：

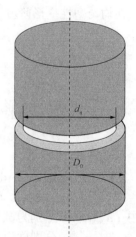

$$\sigma_{bN} = \frac{P_{max}}{A_n} = \frac{4P_{max}}{\pi d_n^2} \tag{9-21}$$

式中　d_n——切口处最小截面直径。

图 9-22　缺口试件示意图

二、静力拉伸试验

测试材料的静力拉伸性能试验，采用了两种试件，即：光滑试件和缺口试件。

1. 静力拉伸试件

试件的几何形状和尺寸对试验结果是有一定的影响的。为了减少形状和尺寸对试验结果的影响，便于比较试验结果，应该按照统一的标准规定制备试件。本试验的试件为 J55 套管材料，取自壁厚 20mm 圆管，加工成直径为 18mm 的棒材，由棒材然后加工成光滑试件和缺口试件。光滑圆棒试件按照 GB/T 6397—1986《金属拉伸试验试样》加工而成。缺口圆棒试件则根据 API SPEC 5B（GB/T 9253.2—1999《石油天然气工业套管、油管和管线螺纹的加工、测量和检验》）加工而成，缺口为标距段中心处的一个偏梯形槽缺口。试件具体形状和尺寸如图 9-23 所示。

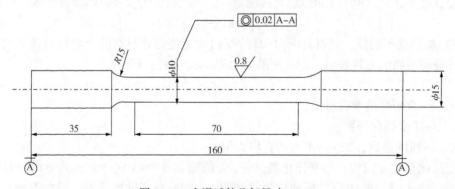

图 9-23　光滑试件几何尺寸(mm)

通过静拉拉伸试验，由光滑试件测量材料的静拉拉伸性能参数，由缺口件测得材料的缺口性能参数。静力拉伸试验采用 5 个光滑试件和 1 个缺口试件进行，从而得到材料的基本力学性能参数。

2. 静力拉伸试验结果与分析

在室温状态下，将试件在 CSS-44200 电子万能试验机上进行静力拉伸试验。试验机如图 9-24 所示。试件静力拉伸断面如图 9-25 所示。试验前后静力拉伸试件如图 9-26、图 9-27所示。

图 9-24　电子万能试验机图

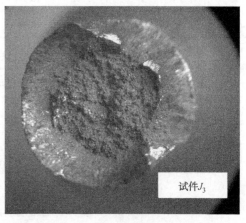

图 9-25　J_3 号试件静力拉伸断面图

试件J_3

图 9-26　试件 J_3 试验前

试件J_3

图 9-27　试件 J_3 试验后

在静拉试件上，划出长度为 L_0 的标距线，并把 L_0 等分为 5 份(表 9-4)。在标距的两端及中部三个位置上，沿两个相互垂直的方向测量直径，以其平均值计算各截面面积，然后选取三个截面面积中的最小者作为试件的初始截面面积 A_0。根据这一原则，对静拉的光滑试件 J_1-J_5，在标距 L_0(50mm)的两端及中间各测量两个互相垂直的直径 d_0；断后在颈缩最小处两个互相垂直的方向测得两个直径，再计算两者得平均值 d_k，即断后最小直径，根据式(9-11)可算得试件断面收缩率 ψ。材料的延伸率 δ 可由断后的标距 L_k 和初始标距 L_0，根据式(9-10)计算得到。表 9-5 给出了静力拉伸试件(缺口试件)的几何尺寸。

表 9-4　静力拉伸试件(光滑试件)的几何尺寸(mm)

试件编号	断前直径 d_0						断后标距 L_k	断后直径 d_k
J_1	10.00	10.00	9.94	10.00	9.96	9.94	62.66	6.20	6.14
J_2	9.98	10.00	10.00	10.00	10.00	10.00	64.04	6.12	6.12

试件编号	断前直径 d_0						断后标距 L_k	断后直径 d_k
J_3	10.00	9.96	10.02	10.10	10.00	9.96	63.34	6.20	6.20
J_4	9.98	10.00	9.98	10.00	9.98	9.98	63.26	6.00	6.00
J_5	9.94	10.00	10.00	10.00	9.92	9.96	63.70	6.00	5.80

表 9-5　静力拉伸试件 (缺口试件) 的几何尺寸 (mm)

试件编号	缺口以外部分直径 D								缺口处最小截面直径 d_n
Q_1	11.98	11.98	11.98	12.00	11.98	12.00	12.00	12.00	8.84	8.84

由静力拉伸试验测得载荷和位移的一系列对应值，可以作出材料 e—σ 曲线，进而可画出材料的 ε—S 曲线，根据式 (9-9) ~ 式 (9-20) 可以得到材料的静力拉伸性能参数，见表 9-6。

表 9-6　J55 材料静力拉伸性能参数

试件编号	屈服极限 σ_s , MPa	抗拉强度 σ_b , MPa	弹性模量 E GPa	延伸率 δ %	断面收缩率 ψ ,%	断裂延性 ε_f	断裂强度 σ_f MPa	硬化指数 n	强度系数 K , MPa
1	545.17	724.90	205.10	25.32	61.73	0.9604	1172.36	0.166	1180.25
2	577.00	788.38	208.80	28.08	62.52	0.9814	1281.28	0.167	1285.32
3	539.31	751.32	206.00	26.67	61.61	0.9574	1214.21	0.167	1223.09
4	527.80	726.23	211.00	26.53	63.90	1.019	1190.32	0.172	1186.47
5	547.90	749.54	188.19	27.44	66.16	1.0834	1245.41	0.181	1227.46
均值	547.44	748.07	203.82	26.81	63.18	1.0003	1220.72	0.171	1220.52

API SPEC 5CT 要求 J55 钢级屈服强度 σ_s：379 ~ 552MPa，抗拉强度 $\sigma_b \geqslant 517MPa$，延伸率 $\delta \geqslant 17.5\%$。表 9-6 为试件参数，屈服强度 $\sigma_s = 547MPa$，抗拉强度 $\sigma_b = 748MPa$，伸长率 $\delta = 26.81\%$。试验结果基本符合满足 API 规范要求 (只有试件 J_2 的屈服强度 σ_s 稍高于规范要求)。

试验得到试件 J_3 的 e—σ 曲线如图 9-28 所示。由光滑试件 J_3 的工程应力—工程应变曲线可知，该 J55 材料具有较强的塑性。

根据文献，可取该 J55 材料的泊松比 μ 为 0.286。由下式计算得 J55 材料的切变模量 $G = 79.25GPa$。

$$G = \frac{E}{2(1+\mu)} \tag{9-22}$$

材料的切口强度 σ_{bN} 可由缺口试件的静力拉伸得到。$P_{max} = 62.093kN$，由式 (9-21) 可得到：$\sigma_{bN} = 1011.69MPa$。静力拉伸缺口试件 Q_1 的名义应力—应变曲线如图 9-29 所示。

由缺口试件 Q_1 静拉名义应力-应变曲线可知，缺口试件没有明显的屈服平台，而在达到最大应力即缺口强度前，应力出现较明显的峰谷现象，这可能是缺口部分屈服后又反复强化导致的。

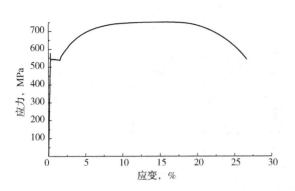

图 9-28　光滑试件 J_3 的工程应力—工程应变曲线

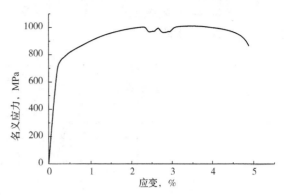

图 9-29　缺口试件 Q_1 静拉名义应力—应变曲线

第四节　套管螺纹拉—扭疲劳试验

在套管钻井过程中，套管总是工作在复杂的加载情况下，因此，多轴加载下对偏梯形缺口疲劳问题的研究就十分重要和紧迫。

多轴循环加载方式有扭转—弯曲复合加载、圆棒试样的拉压—扭转复合加载、十字形试样的双轴加载、薄壁管试样的拉压—扭转复合加载及拉—内压加载等加载方式。其中拉压—扭转复合加载方式是目前被普遍采用的。

采用拉—扭复合加载方式，对 J55 套管材料的偏梯形缺口圆棒试件进行比例加载试验，为能更加准确的预测偏梯形螺纹的 J55 套管寿命提供试验依据。

一、多轴疲劳试件制作

为了能体现套管的结构特性，便于预测偏梯形螺纹套管的工作寿命，本试验的试件按照 API SPEC 5B 标准，将 J55 钢圆棒材料加工为套管常用的偏梯形螺纹的牙型缺口试件，如图 9-30 和图 9-31 所示。

缺口段名义正应力 σ_n 和表面剪应力 τ_n 由下式求得：

$$\sigma_n = \frac{P}{A} = \frac{4P}{\pi d^2} \tag{9-23}$$

$$\tau_n = \frac{T}{W_p} = \frac{16T}{\pi d^3} \tag{9-24}$$

式中　P——加载轴向力；

　　　T——加载扭矩；

　　　d——切口处最小截面直径。

试验选用波动循环正弦波拉扭同相加载，对试件光滑部分有：

$$\sigma = \sigma_a \sin\omega t + \sigma_m \tag{9-25}$$

$$\tau = \tau_a \sin\omega t + \tau_m \tag{9-26}$$

式中　σ 和 τ——分别为瞬时轴向正应力和瞬时周向剪应力；

　　　σ_a 和 τ_a——分别为正应力幅和剪切应力幅；

ω——角频率；

t——时间。

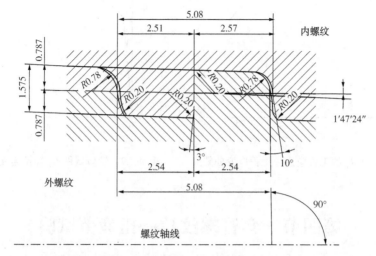

图 9-30　API 标准中的偏梯形套管螺纹牙型和尺寸(mm)

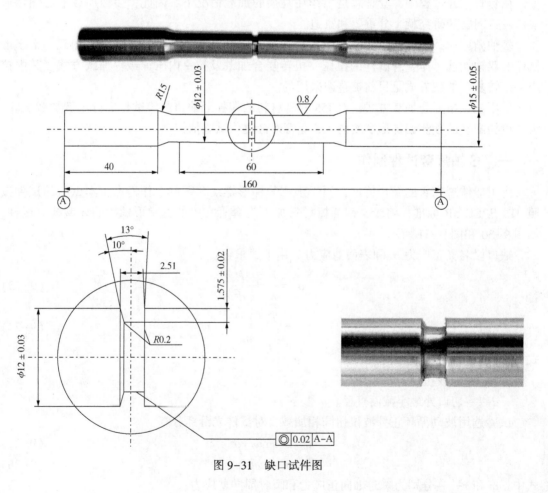

图 9-31　缺口试件图

二、多轴疲劳试验

试验是室温空气介质下，在拉扭电液伺服试验机 MTS858 上进行，采用轴向和剪切同时控制的方式。轴向采用拉力控制，周向采用扭矩控制。试验采用拉扭同相正弦波加载，加载频率为 15Hz。疲劳试验机如图 9-32 所示。

（a）试验中的 MTS858 试验机　　　　　　　　（b）MTS858 试验机局部

图 9-32　MTS858 试验机

试验测试了不同应力水平下的疲劳寿命，并测试了保持拉伸载荷不变情况下，扭转载荷变化对应的疲劳寿命变化，以及保持扭转载荷不变而拉伸载荷变化对应的寿命变化。所得试验数据见表 9-7～表 9-9。1 号试件有明显裂纹，轴向位移达到 3mm 自动保护，但未断。10 号试件出现了寿命反常，可能是材料的疲劳强度分散性过大，或该试件的加工缺陷比较大。

多轴疲劳试件断裂情况如图 9-33 所示。其中，2 号试件拉力和扭矩都是最小的；5 号试件拉力最大；6 号试件扭矩最大。从试件的疲劳断裂失效情况来看，试件基本上按估计的情况发生断裂，断口状况良好。由 10 号试件的断口图，可以看到裂纹分为光滑区和粗糙区两部分，而且可以清楚地看到裂纹源，裂纹以其为中心呈发射状逐渐扩展。

表 9-7　J55 材料疲劳试验数据

试件编号	缺口直径 d，mm			轴向载荷 P，N	扭矩 T N·mm	疲劳寿命 N_f 周次
	测量值		平均值			
1	8.90	8.90	8.90	15000	28034	950448
2	8.90	8.84	8.87	19800	24504	579074
3	8.94	8.92	8.93	21560	28034	185940
4	8.84	8.84	8.84	21560	28034	245800
5	8.74	8.74	8.74	23520	28034	136097
6	8.84	8.84	8.84	19800	40000	100415

试件编号	缺口直径 d, mm			轴向载荷 P, N	扭矩 T N·mm	疲劳寿命 N_f 周次
	测量值		平均值			
7	8.90	8.88	8.89	19800	40000	110838
8	8.84	8.84	8.84	19800	30000	312824
9	8.88	8.82	8.85	17000	28034	793516
10	8.90	8.88	8.89	19800	30000	110111
11	8.82	8.80	8.81	19800	24504	492000
12	8.82	8.80	8.81	17000	28034	722578
13	8.74	8.76	8.75	19800	30000	125985
14	8.90	8.86	8.88	19800	45000	67780
15	8.84	8.88	8.86	19800	30000	205417
16	8.78	8.78	8.78	12000	28034	5230000

拉伸载荷不变，扭转载荷变化对应的寿命变化情况见表9-8。

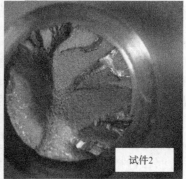

（a）2号试件疲劳断口图

（b）5号试件疲劳断口图

图9-33 多轴疲劳试件断裂情况

（c）6号试件疲劳断口图

（d）10号试件疲劳断口图

（e）10号试件断后照片

图 9-33　多轴疲劳试件断裂情况（续）

表 9-8　J55 材料疲劳试验数据（固定拉应力，扭矩变化）

试件编号	缺口直径 d，mm		平均值	轴向载荷 P，N	扭矩 T N·mm	疲劳寿命 N_f 周次
	测量值					
1	8.90	8.86	8.88	19800	45000	67780
2	8.84	8.84	8.84	19800	40000	100415
3	8.90	8.88	8.89	19800	40000	110838
4	8.84	8.84	8.84	19800	30000	312824
5	8.90	8.88	8.89	19800	30000	110111
6	8.84	8.88	8.86	19800	30000	205417
7	8.74	8.76	8.75	19800	30000	125985
8	8.82	8.80	8.81	19800	24504	492000
9	8.90	8.84	8.87	19800	24504	579074
10	8.88	8.82	8.85	17000	28034	793516
11	8.82	8.80	8.81	17000	28034	722578
12	8.90	8.90	8.90	15000	28034	950448

试件编号	缺口直径 d, mm			轴向载荷 P, N	扭矩 T N·mm	疲劳寿命 N_f 周次
	测量值		平均值			
13	8.94	8.92	8.93	21560	28034	185940
14	8.84	8.84	8.84	21560	28034	245800
15	8.74	8.74	8.74	23520	28034	136097
16	8.78	8.78	8.78	12000	28034	5230000

固定扭转载荷，疲劳寿命随拉伸载荷变化情况见表9-9。

表 9-9 J55 材料疲劳试验数据(固定扭矩，拉应力变化)

试件编号	缺口直径 d, mm			扭矩 T N·mm	轴向载荷 P, N	疲劳寿命 N_f 周次
	测量值		平均值			
1	8.88	8.82	8.85	28034	17000	793516
2	8.82	8.80	8.81	28034	17000	722578
3	8.90	8.90	8.90	28034	15000	950448
4	8.94	8.92	8.93	28034	21560	185940
5	8.84	8.84	8.84	28034	21560	245800
6	8.74	8.74	8.74	28034	23520	136097
7	8.78	8.78	8.78	28034	1200	5230000
8	8.84	8.84	8.84	30000	19800	312824
9	8.90	8.88	8.89	30000	19800	110111
10	8.84	8.88	8.86	30000	19800	205417
11	8.74	8.76	8.75	30000	19800	125985
12	8.82	8.80	8.81	24504	19800	492000
13	8.90	8.84	8.87	24504	19800	579074
14	8.84	8.84	8.84	40000	19800	100415
15	8.90	8.88	8.89	40000	19800	110838
16	8.90	8.86	8.88	45000	19800	67780

以 Mises 应力为参量，不同应力水平下疲劳寿命见表9-10。

表 9-10 不同应力水平疲劳寿命

编号	缺口直径 d, mm		轴向载荷 P, N	名义正 应力, MPa	扭矩 T N·mm	名义剪应 力, MPa	名义 Mises 应力, MPa	疲劳寿命 N_f, 周次
	测量值	平均值						
1	8.78	8.78	8.78	12000	198.20	28034	210.95	415.67	5230000
2	8.90	8.90	8.90	15000	241.11	28034	202.53	425.66	950448
3	8.88	8.82	8.85	17000	276.36	28034	205.98	451.28	793516
4	8.82	8.80	8.81	17000	278.87	28034	208.80	456.68	722578
5	8.82	8.80	8.81	19800	324.81	24504	182.51	453.24	492000
6	8.90	8.84	8.87	19800	320.43	24504	178.83	445.66	579074

编号	缺口直径 d，mm		轴向载荷 P，N	名义正应力，MPa	扭矩 T N·mm	名义剪应力，MPa	名义 Mises 应力，MPa	疲劳寿命 N_f，周次
	测量值	平均值						
7	8.94	8.92	8.93	21560	344.24	28034	200.49	488.97	185940
8	8.84	8.84	8.84	21560	351.28	28034	206.68	501.55	245800
9	8.74	8.74	8.74	23520	392.03	28034	213.86	539.35	136097
10	8.84	8.84	8.84	19800	322.60	30000	221.17	500.83	312824
11	8.90	8.88	8.89	19800	318.99	30000	217.46	493.58	110111
12	8.74	8.76	8.75	19800	329.28	30000	228.07	514.27	125985
13	8.84	8.88	8.86	19800	321.15	30000	219.68	497.91	205417
14	8.84	8.84	8.84	19800	322.60	40000	294.90	604.13	100415
15	8.90	8.88	8.89	19800	318.99	40000	289.95	594.95	110838
16	8.90	8.86	8.88	19800	319.70	45000	327.30	650.83	67780

第五节　疲劳寿命评估预测

一、两参数和三参数疲劳寿命预测模型

目前缺口试件的寿命预测模型仍然是一个在研究的问题，主要是缺口部分的应力比较复杂。本书作者尝试采用不同模型对比的方法，给出缺口试件寿命预测模型。从名义应力看，缺口试件疲劳时可能仍然在弹性状态，用应力疲劳模型可以进行评估；但从缺口实际应力情况看，缺口部位当名义应力达到一定程度已经开始出现塑性变形，疲劳过程实际上是塑性应变控制的过程，因而用应变模型可能准确一些。

本书采用两参数和三参数寿命预测模型，以及一种基于临界面的类 Coffin-Manson 方程模型，试图通过不同的评估量来找到合适的预测模型和评估参量，以期能尽量准确的预测试件的寿命。由于前两个模型已经建立有应力预测模型和应变预测模型，对其计算过程做简单推导。而类 Coffin-Manson 方程模型则只适用于应变准则。

两参数和三参数寿命预测模型不仅适用于应力寿命预测模型，亦适用于应变寿命预测模型。两种评估参量下，方程的形式不变，只是系数意义改变。回归方法中，通用 S 代表应力和应变。

1. 两参数法

一个好的疲劳寿命曲线的数学表达式，对结构件的疲劳寿命预测和抗疲劳设计都是十分重要和有用的。在对称循环高寿命区，疲劳寿命与名义应力幅之间的关系可以表示为：

$$N_f = S_f(S - S_c)^{-2} \tag{9-27}$$

式中　S_f——应力疲劳抗力系数，是与材料拉伸性能有关的常数；

　　　S——名义应力；

　　　S_c——用名义应力表示的理论疲劳极限。

当 $S \leqslant S_c$ 时，$N_f \rightarrow \infty$，从而表明了疲劳极限的存在。

将式(9-27)做对数变换：

$$\lg N_{\mathrm{f}} = \lg S_{\mathrm{f}} - 2\lg(S - S_{\mathrm{c}}) \tag{9-28}$$

式(9-28)在 $\lg N_{\mathrm{f}}$-$\lg(S_{\mathrm{a}} - S_{\mathrm{ac}})$ 双对数坐标上，表示一条斜率为-2 的直线。

令：

$$Y = \lg N_{\mathrm{f}} \qquad X = \lg(S - S_{\mathrm{c}})$$
$$\beta = -2 \qquad \alpha = \lg S_{\mathrm{f}} \tag{9-29}$$

则式(9-29)即为：

$$Y = \alpha + \beta X \tag{9-30}$$

X，Y 的这种关系称为一元线性回归，α，β 为模型参量(或回归系数)。将此模型的 n 对独立的观测值：

$$(X_1, Y_1), (X_2, Y_2), \cdots, (X_i, Y_i), \cdots, (X_n, Y_n)$$

在平面直角坐标系中描成点，则对平面上任一直线：

$$L: y = \alpha + \beta x \tag{9-31}$$

不妨记：

$$y_i' = \alpha + \beta X_i \tag{9-32}$$

这样，(X_i, y_i') 表示直线 L 上横坐标为 X_i 的点。显然：

$$|Y_i - y_i'| = |Y_i - (\alpha + \beta X_i)| \tag{9-33}$$

即刻画了点 (X_i, y_i') 与直线 L 的偏差程度。令：

$$Q(\alpha, \beta) = (Y_i - y_i')^2 = [Y_i - (\alpha + \beta X_i)]^2 \tag{9-34}$$

则 $Q(\alpha, \beta)$ 就反映了平面上所有点 (X_i, y_i') 与直线 L 的偏差程度，显然 $Q(\alpha, \beta)$ 的值愈小，X 与 Y 的线性关系就愈密切。因此，使 $Q(\alpha, \beta)$ 取得最小值的 α，β 即为回归方程的最优系数。这种方法就称为最小二乘法。

由微分学可知，使 $Q(\alpha, \beta)$ 达到最小的 α，β 应满足方程组：

$$\begin{cases} \dfrac{\mathrm{d}Q}{\mathrm{d}\alpha} = -2\sum[Y_i - (\alpha + \beta X_i)] = 0 \\[2mm] \dfrac{\mathrm{d}Q}{\mathrm{d}\beta} = -2\sum[Y_i - (\alpha + \beta X_i)]X_i = 0 \end{cases} \tag{9-35}$$

定义(用 $\sum$ 代替 $\sum\limits_{i=0}^{n}$)：

$$\overline{X} = \frac{1}{n}\sum X_i = \frac{1}{n}\sum \lg(S_i - S_{\mathrm{c}}) \tag{9-36}$$

$$\overline{Y} = \frac{1}{n}\sum Y_i = \frac{1}{n}\sum \lg N_{fi} \tag{9-37}$$

$$\overline{XX} = \frac{1}{n}\sum X_i^2 = \frac{1}{n}\sum \left[\lg(S_i - S_{\mathrm{c}})\right]^2 \tag{9-38}$$

$$\overline{YY} = \frac{1}{n}\sum Y_i^2 = \frac{1}{n}\sum (\lg N_{fi})^2 \tag{9-39}$$

$$\overline{XY} = \frac{1}{n}\sum (X_i \cdot Y_i) = \frac{1}{n}\sum \left[\lg(S_i - S_{\mathrm{c}}) \cdot \lg N_{fi}\right] \tag{9-40}$$

$$L_{\mathrm{xx}}' = \frac{1}{n}L_{\mathrm{xx}} = \frac{1}{n}\left[\sum X_i^2 - \frac{1}{n}\left(\sum X_i\right)^2\right] = \overline{XX} - \overline{X} \cdot \overline{X} \tag{9-41}$$

$$L'_{yy} = \frac{1}{n}L_{yy} = \frac{1}{n}\left[\sum Y_i^2 - \frac{1}{n}\left(\sum Y_i\right)^2\right] = \overline{YY} - \overline{Y}\cdot\overline{Y} \tag{9-42}$$

$$L'_{xy} = L'_{yx} = \frac{1}{n}L_{xy} = \frac{1}{n}\left[\sum (X_i\cdot Y_i) - \frac{1}{n}\sum X_i\cdot\sum Y_i\right] = \overline{XY} - \overline{X}\cdot\overline{Y} \tag{9-43}$$

则由式(9-30)可解得：

$$\beta = \frac{\sum (X_i - \overline{X})(Y_i - \overline{Y})}{\sum (X_i - \overline{X})^2} = \frac{L'_{xy}}{L'_{xx}} \tag{9-44}$$

$$S_f = 10^\alpha = 10^{\overline{Y}-\beta\overline{X}} = 10^{\overline{Y}-\overline{X}\frac{L'_{xy}}{L'_{xx}}} \tag{9-45}$$

X，Y 的线性相关系数为：

$$R = \frac{\sum (X_i - \overline{X})(Y_i - \overline{Y})}{\sqrt{\sum (X_i - \overline{X})^2 \sum (Y_i - \overline{Y})^2}} = \frac{L'_{xy}}{\sqrt{L'_{xx}L'_{yy}}} \tag{9-46}$$

相关系数 R 反映了回归平方和在总平方和中的比例，显然，$|R| \leqslant 1$ 且 $|R|$ 愈大，回归效果愈好，反之亦然。

用尾差法编写 Matlab 计算程序，可求得精度为 Δ（即斜率 β 为 $-2\pm\Delta$）条件下 S_f 和 S_c 计算流程图如图9-34所示。其中初始步长 δ 和循环步长 STEP 可根据实际数据尝试选取。一般而言，评估参量为应力时，δ 和 STEP 可分别取为：1 和 0.001；评估参量为应变时，δ 和 STEP 可分别取为：0.001 和 0.00001。但还要与精度 Δ 相结合，同时考虑，使循环能够收敛。进而可写出两参数寿命预测方程。

2. 三参数法

Basquin 的应力疲劳公式是目前文献中应用的比较广泛的应力疲劳公式之一，Basquin 公式为：

$$S = \sigma_f' N_f^b \tag{9-47}$$

式中　S——循环名义应力；

b，σ_f'——疲劳强度指数和疲劳强度系数，均为试验待定的材料常数。

该公式的缺点是不能表明疲劳强度的存在，因而不能拟合长寿命区的疲劳试验结果。

20 世纪 60 年代，Weibull 提出了一个三参数的应力疲劳公式：

$$N_f = S_f (S - S_c)^m \tag{9-48}$$

式中　S_f，m——材料常数（其中 $m<0$）；

S_c——材料的理论应力(应变)疲劳极限。

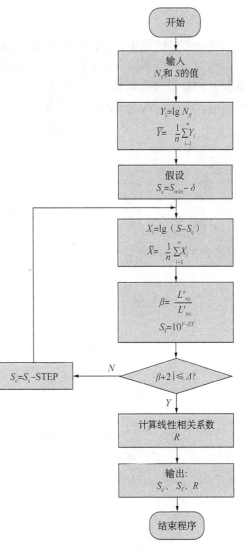

图9-34　两参数方程回归计算流程图

经过很多人的努力，该公式不断的得以完善，并成为应力-寿命预测得常用模型。将式(9-48)两边取对数，得：

$$\lg N_f = \lg S_f + m \lg(S - S_c) \tag{9-49}$$

即在双对数坐标系中 $\lg N_f - \lg(S - S_c)$ 成线性关系。这里，定义 S_c 为材料的统计应力（应变）疲劳极限。

对于式(9-49)，令：

$$Y = \lg N_f \qquad X = \lg(S - S_c) \tag{9-50}$$

则 X，Y 之间存在着线性关系，且由式(9-29)~式(9-43)知：

$$m = \frac{L'_{xy}}{L'_{xx}} \tag{9-51}$$

$$S_f = 10^{\bar{Y} - \bar{X}\frac{L'_{xy}}{L'_{xx}}} \tag{9-52}$$

X，Y 的线性相关系数为：

$$R = \frac{L'_{xy}}{\sqrt{L'_{xx}L'_{yy}}} \tag{9-53}$$

式中参量的定义见式(9-35)~式(9-43)。

利用三参数幂函数公式拟合 $S—N$ 曲线试验数据，关键是要选择 S_c，使线性拟合的相关系数 R 的绝对值达到最大值，即使 $|R|$ 充分接近于 1。这就相当于使函数：$f(S_c) = R^2$ 取得最大值。因此，求 S_c 最优解即求解方程：

$$\frac{\mathrm{d}f(S_c)}{\mathrm{d}S_c} = \frac{\mathrm{d}R^2}{\mathrm{d}S_c} = 2R\frac{\mathrm{d}R}{\mathrm{d}S_c} = 2R^2\left(\frac{1}{L'_{xy}}\frac{\mathrm{d}L'_{xy}}{\mathrm{d}S_c} - \frac{1}{2L'_{xx}}\frac{\mathrm{d}L'_{xx}}{\mathrm{d}S_c}\right) = 0 \tag{9-54}$$

故：

$$\frac{1}{L'_{xy}}\frac{\mathrm{d}L'_{xy}}{\mathrm{d}S_c} - \frac{1}{2L'_{xx}}\frac{\mathrm{d}L'_{xx}}{\mathrm{d}S_c} = 0 \tag{9-55}$$

不妨定义：

$$\bar{S} = \frac{1}{n}\sum\frac{1}{S_i - S_c} \tag{9-56}$$

$$\overline{XS} = \frac{1}{n}\sum\frac{X_i}{S_i - S_c} == \frac{1}{n}\sum\frac{\lg(S_i - S_c)}{S_i - S_c} \tag{9-57}$$

$$\overline{YS} = \frac{1}{n}\sum\frac{Y_i}{S_i - S_c} == \frac{1}{n}\sum\frac{\lg N_{fi}}{S_i - S_c} \tag{9-58}$$

$$L'_{x0} = -\frac{\ln 10}{2}\frac{\mathrm{d}L'_{xx}}{\mathrm{d}S_c} = \frac{1}{n}\left[\sum\frac{X_i}{S_i - S_c} - \frac{1}{n}\sum X_i \cdot \sum\frac{1}{S_i - S_c}\right] = \overline{XS} - \bar{X} \cdot \bar{S} \tag{9-59}$$

$$L'_{y0} = -\ln 10\frac{\mathrm{d}L'_{xy}}{\mathrm{d}S_c} = \frac{1}{n}\left[\sum\frac{Y_i}{S_i - S_c} - \frac{1}{n}\sum Y_i \cdot \sum\frac{1}{S_i - S_c}\right] = \overline{YS} - \bar{Y} \cdot \bar{S} \tag{9-60}$$

则将式(9-60)和式(9-59)代入式(9-55)得到：

$$\frac{L'_{x0}}{L'_{xx}} - \frac{L'_{y0}}{L'_{xy}} = 0 \tag{9-61}$$

令：

$$E(S_c) = \frac{L'_{x0}}{L'_{xx}} - \frac{L'_{y0}}{L'_{xy}} \tag{9-62}$$

这样，方程 $E(S_c)=0$ 的解，即为式(9-55)的解，也就是 S_c 的最优解。

可以采用对分法求 S_c，具体步骤如下：

（1）计算 $E(0)$，如果 $E(0) \leqslant 0$，则取 $S_c=0$；

（2）如果 $E(0)>0$，则将区间 $(0, S_{min})$ 对半分为两个区间 $(0, S_{mid})$ 和 (S_{mid}, S_{min})。$S_{mid}=S_{min}/2$，S_{min} 为疲劳试验采用得最小得应力水平。计算 $E(S_{mid})$，如果 $E(S_{mid})<0$，则 S_c 必在区间 $(0, S_{mid})$ 内；反之，则必在区间 (S_{mid}, S_{min}) 内。这样就可以将原来的区间缩小一半。反复重复以上步骤，即求得所需精度下 Δ 的 S_c。计算流程如图 9-35 所示。只要给出合适地精确度要求，即可通过相应的循环运算求得 m 和 S_f 之值，从而也就得到了三参数 S—N 方程，这样就可进行相应精确度下的寿命预测。

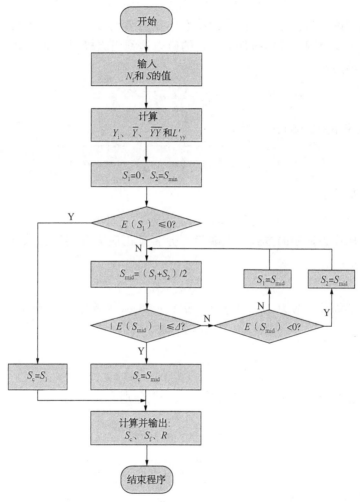

图 9-35　三参数方程回归计算流程图

二、缺口当量应力和实际应力寿命预测

1. 当量应力的计算

材料受到外力作用后，将产生变形，在变形过程中，外力所做的功将转变为存储在材料体内的能量。当外力逐渐减小时，变形逐渐消失，材料又将释放出这些能量。这种因外

力作用，材料产生变形而存储的能量，称为应变能，记为 V_s。在均匀假设下。材料每一单位体积内所存储的应变能是相等的，称为比能（或应变能密度），记为 v_s。

无论是单向应力状态，还是两向三向应力状态，材料的应变能在数值上都等于外力所做的功。如果材料单元体的三个主应力不相等，则单元体将发生体积改变和形状改变。因体积变化而产生的比能称为体积改变比能（或体积改变能密度），记为：v_{sv}；因形状变化而产生的比能称为形状改变比能（或畸变能密度），记为：v_{sf}。显然，$v_s = v_{sv} + v_{sf}$，且有：

$$v_{sv} = \frac{1-3\mu}{6E}(\sigma_1 + \sigma_2 + \sigma_3)^2 \tag{9-63}$$

$$v_{sf} = \frac{1+\mu}{6E}\left[(\sigma_1 - \sigma_2)^2 + (\sigma_2 - \sigma_3)^2 + (\sigma_3 - \sigma_1)^2\right] \tag{9-64}$$

最大变形能理论认为，无论单向应力状态还是复杂应力状态，形状改变比能 v_{sf} 是引起材料塑性屈服的主要原因。轴向拉伸下材料的应力达到屈服极限 σ_s 时，出现塑性屈服，这时的形状改变比能为：

$$v_{sf} = \frac{1+\mu}{3E}\sigma_s^2 \tag{9-65}$$

由式（9-64）和式（9-65），可得：

$$\sigma_s = \sqrt{\frac{1}{2}\left[(\sigma_1 - \sigma_2)^2 + (\sigma_2 - \sigma_3)^2 + (\sigma_3 - \sigma_1)^2\right]} \tag{9-66}$$

在拉扭复合加载下：

$$\sigma_M = \sqrt{\sigma^2 + 3\tau^2} \tag{9-67}$$

本试验均采用应力控制的方式，把缺口部分名义正应力和切应力代入上式，名义 Von Mises 等效应力 S_M：

$$S_M = \sqrt{\sigma_n^2 + 3\tau_n^2} \tag{9-68}$$

而缺口根部的局部正应力 σ、切应力 τ 及 Von Mises 等效应力 σ_M 分别为：

$$\sigma = K_{t\sigma}\sigma_n \tag{9-69}$$

$$\tau = K_{t\tau}\tau_n \tag{9-70}$$

$$\sigma_M = \sqrt{\sigma^2 + 3\tau^2} = \sqrt{(K_{t\sigma}\sigma_n)^2 + 3(K_{t\tau}\tau_n)^2} \tag{9-71}$$

当循环应力比为 R 时，S_M、σ_M 的幅值 S_{Ma}、σ_{Ma} 分别为：

$$S_{Ma} = \frac{1-R}{2}S_M = \frac{1-R}{2}\sqrt{\sigma_n^2 + 3\tau_n^2} \tag{9-72}$$

$$\sigma_{Ma} = \frac{1-R}{2}\sigma_M = \frac{1-R}{2}\sqrt{(K_{t\sigma}\sigma_n)^2 + 3(K_{t\tau}\tau_n)^2} \tag{9-73}$$

2. 应力—寿命方程预测

大多数机械和工程结构的零件都是在非对称循环应力下（$R \neq -1$）工作的，因此，研究非对称循环应力下的疲劳问题，就具有重要的实际意义。把对称循环寿命表达式推广到缺口试件多轴加载下，很容易可以得到对任意加载 R：

$$N_f = S_f\left[\sigma_{eqv} - (\sigma_{eqv})_C\right]^{-2} \tag{9-74}$$

$$\sigma_{eqv} = \sqrt{\frac{1}{2(1-R)}}\Delta\sigma_M = 2\sqrt{\frac{1}{2(1-R)}}\sigma_{Ma} \tag{9-75}$$

式中 $\Delta\sigma_M$——局部 Von Mises 等效应力范围；

σ_{eqv}——当量应力幅；

$(\sigma_{eqv})_C$——当量应力幅表示的疲劳极限；

S_f——应力疲劳抗力系数。

其中，参数$(\sigma_{eqv})_C$和S_f可以由疲劳试验数据回归得到。由于在加载过程中，随着载荷的增加，缺口内出现了塑性区，并不断增大。因而当量应力幅σ_{eqv}就有一定的局限性。本书采用了两种应力评估参量：（1）理论计算的缺口根部的局部当量应力幅σ_{eqv}；（2）不考虑塑性影响的情况下，用有限元软件计算的缺口根部的局部 Von Mises 等效应力幅σ_a。由以上分析，可求得在表 9-11 的加载情况下，各试件的当量应力幅σ_{eqv}。通过有限元计算得到的局部等效应力幅σ_a亦列入表中。然后通过回归计算程序可以求得两参数和三参数应力—寿命方程中的参数。

表 9-11 应力疲劳寿命预测与误差

试件编号	试验寿命 N_f	当量应力幅 σ_{eqv} 寿命预测					FEM 等效应力幅 σ_a 寿命预测				
		σ_{eqv} MPa	两参数		三参数		σ_a MPa	两参数		三参数	
			N_p	δ_N, %	N_p	δ_N, %		N_p	δ_N, %	N_p	δ_N, %
1	950448	573.65	1518268	59.74	1634863	72.01	400.10	1147161	20.70	1274904	34.14
2	579074	653.46	424884	−26.63	473023	−18.31	443.34	430403	−25.67	476185	−17.77
3	185940	710.89	237016	27.47	246751	32.70	487.80	220095	18.37	226356	21.74
4	245800	727.68	205470	−16.41	209010	−14.97	487.80	220095	−10.46	226356	−7.91
5	136097	794.39	126640	−6.95	117021	−14.02	516.60	156857	15.25	152724	12.22
6	100415	800.43	121854	21.35	111619	11.16	554.40	108119	7.67	97956	−2.45
7	110838	789.15	131027	18.22	121999	10.07	554.40	108119	−2.45	97956	−11.62
8	312824	704.07	251928	−19.47	264680	−15.39	479.25	246349	−21.25	257370	−17.73
9	793516	623.43	627703	−20.90	711290	−10.36	425.25	613049	−22.74	689786	−13.07
10	110111	694.71	274827	149.59	292279	165.44	479.25	246349	123.73	257370	133.74
11	492000	663.69	377916	−23.19	416667	−15.31	443.34	430403	−12.52	476185	−3.21
12	722578	630.29	570179	−21.09	644687	−10.78	425.25	613049	−15.16	689786	−4.54
13	125985	714.26	230138	82.67	238497	89.31	479.25	246349	95.54	257370	104.29
14	67780	864.84	84121	24.11	70320	3.75	584.60	83834	23.69	71847	6.00
15	205417	709.78	239343	16.52	249545	21.48	479.25	246349	19.93	257370	25.29
16	5230000	530.32					360.65				

回归分析得到的当量应力幅—寿命方程为：

两参数： $$N_f = 1.17 \times 10^{10} (\sigma_{eqv} - 484.568)^{-2} \tag{9-76}$$

线性相关系数：−0.8971

三参数： $$N_f = 7.32 \times 10^{21} (\sigma_{eqv} - 126.607)^{-5.9573} \tag{9-77}$$

线性相关系数：-0.9092

两种回归方法得到的当量应力幅—寿命拟合曲线如图9-36所示。

回归分析得到的有限元计算应力幅—寿命方程为：

两参数：
$$N_f = 4.56 \times 10^9 (\sigma_a - 340.776)^{-2} \tag{9-78}$$

线性相关系数：-0.9349。

三参数：
$$N_f = 6.86 \times 10^{11} (\sigma_a - 292.452)^{-2.8378} \tag{9-79}$$

线性相关系数：-0.9373。

两种回归方法得到的有限元计算应力幅—寿命拟合曲线，如图9-37所示。

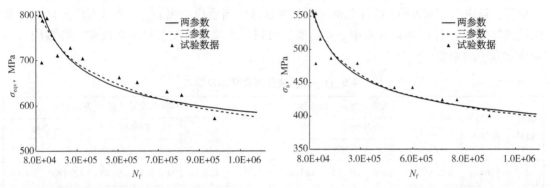

图9-36　当量应力幅—寿命拟合曲线　　　　图9-37　有限元计算等效应力幅—寿命拟合曲线

　　依据回归得到的应力—寿命方程，可以求得各种加载条件下的预测疲劳寿命 N_p。这里定义预测误差：$\delta_N = (N_p - N_f)/N_f$。$\delta_N > 0$ 表示预测寿命 N_p 大于试验寿命 N_f，预测偏于保守；$\delta_N < 0$ 表示预测寿命 N_p 小于试验寿命 N_f，预测偏于危险；并且 δ_N 绝对值越小，N_p 与 N_f 越接近，预测越有效。每种拟合方法的误差分布如图9-38所示，$N_f < 10^5$ 时，两参数有限元计算应力幅—寿命方程(9-76)比较有效；$2 \times 10^5 < N_f < 8 \times 10^5$ 时三参数有限元计算应力幅—寿命方程(9-77)较为有效；而当 $N_f > 8 \times 10^5$ 时三参数的有限元计算应力幅—寿命方程(9-87)和三参数当量应力幅—寿命方程(9-79)都能够更加准确的拟合试验数据。

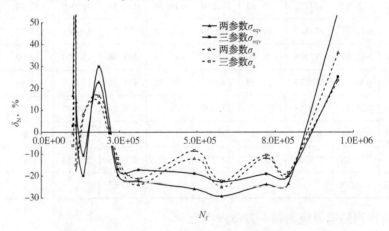

图9-38　四种应力—寿命拟合方法的预测误差分布

三、缺口等效应变和实际应变寿命预测

1. 局部应变范围的计算

几何形状的不连续引起应力集中，应力集中引起应变集中。切口根部的局部应变 ε 可表示为缺口净断面平均应变 ε_n 的 K_ε 倍，即 $K_\varepsilon = \varepsilon / \varepsilon_n$，$K_\varepsilon$ 为应变集中系数。

局部应变可根据 Neuber 定则和 Hollomon 方程进行计算。根据 Neuber 定则有：

$$K_t = K_\sigma K_\varepsilon = \frac{\sigma}{\sigma_n} \frac{\varepsilon}{\varepsilon_n} \tag{9-80}$$

有些研究者认为，在循环加载条件下用理论应力集中系数 K_f 代替 Neuber 定则中的 K_t，可以改善寿命预测精确度。但实际上，这样做并不能改善局部应力和应变范围的计算精确度。故计算过程中仍采用理论应力集中系数 K_t 进行计算。

在弹塑性状态下，材料的应力—应变关系可用 Hollomon 方程表示。

切口根部不发生塑性应变时，$K_\varepsilon = K_\sigma = K_t$，且 $\sigma_n = E\varepsilon_n$，故由式(9-80)得：

$$\sigma\varepsilon = \frac{(K_t\sigma_n)^2}{E} \tag{9-81}$$

又：

$$\varepsilon_e = \frac{\sigma}{E} = \frac{K\varepsilon_p^n}{E} \tag{9-82}$$

可求出局部应变 ε 和塑性分量 ε_p 为：

$$\varepsilon = \left[1 - \frac{\varepsilon_e}{\varepsilon} \right]^{-\frac{n}{1+n}} \left[\frac{1}{EK}(K_t\sigma_n)^2 \right]^{\frac{1}{1+n}} \tag{9-83}$$

$$\varepsilon_p = \left[1 + \frac{K}{E}\varepsilon_p^{n-1} \right]^{-\frac{n}{1+n}} \left[\frac{1}{EK}(K_t\sigma_n)^2 \right]^{\frac{1}{1+n}} \tag{9-84}$$

对于结构材料，尤其是高强度结构材料，由于硬化指数 n 和应变弹性分量 ε_e 都很小，故可以得到局部应变 ε 的近似表达式：

$$\varepsilon = \left[\frac{1}{EK}(K_t\sigma_n)^2 \right]^{\frac{1}{1+n}} \tag{9-85}$$

在应力比为 R 的循环加载下，局部应变范围 $\Delta\varepsilon$ 可以近似的表示为：

$$\Delta\varepsilon = 2 \left[\frac{1}{EK}\sigma_{eqv}^2 \right]^{\frac{1}{1+n}} \tag{9-86}$$

式中　硬化指数 n、强度系数 K 和当量应力幅 σ_{eqv} 可分别求得。可见局部应变范围与构件几何形状(K_t)、循环加载条件(σ_{eqv}，R)和拉伸性能(K，n)有关。

2. 应变—寿命方程预测

采用了两种局部应变做评估参量，分别进行寿命预测：(1)理论计算的缺口根部的局部应变范围 $\Delta\varepsilon$；(2)用有限元软件计算得到的缺口根部的局部塑性应变范围 $\Delta\varepsilon_p$。

根据式(9-86)可求得在表 9-12 的循环加载下各试件的局部应变范围 $\Delta\varepsilon$。由有限元计算可得到循环应力达到最大时，缺口根部的最大塑性应变 ε_{pmax}。而循环应力最小时，缺口根部只有弹性应变 ε_e。所以加载过程中缺口根部的塑性应变范围 $\Delta\varepsilon_p$ 在数值上就等于最大

塑性应变 ε_{pmax}，其值亦列入表 9–12 中。

表 9–12 应变疲劳寿命预测与误差

试件编号	试验寿命 N_f	应变范围 $\Delta\varepsilon$ 寿命预测				FEM 塑性应变范围 $\Delta\varepsilon_p$ 寿命预测				
		$\Delta\varepsilon$ %	两参数		三参数		$\Delta\varepsilon_p$ %	两参数		三参数	
			N_p	δ_N, %	N_p	δ_N, %		N_p	δ_N, %	N_p	δ_N, %
1	950448	0.76	1571695	65.36	1586152	66.88	0.34	1532075	61.20	1367820	43.91
2	579074	0.95	447675	−22.69	465886	−19.55	0.47	530699	−8.35	461494	−20.30
3	185940	1.09	241809	30.05	245159	31.85	0.64	238133	28.07	222296	19.55
4	245800	1.14	207170	−15.72	207983	−15.39	0.64	238133	−3.12	222296	−9.56
5	136097	1.32	121273	−10.89	116668	−14.28	0.75	161074	18.35	158203	16.24
6	100415	1.33	116120	15.64	111268	10.81	0.89	106588	6.15	111367	10.91
7	110838	1.30	126006	13.68	121640	9.75	0.89	106588	−3.83	111367	0.48
8	312824	1.08	258197	−17.46	262772	−16.00	0.60	277532	−11.28	254602	−18.61
9	793516	0.88	666338	−16.03	696182	−12.27	0.42	730375	−7.96	628378	−20.81
10	110111	1.05	283366	157.35	289833	163.22	0.60	277532	152.05	254602	131.22
11	492000	0.97	396424	−19.43	411170	−16.43	0.47	530699	7.87	461494	−6.20
12	722578	0.89	604791	−16.30	631932	−12.54	0.42	730375	1.08	628378	−13.04
13	125985	1.10	234251	85.94	237041	88.15	0.60	277532	120.29	254602	102.09
14	67780	1.52	76017	12.15	69815	3.00	1.23	50304	−25.78	59754	−11.84
15	205417	1.09	244365	18.96	247905	20.68	0.60	277532	35.11	254602	23.94
16	5230000	0.67					0.26				

通过回归计算程序可以求得两参数和三参数应变—寿命方程中的参数。

回归分析得到的局部应变范围—寿命方程为：

两参数：
$$N_f = 4.24(\Delta\varepsilon - 0.0056)^{-2} \tag{9-87}$$

线性相关系数：−0.8942。

三参数：
$$N_f = 2.94 \times 10^{-3}(\Delta\varepsilon - 0.0009)^{-3.8850} \tag{9-88}$$

线性相关系数：−0.9091。

两种局部应变范围—寿命拟合曲线如图 9–39 所示。

回归分析得到的有限元计算局部塑性应变范围—寿命方程为：

两参数：
$$N_f = 4.35(\Delta\varepsilon_p - 0.0017)^{-2} \tag{9-89}$$

线性相关系数：−0.9332。

三参数：
$$N_f = 1.28(\Delta\varepsilon_p - 0.0005)^{-2.3414} \tag{9-90}$$

线性相关系数：−0.9357。

两种局部塑性应变范围—寿命的回归拟合曲线如图 9–40 所示。

每种拟合方法的预测误差 δ_N 亦列入表 9–12 中，其分布如图 9–41 所示，$N_f < 8 \times 10^5$ 时三参数局部塑性应变范围—寿命方程(9-88)和两参数局部塑性应变范围—寿命方程(9-87)都能够较为准确的拟合试验数据；而当 $N_f > 8 \times 10^5$ 时，三参数局部塑性应变范围—寿命方程(9-88)能够最为有效的预测试验寿命。

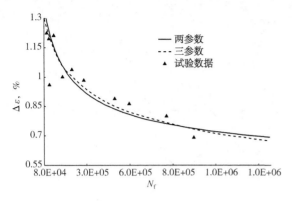

图 9-39　局部应变范围—寿命拟合曲线

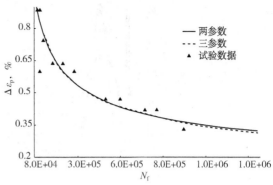

图 9-40　局部塑性应变范围—寿命拟合曲线

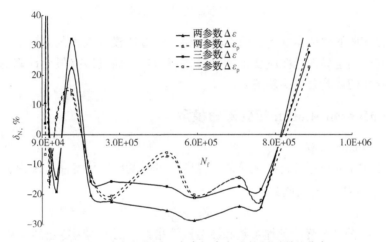

图 9-41　四种应变范围—寿命拟合方法的预测误差分布

四、两参数和三参数模型的对比

上述几种两参数和三参数模型的预测误差分布分别如图 9-42 和图 9-43 所示。后面提出的类 Manson-Coffin 模型的预测误差亦列入其中，以便比较。

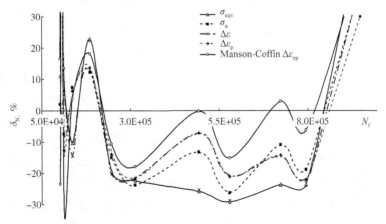

图 9-42　两参数模型预测误差分布图

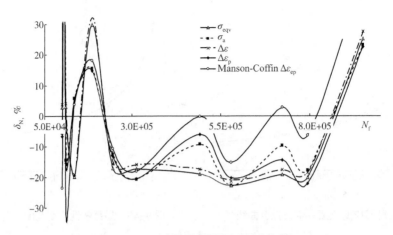

图 9-43　三参数模型预测误差分布图

显然，在相同的评估参量下，两参数法和三参数法没有太大的差别。两模型下，对寿命评估较为有效的是局部塑性应变范围和等效应力幅，而且以有限元计算的参量值较为有效，理论推导出的计算公式误差稍大。

五、类 Manson-Coffin 应变寿命模型

1. Manson-Coffin 方程

Manson 和 Coffin 根据各自的试验结果提出，在低循环或短寿命范围内，疲劳寿命 N_f 可表示为塑性应变范围 $\Delta\varepsilon_p$ 的函数：

$$\Delta\varepsilon_p = \varepsilon_f' N_f^c \tag{9-91}$$

式中　ε_f'、c——分别为疲劳延性系数和疲劳延性指数，两者均为待定的材料常数。

在弹性范围内，疲劳寿命与循环应力幅的关系可用 Basquin 方程表示。将该式除于弹性模量 E，即可得到疲劳寿命 N_f 与弹性应变范围 $\Delta\varepsilon_e$ 的关系：

$$\Delta\varepsilon_e = \frac{\sigma_f'}{E} N_f^b \tag{9-92}$$

于是求得对称循环下，疲劳寿命 N_f 与全应变范围 $\Delta\varepsilon$ 的关系：

$$\Delta\varepsilon = \Delta\varepsilon_e + \Delta\varepsilon_p = \frac{\sigma_f'}{E} N_f^b + \varepsilon_f' N_f^c \tag{9-93}$$

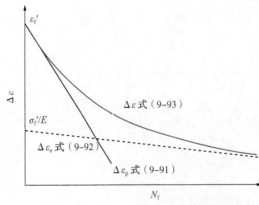

图 9-44　Manson-Coffin 公式的几何意义

式（9-93）也称为 Manson-Coffin 公式，实际上它是 Manson 和 Coffin 的公式（9-91）与 Basquin 公式相加的结果。其几何意义如图 9-44 所示。图中塑性直线与式（9-91）对应，弹性直线与式（9-92）对应，曲线则与式（9-93）对应。b、c 分别为弹塑性直线的斜率。

式（9-93）表明，在短寿命或低循环周次范围内，塑性应变范围 $\Delta\varepsilon_p$ 对疲劳寿命 N_f 起主导影响；而在长寿命或高循环范围

内，弹性应变范围 $\Delta\varepsilon_e$ 起主导影响。

非对称循环下，疲劳寿命 N_f 与全应变范围 $\Delta\varepsilon$ 的关系：

$$\Delta\varepsilon = \Delta\varepsilon_e + \Delta\varepsilon_p = \frac{\sigma'_f - \sigma_m}{E}N_f^b + \varepsilon'_f N_f^c \tag{9-94}$$

式中　σ_m——循环平均应力。

后来，工程上为了计算累积疲劳损伤的方便，对式(9-94)做了数值上的修正：

$$\frac{\Delta\varepsilon}{2} = \frac{\Delta\varepsilon_e}{2} + \frac{\Delta\varepsilon_p}{2} = \frac{\sigma'_f}{E}(2N_f)^b + \varepsilon'_f(2N_f)^c \tag{9-95}$$

此即为著名的 Morrow 公式，但与式(9-93)中的材料常数求法并不完全相同。

四个疲劳常数 b、c 和 σ'_f、ε'_f 可根据第一节中的材料拉伸性能参数来估算。Manson 根据 29 种金属材料的试验结果，提出了估算应变疲劳寿命的两种方法：通用斜率法和四点关联法。

所谓通用斜率法，就是取：

$$\left. \begin{array}{l} b = -0.12 \\ c = -0.6 \\ \sigma'_f = 3.5\sigma_b \\ \varepsilon'_f = \varepsilon_f^{0.6} \end{array} \right\} \tag{9-96}$$

所谓四点关联法，是 Manson 分析试验结果，总结出的四个经验公式：

$$\left. \begin{array}{l} b = -0.083 - 0.166\lg\dfrac{\sigma_f}{\sigma_b} \\[2mm] c = -0.52 - \dfrac{1}{4}\lg\varepsilon_f + \dfrac{1}{3}\lg\left[1 - 82\left(\dfrac{\sigma_b}{E}\right) \cdot \left(\dfrac{\sigma_f}{\sigma_b}\right)^{0.179}\right] \\[2mm] \sigma'_f = \dfrac{9}{8}\sigma_b \cdot \left(\dfrac{\sigma_f}{\sigma_b}\right)^{0.9} \\[2mm] \varepsilon'_f = 0.827\varepsilon_f\left[1 - 82\left(\dfrac{\sigma_b}{E}\right) \cdot \left(\dfrac{\sigma_f}{\sigma_b}\right)^{0.179}\right]^{-\frac{1}{3}} \end{array} \right\} \tag{9-97}$$

这两种方法估算的疲劳寿命没有明显的差别，且当 $N_f < 10^6$ 时，与试验结果符合得很好，但当 $N_f > 10^6$ 时，估算结果偏于保守。

用上述两种方法求得 J55 材料的疲劳常数见表 9-13。

表 9-13　J55 材料的疲劳常数

方　法	b	c	σ'_f	ε'_f
四点关联法	−0.1183	−0.57769	1307.676	0.9447
通用斜率法	−0.12	−0.6	2618.254	1.0002

2. 类 Manson-Coffin 方程预测

对于多轴加载下的试件，用临界平面法进行预测取得了较好的效果。这里采用尚德广提出的多轴疲劳损伤参量 $\Delta\varepsilon_{eq}$。该等效应变范围为拉伸形式的多轴疲劳损伤参量：

$$\Delta\varepsilon_{eq}/2 = \left[\varepsilon_n^{*2} + \frac{(\Delta\gamma_{max}/2)^2}{3}\right]^{1/2} \tag{9-98}$$

在表 9-14 加载情况下的损伤参量 $\Delta\varepsilon_{eq}$ 可通过有限元计算临界面的最大剪切应变幅 $\Delta\gamma_{max}/2$ 和法向应变程 ε_n^* 得到。

表 9-14 类 Manson-Coffin 模型预测寿命表

序号	轴拉力，N	扭矩，N·mm	最大剪应变范围，mm	法向应变范围，mm	等效应变范围，mm	试验寿命周次	拟合寿命周次
1	15000	28034	0.865805	0.16161	0.595268	950448	1121000
2	19800	24504	1.15407	0.148389	0.729408	579074	448350
3	21560	28034	1.400256	0.169172	0.876384	185940	219250
4	21560	28034	1.400256	0.169172	0.876384	245800	219250
5	23520	28034	1.593612	0.170121	0.980967	136097	147380
6	19800	40000	1.768376	0.279205	1.163703	100415	84850
7	19800	40000	1.768376	0.279205	1.163703	110838	84850
8	19800	30000	1.321468	0.180417	0.843975	312824	252030
9	17000	28034	1.011069	0.164202	0.669778	793516	647040
10	19800	30000	1.321468	0.180417	0.843975	110111	252030
11	19800	24504	1.15407	0.148389	0.729408	492000	448350
12	17000	28034	1.011069	0.164202	0.669778	722578	647040
13	19800	30000	1.321468	0.180417	0.843975	125985	252030
14	19800	45000	2.141795	0.365674	1.436651	67780	45828
15	19800	30000	1.321468	0.180417	0.843975	205417	252030
16	12000	28034	0.691767	0.148014	0.497138	5230000	

但尝试使用式(9-94)和式(9-98)拟合试验数据时，都出现了较大的误差，这可能是缺口引起应变的集中，而两式中并不能体现集中的影响引起的，而且两种方法求得的材料 σ_f' 值相差较大。考虑到两式的形式的相似性和系数的差异性，可以使用以下寿命模型：

$$\Delta\varepsilon_{eq} = AN_f^b + BN_f^c \tag{9-99}$$

鉴于表 9-12 中 b，c 的值没有太大差异，所以取 $b=-0.12$，$c=-0.6$。

对式(9-99)采用上文中所述的最小二乘法进行线性回归：

$$A = \frac{\left(\sum Y_i X_i^b\right) \cdot \left(\sum X_i^{2c}\right) - \left(\sum Y_i X_i^c\right) \cdot \left(\sum X_i^{b+c}\right)}{\left(\sum X_i^{2b}\right) \cdot \left(\sum X_i^{2c}\right) - \left(\sum X_i^{b+c}\right)^2} \tag{9-100}$$

$$B = \frac{\left(\sum Y_i X_i^b\right) \cdot \left(\sum X_i^{b+c}\right) - \left(\sum Y_i X_i^c\right) \cdot \left(\sum X_i^{2b}\right)}{\left(\sum X_i^{b+c}\right)^2 - \left(\sum X_i^{2b}\right) \cdot \left(\sum X_i^{2c}\right)} \tag{9-101}$$

其中：

$$Y = \Delta\varepsilon X = N_{\mathrm{f}} \tag{9-102}$$

将表 9-13 中的数据代入式(9-102)，可求得：

$$A = 0.01418, \quad B = 1.8280 \tag{9-103}$$

所以，得到新的类 Manson-Coffin 模型的方程为：

$$\Delta\varepsilon_{\mathrm{eq}} = 0.01418 N_{\mathrm{f}}^{-0.12} + 1.8280 N_{\mathrm{f}}^{-0.6} \tag{9-104}$$

该应变范围—寿命曲线如图 9-45 所示。

可由此方程求出各个试件的预测寿命 N_{p}，及预测误差 δ_{N}，见表 9-13。将此种拟合方法的预测误差前述方法的预测误差进行比较，如图 9-42 和图 9-43 所示。在 $N_{\mathrm{f}} < 2.5 \times 10^5$ 时三参数局部塑性应变范围—寿命方程(9-88)和两参数局部塑性应变范围—寿命方程(9-87)都能够较为准确的拟合试验数据；而当 $N_{\mathrm{f}} > 8 \times 10^5$ 时，三参数局部塑性应变范围—寿命方程(9-88)能够最为有效的预测试验寿命；两者之间的区域，类 Manson-Coffin 模型都能更加准确的预测试件的疲劳寿命。

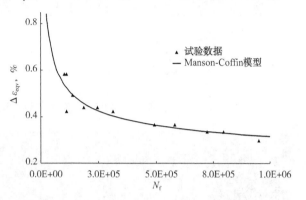

图 9-45　类 Manson-Coffin 模型应变—寿命曲线

第六节　单螺纹疲劳和套管螺纹疲劳寿命等效性分析

在套管疲劳寿命研究中，往往采用几何相似的方法，用单螺纹模拟套管连接多螺纹的情况。由于套管某些区域已进入弹塑性状态，螺纹连接处内部是平均应力应变很高而应变幅低的循环疲劳问题，疲劳寿命主要由应力应变集中部位的应变参量控制。对于此类循环疲劳问题，一般采用最大等效塑性应变和最大剪切应变作为疲劳参量。通过对比单螺纹的应变状态和螺纹接头的应变状态，以螺纹牙根部的应变作为疲劳寿命控制参数，分析它们的等效性，由此确定单螺纹疲劳试验寿命与真实螺纹接头疲劳寿命的关系。采用套管螺纹连接处的内径、壁厚、牙形等建立套管螺纹连接的几何相似的单螺纹模型，用有限元计算的方法分别计算单螺纹和实际套管在 2 扣后再施加不同轴向拉伸载荷的等效塑性应变和最大剪切应变，并进行对比研究分析。

单螺纹和螺纹连接体在较大轴向载荷作用下都进入了塑性，并且处于材料的屈服阶段，应力基本保持不变而应变显著增加。对单螺纹和螺纹连接的等效塑性应变进行对比研究分析，发现单螺纹和实际套管的等效塑性应变区极为相似，最大等效塑性应变都发生在根部倒角，并且塑性应变区扩展方向也相当的一致。图 9-46~图 9-50 为最大等效塑性应变与轴向载荷的关系图，显示单螺纹和螺纹连接两个模型中控制疲劳寿命的等效塑性应变非常相似，数值相当，应变史相似。

结论：可以用等效应变作为疲劳寿命控制参量，用几何相似的缺口件代替螺纹连接体进行疲劳试验和寿命预测。但在小载荷弹性情况下，两者不能等效。

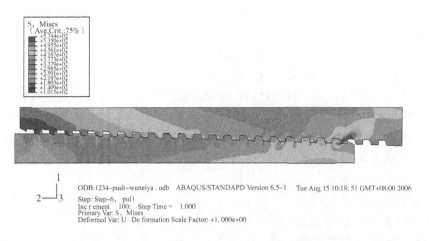

图 9–46   轴向压载荷时螺纹连接的 Mises 应力云图

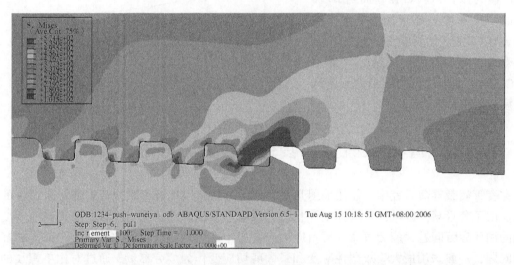

图 9–47   轴向压载荷时螺纹连接前几牙的 Mises 应力云图

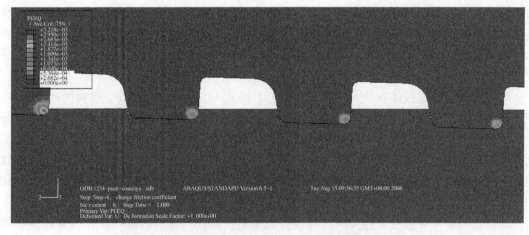

图 9–48   轴向拉载荷时螺纹连接后几牙的等效塑性应变云图

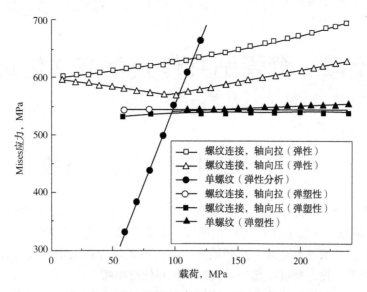

图 9-49　弹性和弹塑性分析 Mises 应力分布图

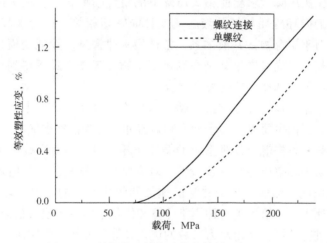

图 9-50　单螺纹和螺纹连接的等效塑性应变图

第十章 套管钻井作业参数优化选择

第一节 套管钻井水力参数优选

水力参数设计及计算是钻井工程师所面临的日常工作之一。对于常规井眼（包括大井眼）而言，水力参数设计的主要目的是在现有机泵条件下，使钻头的某一水力参数的值最大，如使钻头水功率或射流冲击力达到最大。水力参数设计最关键是要计算出在一定排量下整个循环系统的压耗，最核心部分是优选排量和优选喷嘴直径。

钻井水力参数优化设计就是要寻求使钻头的某个水力参数达到最大得出最优排量，在最优排量下，计算钻头压降，求出此钻头压降下的最优喷嘴直径，根据最优喷嘴直径选择喷嘴组合。钻井液的循环压耗与钻井液的流变性能密切相关，对于水基盐水钻井液体系，常选用宾汉模型；对于聚合物钻井液体系，常选用幂律模型。除流变模型以外，循环压耗与钻井液排量密切相关。优选排量就是在满足某个钻井工作方式下得到最优排量。优选喷嘴直径是在现有条件下，选择合适的喷嘴组合。

优选喷射钻井工作方式的方法有最大钻头水功率、最大射流冲击力、最大喷射速度和经济钻头水功率等。目前主要以钻头水功率和射流冲击力为依据来优选钻头水力参数。

要优选水力参数，首先就得计算系统的循环压耗。但在如何准确的求得循环压耗这个问题上，过去往往认为环空压耗因井比较浅，环空结构比较复杂，其值较小可以忽略或估算，主要计算管内压耗。然而，随着井深的增加和优化钻井的需要，环空压耗不容忽略。本书从计算循环压耗入手，给出了一种用于计算和优化水力参数设计的新方法，并运用 VB 编写了计算机程序进行计算，使得水力参数的优化计算更方便、更快捷。

一、水力参数对钻速的影响机理

旋转钻机钻头水眼一直作为循环通路，钻井液只起清洗井底、冷却钻头、携带岩屑、保护井壁等作用。直到 20 世纪 30 年代初期，水射流技术在水力采煤中首先得到了应用，从而引起了石油钻井工程技术界的重视，因此联想到可以在旋转钻井中把水力破岩和机械破岩作用结合起来。1947 年美国汉布尔石油公司进行了第一次实验，发现在较大的钻压和转速范围内，缩小喷嘴直径，增加射流喷射速度，可以显著提高机械钻速和钻头进尺。现场实验表明，采用喷射钻头钻井，与普通钻探钻井相比，在软地层中钻探进尺可提高50%~100%，在硬地层中则可提高 13%~28%；机械转速在软地层中可提高 15%~30%，在硬地层中则可提高 14%~21%。

通过钻井实践，人们认识到了水力参数对钻速有着重要的影响。对此，许多工程技术人员进行大量的理论分析和实验研究工作，不但取得了许多显著的应用成果，而且也对水力参数对钻速的影响机理形成了比较成熟的观点：

（1）水力破岩作用。喷嘴是能量的转换器，它将钻井液中的压力能（由钻井泵提供）转换成钻井液射流的动能，直接作用于井底，产生水力破岩作用是显而易见的。当然，水力破岩作用依赖与射流冲击力与地层岩石性质的配合。实验表明，对于渗透性和半渗透地层，泵压达到25MPa时就已有明显的水力破岩作用；而对于非渗透地层，达到明显的水力破岩作用的泵压高达80MPa以上。显然，对于一般的生产条件是难以达到的。

（2）水力清岩作用。岩屑在井底由于如下原因而不能迅速离开：

（a）钻屑在钻井液柱压力和地层压力差的作用下，被紧紧地压在井底而不能离开。这种情况称为压持效应。

（b）钻井液在渗透性地层不断失水，在井底留下一层滤饼。岩屑和滤饼掺混在一起形成一个垫层，不但阻碍岩屑离开井底，还隔离了钻头。

由此可见，要使岩屑及时离开井底进入环空，就必须克服压持效应和垫层的影响，而钻井液射流的作用就是它们的克星，实验证明，射流对井底的清岩作用是一个连续的过程。先是由于射流冲击力的不均匀，使井底岩屑发生翻转，然后在井底漫流的作用推动下从中心移到边缘进入环空，从而使岩屑及时地、迅速地离开井底，始终保持井底干净。

由于目前的钻井生产条件只能达到20MPa左右的泵压，而钻进地层大多为半渗透性和非渗透性地层，因而水力参数对钻速的影响机理，主要是水力清岩作用，水力破岩作用是辅助性。

机理研究表明，钻进效益（速度、进尺等）—射流作用—水力参数是一条主线，钻进效益的提高取决于射流作用的加强，而射流作用的加强又取决于水力参数的合理性。水力参数的合理与否又与机泵条件、钻井液性能、钻具结构、井眼尺寸、井深大小等因素有关。

二、水功率传递原理

钻头压降和钻头水功率是来自地面上的钻井泵的泵压和泵功率，而且是依靠循环钻井液来传递。传递，就有一个传递效率的问题，因为任何能量在传递过程中，总要发生能量的损耗。钻井泵将压力和水功率传递到钻头上，也必须损耗一部分能量。我们的目的是想办法减少传递过程中能量的损耗，使钻头得到更多的压力降和水功率。这就要研究水功率的传递原理。

1. 水功率传递的基本关系式

水功率从钻井泵传递到钻头上，是通过钻井液在循环系统中流动而实现的。钻井液循环系统大体上是由四部分组成。

（1）钻井液从钻井泵流出以后，先经过地面高压管线、立管、水龙带（包括水龙头）和方钻杆。这部分合称为地面管汇，这部分不随井深变化。

（2）钻井液从方钻杆流出后，即进入套管和钻铤内部。这部分合称为钻柱内部。这部分随着井深的增加而加大。

（3）钻井液从钻铤流出后，即进入钻头喷嘴，形成钻井液射流，清洗井底和破碎岩石。这是水功率传递的目的地。

（4）钻井液到达井底以后，又从钻柱与井壁的环形空间返出到达地面上，钻井液在返出时还要完成一个任务——携带岩屑。

钻井液流过这四部分，都要遇到阻力。克服阻力就要消耗压力和水功率。所以这四个部分都要使钻井液的压力降低。

由于钻井液流过1、2、4三个部分所消耗的压力和水功率是我们不希望要的，我们将这部分压力降低和水功率称为循环系统的压力损耗和损耗功率。而钻井液流过钻头时的压力降和传给钻头的水功率是我们希望提高的，我们将这部分称为钻头压力降和钻头水功率。

这样，我们可以列出下列两个基本关系式：

$$p_s = p_1 + p_b = p_g + p_{pt} + p_{ct} + p_b$$
$$N_s = N_1 + N_b = N_g + N_{pt} + N_{ct} + N_b$$

(10-1)

式中　p_s、N_s——钻井泵的泵压和水功率；

　　　p_b、N_b——钻头压力降和钻头水功率；

　　　p_1、N_1——循环系统的压力损耗和损耗功率；

　　　p_g、N_g——地面管汇的压力损耗和损耗功率；

　　　p_{pt}、N_{pt}——钻柱内外的压力损耗和损耗功率；

　　　p_{ct}、N_{ct}——钻铤内外的压力损耗和损耗功率。

根据水力学原理，水功率等于压力降与排量的乘积，即 $N = pQ$。所以，只要对压力降基本关系式的两端都乘以 Q 即可变成水功率基本关系式。所以，这两个关系式虽然表示的概念不同，一个表示压力关系，一个表示功率的关系，但是事实上是一个关系式。

2. 循环压耗计算

由压力降基本关系式可以看出，在泵压 p_s 一定的情况下，要提高钻头压降 p_b，就必须设法降低循环系统的压力损耗 p_1。

循环系统压力损耗的计算是一项非常复杂的问题。这是因为，一方面钻井循环系统的管路是不规则的，另一方面钻井液是一种非牛顿流体，其流变特性变化较大。

1）循环系统压力传递过程

压力从钻井泵传递到钻头上，是通过钻井液在循环系统中的流动来实现的。如前所述，钻井液循环系统主要是由地面管汇、套管内部、钻头喷嘴和套管与井壁之间的环形空间四部分组成的。钻井液流过这四部分都要受到阻力，而克服阻力就要消耗压力，因此能量损耗主要分四部分：

（1）钻井液在地面循环管汇中的压力损耗；

（2）钻井液在钻柱内的压力损耗；

（3）迫使钻井液通过小直径的钻头喷嘴并使之加速形成射流，即产生喷嘴压降；

（4）钻井液在钻柱和井眼之间环形空间的压力损耗。

这些损耗取决于流体类型和循环系统中流体的流型。将钻井液流过地面管汇、钻柱内部和钻柱与井壁之间的环形空间三部分时消耗的压力称为循环压耗。只有钻头压力降是使通过喷嘴的高速射流对井底产生水力能量来清岩和破岩的。

2）钻井液流型

常见的流体流型主要有幂律流型、牛顿流型和宾汉流型三种。在层流流态下，每种流型的流体都各自遵循一定的流变模式。但是实际钻井液的流变曲线并不是绝对地遵守某个流型的流变模式。因此，无论用哪种流型代替钻井液都是不准确的。从图10-1可以看出，牛顿流型和宾汉流型都是直线性的，只有幂律流型在形状上更接近实际钻井液的流变曲线。

3) 钻井液流态的判别

由于流态不同，计算压力降的公式也不同。因此在选用公式之前，必须先判别流态是层流还是紊流。根据流体力学原理，流态的决定因素是雷诺数 Re。实验表明，当 $Re < 3470—1370n$ 时为层流；当 $Re > 4270—1370n$ 时为紊流；当 $3470—1370n \leqslant Re \leqslant 4260—1370n$ 时为从层流向紊流的过渡流态，人们把从层流向紊流的过渡时的雷诺数称为临界雷诺数，以雷诺数 Re_c 表示。可见，Re_c 是从 $3470—1370n$ 到 $4260—1370n$ 的范围，并不是一个固定的值。在工程计算中，一般取 $3470—1370n$，凡是 $Re > 3470—1370n$ 都是紊流。

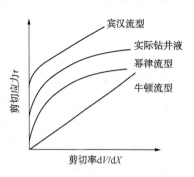

图 10-1　各种流型的流变曲线

4) 循环系统压力损耗计算

从水功率传递的基本关系式可以看出钻头压降 p_b 和循环压力系统的损耗 p_T 之和等于泵压 p_S，因此只要求出循环系统压力损耗 p_T，就能够得到钻头压降 p_b。由于钻井循环系统的管路是不规则的，并且钻井液是一种非牛顿流体，其流变特性变化较大，所以在工程上常常需要进行简化计算。

根据前面所述，从理论上讲幂律流型最接近实际钻井液，宾汉流型次之。为了研究比较，下面将按照幂律流型和宾汉流型计算循环系统压力损耗。

（1）幂律流体循环压耗。

① 计算在给定排量下钻杆内的钻井液流速和环空返速。

钻杆内：

$$V_p = \frac{4Q}{\pi D_i} \tag{10-2}$$

环空：

$$V_a = \frac{4Q}{\pi (D_w^2 - D_p^2)} \tag{10-3}$$

② 计算钻杆内和环空流变参数。

钻杆内流型指数：

$$n_p = 3.322 \lg(\Phi_{600}/\Phi_{300}) \tag{10-4}$$

钻杆内稠度系数：

$$K_p = 0.511 \Phi_{600}/1022^{n_p} \tag{10-5}$$

环空流型指数：

$$n_a = 0.5 \lg(\Phi_{300}/\Phi_3) \tag{10-6}$$

环空稠度系数：

$$K_a = 0.511 \Phi_{300}/511^{n_a} \tag{10-7}$$

式中　Φ_3、Φ_{300}、Φ_{600}——分别为旋转黏度计 3 转、300 转和 600 转时的读数。

③ 计算管内和环空中钻井液的雷诺数。

管内雷诺数：

$$Re = \frac{\rho D_i^{n_p} V_p^{2-n_p}}{8^{n_p-1} K_p \left(\frac{3n_p+1}{4n_p}\right)^{n_p}} \tag{10-8}$$

环空雷诺数：

$$Re = \frac{\rho (D_w - D_p)^{n_a} V_a^{2-n_a}}{12^{n_a-1} K_a \left(\frac{3n_a+1}{4n_a}\right)^{n_a}} \qquad (10-9)$$

④ 判别流态。

若 $Re < 3470 - 1370n$，则为层流；

若 $Re > 4270 - 1370n$，则为紊流；

若 $3470 - 1370n \leqslant Re \leqslant 4260 - 1370n$，则为过渡流。

⑤ 计算范宁摩阻系数。

层流：
$$f = \frac{16}{Re} \qquad (10-10)$$

紊流：
$$f = a/Re^b \qquad (10-11)$$

过渡流：
$$f = \frac{G}{C_1} + \left(\frac{a}{C_2} + \frac{G}{C_1}\right) \frac{Re - C_1}{800} \qquad (10-12)$$

式中 $G = 16$（钻杆内）；$G = 24$（环空中）；$a = \frac{\lg n + 3.93}{50}$；$b = \frac{1.75 - \lg n}{7}$；$C_1 = 3470 - 1370n$；$C_2 = 4270 - 1370n$。

以上各式中，对于钻杆内，$n = n_p$，对于环空，$n = n_a$。

⑥ 计算钻头压降。

由于不同的钻具具有不同的内径，环空的过流截面并非都是一样的，在计算沿程压耗时需分段进行，分段的标准是钻杆内压耗计算保证内径相同，而环空压耗计算要保证在同一计算段内环空的外径、环空内径不变。将每段的压耗累加就得到管内和环空的压耗。对于过流面积不发生变化的管内和环空压耗分别为：

管内压耗：

$$p_p = \frac{2f\rho V_p^2 L}{D_i} \qquad (10-13)$$

环空：

$$P_a = \frac{2f\rho V_a^2 L}{D_w - D_p} \qquad (10-14)$$

则管路循环压耗：

$$p_T = p_p + p_a \qquad (10-15)$$

（2）宾汉流体循环压耗。

① 计算在给定排量下钻杆内的钻井液流速和环空返速。

钻杆内：

$$V_p = \frac{4Q}{\pi D_i} \qquad (10-16)$$

环空：

$$V_a = \frac{4Q}{\pi (D_w^2 - D_p^2)} \qquad (10-17)$$

② 计算钻杆内和环空流变参数。

钻杆内流型指数：

$$n_p = 3.322 \lg(\Phi_{600}/\Phi_{300})$$ （10-18）

钻杆内稠度系数：

$$K_p = 0.511\Phi_{600}/1022^{n_p}$$ （10-19）

环空流型指数：

$$n_a = 0.5 \lg(\Phi_{300}/\Phi_3)$$ （10-20）

环空稠度系数：

$$K_a = 0.511\Phi_{300}/511^{n_a}$$ （10-21）

③ 计算管内和环空中钻井液的雷诺数。

管内雷诺数：

$$Re = \frac{\rho D_i^{n_p} V_p^{2-n_p}}{8^{n_p-1} K_p \left(\dfrac{3n_p+1}{4n_p}\right)^{n_p}}$$ （10-22）

环空雷诺数：

$$Re = \frac{\rho (D_w - D_p)^{n_a} V_a^{2-n_a}}{12^{n_a-1} K_a \left(\dfrac{3n_a+1}{4n_a}\right)^{n_a}}$$ （10-23）

④ 判别流态。

若 $Re < 3470 - 1370n$，则为层流；

若 $Re > 4270 - 1370n$，则为紊流；

若 $3470 - 1370n \leqslant Re \leqslant 4260 - 1370n$，则为过渡流。

⑤ 计算范宁摩阻系数。

层流：

$$f = \frac{16}{Re}$$ （10-24）

过渡流：

$$f = \frac{G}{C_1} + \left(\frac{a}{C_2} + \frac{G}{C_1}\right)\frac{Re - C_1}{800}$$ （10-25）

其中：$G = 16$（钻杆内）；$G = 24$（环空中）；$a = \dfrac{\lg n + 3.93}{50}$；$b = \dfrac{1.75 - \lg n}{7}$；$C_1 = 3470 - 1370n$；$C_2 = 4270 - 1370n$。

若为紊流，必须重新计算雷诺数 Re：

对于管内流：

$$Re = \frac{3.2\rho d V_p}{\eta}$$ （10-26）

对于环空流：

$$Re = \frac{3.2\rho (D - D_p) V_a}{\eta}$$ （10-27）

摩阻系数：

$$f = \frac{A}{Re^{0.2}} \qquad (10-28)$$

内平钻杆：$A = 0.053$；贯眼接头：$A = 0.059$。

以上各式中，对于钻杆内，$n = n_p$，对于环空，$n = n_a$。

⑥ 算钻头压降。

由于不同的钻具具有不同的内径，环空的过流截面并非都是一样的，在计算沿程压耗时需分段进行，分段的标准是钻杆内压耗计算保证内径相同，而环空压耗计算要保证在同一计算段内环空的外径、环空内径不变。将每段的压耗累加就得到管内和环空的压耗。对于过流面积不发生变化的管内和环空压耗分别为：

管内压耗：

$$P_p = \frac{2 f \rho V_p^2 L}{D_i} \qquad (10-29)$$

环空：

$$P_a = \frac{2 f \rho V_a^2 L}{D_w - D_p} \qquad (10-30)$$

则管路循环压耗：

$$p_T = p_p + p_a \qquad (10-31)$$

比较两种流型在计算循环压耗时，基本思路几方法都基本一致，都是先计算管内和环空的平均流速、流变参数以及雷诺数，再根据雷诺数判别流态，然后计算范宁摩阻系数，最后得出钻头压降。区别仅仅在于，当流体为宾汉流体，且流态为紊流时，需要重新计算雷诺数并根据第二次计算的雷诺数来计算摩阻系数，最后得出钻头压降。

三、水力参数的计算

射流与钻头的五个水力参数为：射流喷速 V_j、射流冲击力 F_j、射流水功率 N_j、钻头水功率 N_b 和钻头压降 p_b。由于 N_b 和 N_j 之间仅差个系数 C_2，本质上是一个参数，所以在实际工作中只计算 N_b 不计算 N_j，所剩下四个水力参数：

钻头压降：

$$p_b = \frac{\rho Q^2}{2 C^2 A_0^2} \qquad (10-32)$$

钻头水功率：

$$N_b = p_b Q = \frac{\rho Q^3}{2 C^2 A_0^2} \qquad (10-33)$$

射流冲击力：

$$F_j = \frac{\rho Q}{A_0} \qquad (10-34)$$

喷射速度：

$$V_j = \frac{Q}{A_0} \qquad (10-35)$$

式中 p_b——钻头压降，Pa；

      ρ——钻井液密度，kg/m^3；

V_j——射流喷速，m/s；

F_j——射流冲击力，N；

N_b——钻头水功率，J；

Q——排量，m³/s；

A_o——等效喷嘴面积，m²；

C——喷嘴流量系数。

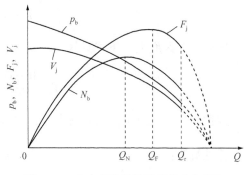

图 10-2　水力参数随着排量的变化规律

以上四个公式表明了四个水力参数随着排量 Q 的变化情况。将这四个公式作成图，如图 10-2 所示。

由图 10-2 可见，随着排量变化，四个水力参数的变化规律是不同的。p_b 和 V_j 随着 Q 的增加，一直是下降的。F_j 和 N_b 则是随着 Q 的增大开始上升，然后又下降，各有一个最高点，但这两个最高点不重合。

1. 工作方式

随着排量的增加，四个水力参数有的下降，有的增加。这就给我们提出了一个问题：就四个力参数中究竟哪个对钻井影响最大？我们在选择和确定排量时，究竟应该以提高哪个水力参数为准？这个问题就是工作方式问题。

到目前为止，共提出了四种工作方式，即最大射流喷速（V_{jmnx}）、最大钻头水功率（N_{bm2x}）、最大射流冲击力以及组合式工作方式。

四种工作方式观点各不相同。N_{bmax} 工作方式认为清洗井底是对岩屑作功，所以认为水功率越大越好；F_{jma} 工作方式却认为射流冲击力是清洗井底的主要因素，应以冲击力达到最大为标准；V_{jmax} 工作方式实际上是提高射流动压力，从而增大井底的压力梯度。概括地说，N_{bmax} 工作方式是"功"的观点，F_{jmax} 工作方式是"力"的观点，V_{jmax} 工作方式是"动压"的观点。

这四种工作方式，究竟哪种最好？长期以来，一直有不同的看法。直到目前还未能从理论上给以分析和回答。1975 年，有人通过实验，认为在 N_{bmax}、F_{jmax} 和 V_{jmax} 三种工作方式中，以 F_{jmax} 最好，N_{bmax} 次之，V_{jmax} 方式最差。但这只是一种看法。究竟哪种工作方式最好，还有今后的理论研究和实践检验。目前国内各油田使用最普通的是 N_{bmax} 和 F_{jmax} 工作方式。

2. 钻井泵工作状态

钻井泵有二种工作状态：

（1）额定功率状态，即在钻井过程中保持泵功率不变，始终等于钻井泵的额定功率。要维持这个状态，需要不断地调整排量和泵压。这种工作状态在钻井过程中很少采用。

（2）额定泵压状态，即在钻井过程中保持泵压不变，始终等于钻井泵所选缸直径的额定泵压。除了在浅井段，钻井过程中多采用这种工作状态。

3. 排量选择

通过分析发现：在一定的生产条件下，钻速正比于排量。排量越大，钻速一般也随之增加；排量不能太大，不然将导致循环压降上升，反而使钻速下降，因此，在一定的生产条件下，排量 Q 应有一个最优值。

1）最小排量的确定

为了满足井眼净化的条件，必须确定一个最小的排量，否则达不到净化井眼的目的。

井眼净化能力（岩屑输送比）L_c：

$$L_c = \frac{V_c - V_s}{V_c} \geq 0.5 \qquad (10-36)$$

岩屑下沉速度 V_s 由下式计算：

$$V_s = \frac{0.0071 d_s (2.5 - \rho_m)^{\frac{2}{3}}}{\rho_m^{1/3} \mu^{1/3}} \qquad (10-37)$$

根据经验：软地层，刮刀钻头，$d_s = 15 mm$，牙轮钻头 $d_s = 10 mm$。

塑性流体：

$$\mu = \eta + \frac{\tau_0}{\dfrac{dv}{dx}} \qquad (10-38)$$

幂律流体：

$$\mu = k \left(\frac{dv}{dx} \right)^{n-1} \qquad (10-39)$$

环空剪切速率：

$$\frac{dv}{dx} = \frac{1199 V_c}{\beta D - d} \qquad (10-40)$$

式中 β——井眼扩大系数，取 $\beta = 1.1 \sim 1.2$。

于是，可导出 V_{cmin}

塑性流体：

$$V_{cmin} = \frac{0.0142 d_s (2.5 - \rho_m)^{2/3}}{\rho_m^{1/3} \left[\eta + \dfrac{\tau_0 (\beta D - d)}{1199 V_{cmin}} \right]^{\frac{n-1}{3}}} \qquad (10-41)$$

幂律流体：

$$V_{cmin} = \frac{0.0142 d_s (2.5 - \rho_m)^{2/3}}{\rho_m^{1/3} k^{1/3} \left(\dfrac{1199 V_{cmin}}{\beta D - d} \right)^{\frac{n-1}{3}}} \qquad (10-42)$$

因此，可以导出 Q_{min}：

$$Q_{min} = 0.0785 (D^2 - d^2) V_{cmin} \qquad (10-43)$$

根据以上的约束条件将公式（10-43）可以简化成确定 Q_{min} 的经验公式：

$$Q_{min} = \frac{1.433 (D_b^2 - d^2)}{\rho_m D_b} \qquad (10-44)$$

式中 V_c——环空平均流速，m/s；

V_s——岩屑下沉速度，m/s；

d_s——岩屑当量直径，mm；

μ——钻井液在环空的表观黏度，cP；

Q_{min}——最小排量，L/s；

D_b——钻头直径，cm；

d——钻杆外径，cm；

ρ_m——流体密度，g/cm³。

2）最大排量的选择

额定泵压状态的条件：$p_s = p_r$；$Q \leqslant Q_r$，（p_r：钻井泵额定泵压；Q_r：钻井泵额定排量）。

值得注意的是，由于额定泵压状态的条件，最优排量 Q_t 不能超过额定排量 Q_r；又由于钻井液携岩机理研究结果，最优排量 Q_t 不能小于钻井液携岩所需的最小排量 Q_{min}。由此得到最优排量 Q_t 的限制条件：

$$Q_{min} \leqslant Q_t \leqslant Q_r \tag{10-45}$$

因此，最大排量取 $Q_{max} = Q_r$。

3）最优排量的确定

如前所述，根据喷射钻井理论，有两种常用的工作方式：一种是最大冲击力方式；另一种是最大水功率方式。

在进行排量优选的时候，首先从最小排量开始，以一定的速度逼近最大排量，分别计算出钻头水功率或射流冲击力，然后得出最大钻头水功率或最大射流冲击力下的排量，此排量即为最优排量。

4. 喷嘴直径的选择

排量与喷嘴直径有一一对应的关系，因此最优排量对应有最优喷嘴直径。事实上，最优排量只是保证了泵功率的合理分配，而钻头是否能得到分配的份额，需要由选配最优喷嘴直径来实现。

喷嘴的等效面积为：

$$A_0 = \sqrt{\frac{2C^2 p_b}{\rho Q^2}} \tag{10-46}$$

根据喷嘴的等效面积可以求出喷嘴的等效直径：

$$d_e = \sqrt{\frac{4A_0}{\pi}} \tag{10-47}$$

三牙轮钻头一般有 $n(n=1, 2, 3, \cdots)$ 个水眼，可以安装 n 个喷嘴，计算出的最优喷嘴直径，是指 n 个喷嘴的当量直径，与各个喷嘴直径的关系如下：

$$d_e^2 = (\sum_{i=1}^{n} d_i^2) \tag{10-48}$$

显然，在已知最优喷嘴直径 d_e 后，满足上式的 n 个喷嘴直径有多种组合形式，到底哪种喷嘴组合比较好，能充分发挥破岩和清岩的水力作用，需要进行井底流场的研究。

研究井底流场是用流体力学的理论和试验方法来研究井底水力能量的合理分布。即在一定的条件下，在最合理地分配整个循环系统水力能量的基础上，通过科学地设计钻头喷嘴组合布置方案，把钻头喷嘴所能得到的井底总水力能量最合理进行分布，从而在井底获得最好的净化效果和破岩效果，提高钻井速度。

由于射流的作用和井壁的限制，井底流场存在滞流、漩涡和逆流等各种流动状态，增加了井底流场的复杂性，很难单纯用数学和力学的理论方法进行分析，而多借助于试验的研究方法。自 20 世纪 60 年代以来，国外许多家研究单位一直在进行有关井底流场的试验架研究工作，逐步揭示了井底流场的复杂现象和机理，成为极为重要的、不断深入的研究领域，研究成果成功地用于钻井生产，收到了明显的效益。

根据试验表明，不同的喷嘴数目、不同的喷嘴组合对射流的井底压力和速度分布影响极大，见表 10-1。

表 10-1　喷嘴组合影响

喷嘴组合	当量直径，mm	压力梯度，MPa/cm
等径三喷嘴	17.82	0.016
不等径三喷嘴	16.98	0.025
等径双喷嘴	16.97	0.032
不等双喷嘴	17.49	0.061
单喷嘴	15.00	0.138

　　压力梯度越大，射流对井底岩屑的清移效果就越好，显然，由表 10-1 可知，使用不等径双喷嘴(直径比 0.6~0.7)和单喷嘴，会收到很好的效果，而使用常规的三等径喷嘴组合，清岩效果就比较差。这个结论已作为一种行之有效的生产措施广泛应用于钻井中，有力地支持了喷射钻井的推广使用。

　　改变钻头喷嘴组合能提高钻进速度的机理还不完全清楚，根据目前的研究成果有如下几点看法：

　　(1) 喷嘴组合使得钻头水力能量相对集中，增加了水力作用的频率和幅度，使之更有利于井底清岩和破岩，如图 10-3 所示。

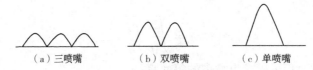

（a）三喷嘴　　　　（b）双喷嘴　　　　（c）单喷嘴

图 10-3　组合喷嘴射流幅度

　　(2) 喷嘴组合减少了各喷嘴射流的相互影响，改善了井底流场的流动状态，加强了横向漫流的推举。

　　设计中，选择喷嘴组合时建议（表 10-2）：

　　① 井眼尺寸大于 215.9mm，采用二小一大的喷嘴组合。

　　② 井眼尺寸小于或等于 215.9mm，采用一小一大的喷嘴组合，直径比为 0.5。

　　③为了防堵，喷嘴直径不小于 7mm。

　　④在保持水眼总面积不变的情况下，直径差尽可能拉大。

表 10-2　喷嘴组合的直径比

名称	$d_e = C$	r	$3r$	$d_{小}/d_{大}$
三等径	$d_1 = d_2 = d_3$	1/3	1.00	1
二小一大	$d_1 = d_2 = 0.5d_3$	0.5	1.50	0.5
二等径	$d_1 = d_2,\ d_3 = 0$	0.5	1.50	1
一大一小	$d_1 = 0.5d,\ d_3 = 0$	0.68	2.04	0.5
单喷嘴	$d_1 = d_e,\ d_2 = d_3 = 0$	1.00	3.00	

　　进行喷嘴组合设计的方法：

　　单喷嘴：
$$J_1 = d_e \tag{10-49}$$

　　等径双喷嘴：
$$J_1 = J_2 = \sqrt{\dfrac{d_e^{\,2}}{2}} \tag{10-50}$$

一大一小双喷嘴： $\qquad J_1 = 0.5J_2 \qquad J_1 = 0.5J_2 = \sqrt{\dfrac{d_e{}^2}{5}}$ （10-51）

等径三喷嘴： $\qquad J_1 = J_2 = J_3 = \sqrt{\dfrac{d_e{}^2}{3}}$ （10-52）

三不等径喷嘴： $\qquad J_1 = J_2 = 0.5J_3 \quad J_1 = J_2 = 0.5J_3 = \sqrt{\dfrac{d_e{}^2}{6}}$ （10-53）

式中 J_1，J_2，J_3——喷嘴直径，mm。

根据以上条件，即可优选出喷嘴组合，并优选出每个喷嘴的直径。

四、水力参数设计程序

水力参数设计程序的主要任务在于确定钻井液排量 Q 和选择喷嘴直径 d 等。

初看起来，似乎这个任务很简单，其实不然。合理的水力程序应能在现有的设备条件下使钻速最高，甚至使成本最低，还要井下安全，也就是说要能获得最好的水力效果。最好的水力效果，是多种因素影响的结果。为了提高射流和钻头的水力参数，必须缩小喷嘴和降低排量。但是喷嘴不能无效缩小，排量不能任意降低。排量小到一定程度，井筒的岩屑就携带不出来，就不能正常钻进。排量的变化还对钻井泵的工作状态有很大影响。另外，还有一个重要问题，就是喷射钻井的工作方式在很大程度上受到排量的控制。可见，排量是喷射钻井水力设计中影响最大的因素。

1. 水力参数设计程序的目的和意义

根据前面的讨论得到了最优排量、最优喷嘴直径和最佳喷嘴组合，为了寻求使钻头的某个水力参数达到最大的排量，在最大的排量下，计算钻头压降，根据钻头压降优选喷嘴直径。还需要结合钻井的实际工况进行程序设计，才能最后圆满地完成选择水力参数的任务，使问题变得简单。

为什么要进行程序设计呢？不难发现，最优排量和最优喷嘴直径这两个水力参数都是井深的函数，随着井深的增加而连续变化。但是，在实际工作中最优排量和最优喷嘴直径无法做到这一点。这是因为：

（1）钻头一入井，喷嘴就不可能随时换装；

（2）钻井泵缸套选定后，额定排量就不可能有很大的变化范围。

这两个问题的存在，给选择水力参数的实施带来了一定困难。因此，本书采取设计程序的方法优化水力参数，使问题变得简单，方便易行。

2. 水力参数程序设计步骤

根据上述分析，水力参数程序设计的步骤可概括如下：

（1）根据工程实际情况，确定最小排量 Q_{min}，这是钻井过程中不能低于的排量；

（2）根据机泵实际条件，选择缸套直径，确定额定泵压 p_r 和额定排量 Q_r，指钻井过程中不能超过的泵压 p_{max} 和排量 Q_{max}；

（3）从最小排量 Q_{min} 开始，以一定的速度逼近最大排量 Q_{max}；

（4）计算该排量下管内和环空返速；

（5）计算钻杆内和环空流变参数；

（6）计算管内和环空中雷诺数；

（7）判别流态；

（8）计算范宁摩阻系数；

（9）计算循环压耗（管内的，环空的）；

（10）计算钻头压降 $p_b = p_r - p_t$

（11）计算钻头水功率/射流冲击力，直到钻头水功率/射流冲击力最大；

（12）钻头水功率/射流冲击力达到最大时的排量即为最优排量；

（13）计算喷嘴面积 $A_0 = \sqrt{\dfrac{2C^2 p_b}{\rho Q^2}}$，然后根据面积计算喷嘴当量直径 $d_e = \sqrt{\dfrac{4A_0}{\pi}}$；

（14）根据最优喷嘴直径 d_e，配备喷嘴组合；

（15）根据选定的喷嘴组合计算 p_b，p_s；

（16）计算 V_j，F_j，N_b。

水力参数设计程序优化框图如图10-4所示。

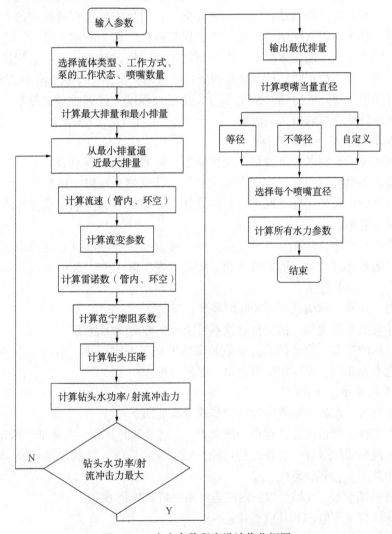

图 10-4　水力参数程序设计优化框图

【例】 输入参数如下：600 转黏度仪的读数为 47；300 转黏度仪的读数为 32；3 转黏度仪的读数为 4。套管外径 127mm，套管内径 108.6mm，套管长度 2696m，钻铤外径 177.8mm，钻铤内径 71.44mm，钻铤长度 309m，额定泵压 20MPa，流量系数 0.98，额定排量 35L/s，钻头直径 215.9mm，钻井液密度 1.35g/cm³。

程序计算过程如图 10-5 所示。

图 10-5 参数输入窗口

当流体类型为幂律流体，工作方式为最大水功率，泵的工作状态为额定泵压，喷嘴选择为单喷嘴时，计算结果如图 10-6 所示。

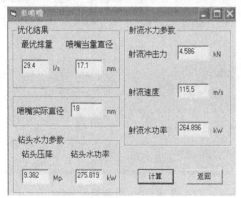

图 10-6 计算结果(1)

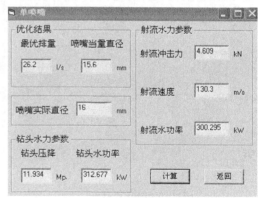

图 10-7 计算结果(2)

当流体类型为宾汉流体，工作方式为最大水功率，泵的工作状态为额定泵压，喷嘴选择为单喷嘴时，计算结果如图 10-7 所示。结果见表 10-3。

表 10-3 不同流型下水力参数的比较

流体类型	最优排量 L/s	喷嘴当量直径 mm	射流冲击力 kN	射流速度 m/s	射流水功率 kW	钻头压降 MPa	钻头水功率 kW
幂律流体	29.4	17.1	4.586	115.5	264.896	9.382	275.819
宾汉流体	26.2	15.6	4.609	130.3	300.296	11.934	312.677

通过以上结果可以看出：流体类型也在很大程度上影响水力参数的结果，选择宾汉流体时，最优排量以及喷嘴当量直径都小于幂律流体的。而其他水力参数如射流的冲击力、速度、水功率，及钻头的压降、水功率就明显高于幂律流体的。

当选择双喷嘴设计，喷嘴类型又有几种选择如图 10-8 所示，当选择等径双喷嘴时计算结果如图 10-9 所示。当选择不等径双喷嘴时，计算结果如图 10-10 所示。

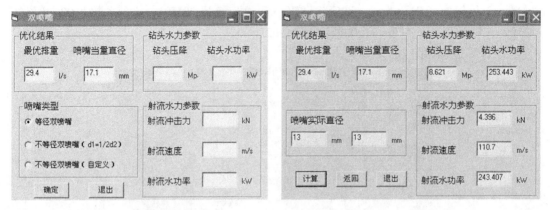

图 10-8　喷嘴类型选择　　　　　　　　　　　　图 10-9　计算结果(3)

比较图 10-9、图 10-10 结果：当选择不等径双喷嘴时，水力参数的值都高于等径双喷嘴。

当选择三喷嘴设计，喷嘴类型同样有几种选择如图 10-11 所示，当选择等径双喷嘴时，计算结果如图 10-12 所示。当选择不等径双喷嘴时，计算结果如图 10-13 所示。

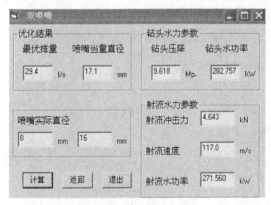
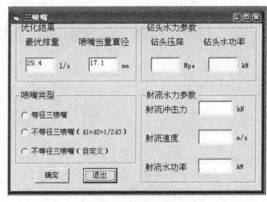

图 10-10　计算结果(4)　　　　　　　　　　　　图 10-11　喷嘴类型选择

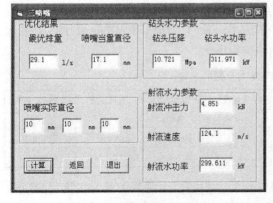
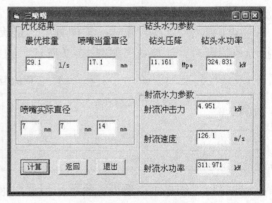

图 10-12　计算结果(5)　　　　　　　　　　　　图 10-13　计算结果(6)

比较图 10-12、图 10-13 结果：当选择不等径双喷嘴时，水力参数的值都高于等径双喷嘴。

第二节　套管钻井临界转速计算

套管钻井中，套管柱作为一根旋转着的细长弹性杆件，有三种振动形式：纵向振动、横向振动及扭转振动。这三种振动，在形态上是不相同的。纵向振动是沿套管柱轴线方向进行的，它的振动像是在弹簧下端悬挂着重物在那里上下运动。套管柱的横向振动是以套管柱某一部分长度，像琴弦那样进行振动，一般又称弦振。套管柱的扭转振动则像钟内的扭簧(游丝)带动摆轮，左右反复扭动，故这种振动又称为弹簧摆振。这三种振动的本质是不同的，但是激励它们的自振条件不但与套管本身的物理和几何性质有关，而且都是取决于套管的转速，一旦转速达到某一值时，就可能引起套管柱的共振，当扰动频率与套管固有振动频率相同时，就会使套管柱发生共振。

套管柱在共振下工作的严重危害是人所共知的。不容置疑，在实际工作中，需避免引起共振。要避免引起共振，首先应计算出在各种条件下套管柱三种振型的固有频率，再换算成相应的转速，此转速就是引起套管柱共振的临界转速。然后在钻井工作中采取相应措施，避免套管钻井管柱以临界钻速工作，因此临界转速的计算是一件十分重要而有意义的工作。

目前国内外已经发展出多种较为完善的临界转速计算方法，每种方法均有其优、缺点和使用范围。比较典型的有传递矩阵法、能量法、有限元法和解析法。

(1) 传递矩阵法：取不同的转速值，循环进行各轴段截面状态参数的逐段推算，直至满足转轴另一端的边界条件。就其应用的方程和满足边界条件而论，这种方法是属于精确的计算方法。

(2) 能量法：能量法利用能量守恒定律为基础，使轴系中的最大应变能等于涡动引起的最大动能，从而列出运动微分方程。由于动能是轴系转速的函数，所以可直接从运动微分方程求解出临界转速。

(3) 有限元法：有限元法是借助高速电子计算机解决问题的近似计算方法。它运用离散的概念，使整个问题由整体连续到分段连续，由整体解析转化为分段解析，从而使数值法与解析法互相结合，互相渗透，形成一种新的数值计算方法。

(4) 解析法：解析法是先建立力学模型，根据力学模型可得出偏微分方程，再由边界条件就可求出固有频率，然后求出临界转速。

如前所述，临界转速的计算方法有多种，但各有其优缺点。传递矩阵法在计算时要进行多个二级矩阵的乘积运算，计算较繁琐；能量法存在假设振型的困难，且仅能计算出轴盘系统一阶临界转速的近似值。

本书拟采用强迫频率法，其具体处理方法为：将对 BHA 进行受力分析确定其大小后，建立相应的矩阵力矢量，然后找出各个单元与频率相关的等效刚度矩阵，将它们转换到整体坐标下后，再组装各个单元的力矢量和等效刚度矩阵，最后求出各个节点的位移矢量。最后根据单元的应力矩阵，结合任意单元的节点位移，求出任意单元内的最大应力，确定单元危险截面。最后比较各个单元的最大危险截面应力，确定整个 BHA 段危险截面，然后对其最大应力在频域进行分析。当它在某个频率出现应力峰值时，说明已和 BHA 发生共振了，从而可以初步确定出它的临界转速，在现场实践中，可以给钻井工程师选择合理的转速提供指导，从而避免临界转速引起的共振危害。

计算所需要的原始数据见表 10-4，运用计算机编程并借助 Excel 软件，绘制成了临界转速与弯曲应力和径向位移的关系图。对 7in 表层套管，用 8½in 钻头钻进时，临界转速与弯曲应力和径向位移的关系如图 10-14、图 10-15 所示。

表 10-4　原始参数

井眼直径，m	套管柱，in	外径，m	内径，m	单位长度重量，kN/m	抗弯强度，kN/m²
0.2159	7	0.1778	0.1571	0.4232	3946.20

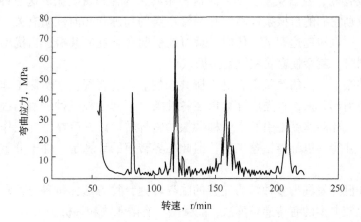

图 10-14　7in 套管，转速与弯曲应力的幅频响应图

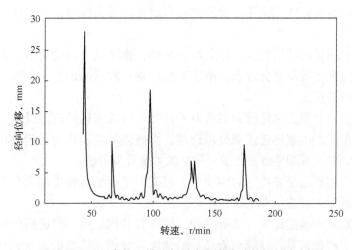

图 10-15　7in 套管，转速与最大径向位移的幅频响应图

图 10-14、图 10-15 分别反映了下部钻具组合的最大相对弯曲应力、最大相对位移与转速(频率)之间的函数关系。转速为 45r/min、60r/min、110r/min、150r/min 和 210r/min 时出现较强烈的动力响应，说明在实际操作中应避开这些临界转速。

对于 5in 油层套管，选用 5⅞in 钻头，临界转速与弯曲应力和最大径向位移的幅频响应如图 10-16、图 10-17 所示。图 10-16、图 10-17 分别反映了下部钻具组合的最大相对位移，最大相对弯曲应力与转速（频率）之间的函数关系。转速为 45r/min、120r/min 和 170r/min时出现较强烈的动力响应，说明在实际操作中应避开这些临界转速。

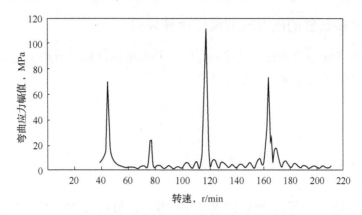

图 10-16　5in 套管，转速与弯曲应力的幅频响应图

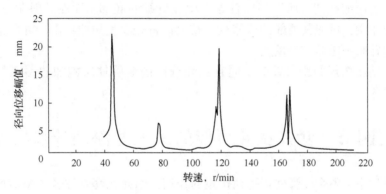

图 10-17　5in 套管，转速与最大径向位移的幅频响应图

第三节　套管钻井钻压计算

一、垂直井中套管柱的临界屈曲预测计算公式

1950 年 Lubinski 给出了垂直井套管柱临界屈曲载荷计算式：

$$F_{cr} = 1.94 \sim 2.65 \sqrt[3]{EIq^2} \tag{10-54}$$

式中　F_{cr}——正弦（初始）屈曲临界值；

　　　EI——钻柱的抗弯刚度；

　　　q——单位长度钻柱浮重。

1992 年 J. Wu 用能量法推导出了直井中钻柱正弦和螺旋屈曲的临界值：

$$F_{cr} = 2.55\,(EIq^2)^{1/3} \tag{10-55}$$

$$F_{hel} = 5.55\,(EIq^2)^{1/3} \tag{10-56}$$

式中　F_{hel}——临界螺旋压弯载荷。

Miska 等应用能量法推导薄壁杆的螺旋屈曲行为，得出与上式同样的结果。

以上结果能否用于垂直井钻柱变形计算，一直没有得到证实。因此需要利用实验的方法对以上公式进行验证，其中最重要的是验证螺旋变形后钻柱与井壁接触力。

二、斜直井中钻柱的临界屈曲预测计算公式

采用能量法分析斜直井中钻柱的屈曲行为，并忽略钻柱自重所产生的轴向分布力的影响，就可得到如下斜直井中钻柱的临界屈曲预测公式：

$$F_{cr} = 2\sqrt{\frac{EIq\sin\alpha}{r}} \qquad (10-57)$$

$$F_{hel} = 2\sqrt{\frac{2EIq\sin\alpha}{r}} \qquad (10-58)$$

式中　α——井斜角，(°)。

式(10-57)与Dawson等人的结论一致，式(10-58)与Chen的结果吻合。研究表明，在倾斜井眼中管柱首先发生正弦屈曲，然后发生螺旋屈曲；在井斜较小的情况下，由于底部钻柱承受较大的压缩载荷，所以屈曲首先发生在管柱的底部；而在井斜角较大的井段中，由于摩擦力的作用，可能其顶部的压缩载荷较大而首先发生屈曲；由于井眼形状对管柱的限制，在弯曲井眼中屈曲不易发生。

套管钻井钻压选择原则：针对不同直径和壁厚的套管柱所施加的钻压低于临界屈曲载荷。

第四节　套管钻井可能的最大井深的计算模型

在钻进过程中，整个套管柱都受到扭矩的作用，因此在套管柱各个横截面上都产生剪应力。正常钻进时，井口套管柱所受的扭矩为：

$$M = M_s + M_b \qquad (10-59)$$

式中　M——套管柱在井口位置所受的扭矩；

M_s——套管柱空转在井口位置所受的扭矩；

M_b——钻头所受扭矩。

套管柱空转所需功率推荐使用以下公式(转速<230r/min)：

$$N_s = 4.6C\gamma_m d_e^2 Ln \times 10^{-7} \qquad (10-60)$$

式中　γ_m——钻井液相对密度；

d_e——套管外径；

L——套管柱长度；

n——转速，r/min；

C——与井斜角有关的系数。

直井时$C = 18.8 \times 10^{-5}$；井斜角6°时$C = 31 \times 10^{-5}$；井斜角15°时$C = 38.5 \times 10^{-5}$；井斜角25°时$C = 48 \times 10^{-5}$。

功率N、扭矩M和角速度ω的关系为：

$$N = M\omega \qquad (10-61)$$

角速度和转速n的关系为：

$$\omega = 2\pi \frac{n}{60} \tag{10-62}$$

则套管空转时井口套管所受扭矩为：

$$M_s = \frac{60}{2\pi} \frac{N_s}{n} = 4.393 C \gamma_m d_e^2 L \times 10^{-6} \tag{10-63}$$

正常钻进时，PDC 钻头处所受扭矩为：

$$M_b = bW^a \, (R/n)^{1/c} \left[\sqrt{\omega} \, (1+1.12\omega) \right] \tag{10-64}$$

式中　W——钻压；

　　　R——机械钻速；

　　　n——转速；

　　　a——钻压指数；

　　　b——与钻头类型岩石性能有关的系数；

　　　c——转速指数；

　　　ω——与钻头牙齿磨损有关的系数。

把式(10-63)和式(10-64)代入式(10-59)，整理得：

$$L = \frac{M - bW^a \, (R/n)^{1/c} \left[\sqrt{\omega} \, (1+1.12\omega) \right]}{4.393 C \gamma_m d_e^2 \times 10^{-6}} \tag{10-65}$$

若给定套管可承受的最大扭矩，采用式(10-65)可以计算套管钻井所能钻达的最大井深。

第十一章　套管钻井专用螺纹脂

套管钻井除了需要相应的设备和工具外，还涉及许多关键技术，如螺纹连接强度、抗粘扣性能等。实践表明，套管螺纹连接部位的性能是制约套管钻井能否顺利进行的关键技术之一，而作为提高套管螺纹连接性能关键材料的螺纹脂，在套管钻井中显得尤为重要。

本章基于套管钻井的具体特征，对套管钻井专用螺纹脂从性能要求、开发试制、性能试验研究、试验评价方法以及现场推广应用等方面进行论述。

第一节　套管钻井专用螺纹脂性能要求

套管钻井过程中，套管柱将扭矩传送到井底进行破岩钻井，需要承受拉、压、弯、扭等复合载荷，套管柱的螺纹连接部位要能承受并传递很高的扭矩，不仅要求钻井套管采用特殊螺纹，还要使用高扭矩螺纹脂。同时，套管钻井施工中涉及地质、工艺、设备等多方面因素的影响，难免会遇到一些复杂情况，有时被迫将钻井套管柱从井中起出。这样套管柱在承受长时间钻井动载荷，特别是承受扭矩载荷过程后，要进行上、卸扣作业，这对套管钻井螺纹脂提出了更高的要求，不但要具备辅助密封作用，更要具备在高扭矩（甚至过扭矩）情况下的抗粘扣性能，以满足钻井过程中高扭矩、抗粘扣性能以及密封完整性等要求。因此，套管钻井专用螺纹脂是一种满足套管钻井技术要求的专用螺纹脂，具备钻具螺纹脂抗载荷的性能，又兼备套管螺纹脂的密封性能。

具体而言，与常规钻井用螺纹脂相比较，套管钻井专用螺纹脂至少应具备以下特征：

（1）确保套管钻井抗载荷以及完钻后套管柱的密封性能，增大动态摩擦系数，防止钻井过程中遇阻后在反扭矩的作用下套管螺纹松动。

（2）加入一定量的金属粉以确保上扣过程中的润滑性能，防止套管上扣过程中的粘扣现象。

（3）固体填料大于目前使用的螺纹脂，固体含量高于普通螺纹脂，以增加抗粘扣、抗啮合性。

（4）添加膨胀石墨填料提高摩擦系数并增加密封性能。

第二节　套管钻井专用螺纹脂的开发与试制

通过对两种进口套管螺纹脂、两种进口钻具螺纹脂和国产油、套管螺纹脂等样品进行研究，了解其组成和含量，掌握了各种高级螺纹脂不同的添加剂和填料。各种螺纹脂的成分分析结果见表11-1。

表 11-1　螺纹脂成分分析结果

样品名称	组分名称	含量，%
No. 1	铜粉	4
	锌粉	9
	氧化铅	33
	单质碳	7
	硬脂酸锂	14
	烃类油	33
No. 2	二硫化钼	2
	氧化锌	10
	硅酸镁	14
	硫酸钙	3
	硬脂酸锂	10
	烃类油	35
	聚异丁烯	11
	聚甲醛	10
	单质碳(石墨)	5
No. 3	碳酸钙	45
	硫酸钙	13
	单质碳	2
	烃类油	40
No. 4	羟丙基甲基丙烯酸脂	25
	无定型二氧化硅	25
	石墨	50
No. 5	甲基硅油	5
	癸二酸二锌脂	55
	铜粉	10
	石墨	30
No. 6	硬脂酸钙	5
	润滑油	60
	铜粉	35

在对螺纹脂各组分进行分析的基础上，确定了一些能提高螺纹脂性能的功能组分，开发了一种套管钻井专用螺纹脂。

该螺纹脂在套管钻井过程中具有良好的抗扭矩特性，完钻后又具有良好的密封特性，可解决套管钻井套管柱承受拉、压、弯、扭、振动等复杂载荷的影响而容易使套管螺纹发生粘扣现象，是一种满足套管钻井技术要求的专用螺纹脂。

一、套管钻井专用螺纹脂的制备

1. 套管钻井专用螺纹脂配方设计

套管钻井专用螺纹脂配方设计中各组分的含量及性能特征见表11-2。

表11-2 套管钻井专用螺纹脂各组分含量及性能特征

序号	组分名称	含量，%	性能特征
1	二硫化钼复合锂基脂	10~50	作为载体
2	可膨胀石墨	10~30	回弹性好，具有良好的抗扭矩、密封性和润滑性
3	气相二氧化硅	1~15	起稠化稳定剂作用
4	铜粉	1~10	粒度：200目
5	锌粉	5~30	粒度：325目
6	铅粉	5~40	粒度：200目
7	磺酸镁	0.1~5	起防腐作用
8	脱水山梨醇酐单油酸脂	0.1~8	起防腐作用
9	二甲基硅油	0.1~5	起消泡作用

在这些组分中，可膨胀石墨需要特制，其余各组分市场均有销售。

2. 制备方法

首先，制备可膨胀石墨。将鳞片石墨经过加热至1100~1200℃膨胀后压缩成棒状，再切削加工成蠕虫状（直径0.5~1mm，长度1~3mm），即得到所需的可膨胀石墨。然后，在一个可以调速搅拌的反应釜中加入上述配方中要加入的二硫化钼复合锂基脂，开始低速搅拌，常温搅拌时间20~40min，分批按配方比例加入各组分，边加入边搅拌。搅拌均匀后，用胶体磨或三辊研磨机或均质化机将其再次磨均匀，即可得到专用螺纹脂。

通过上述方法制作的螺纹脂是一种黑色膏状物，直接涂敷到钻井用套管的内螺纹或外螺纹上，然后按照一定的扭矩进行上扣即可。

二、套管钻井专用螺纹脂的特点

套管钻井专用螺纹脂采用的特种石墨具有润滑、密封两大功能。石墨本身具有非常好的润滑性，在用作密封材料时石墨常被做成石墨板材、石墨绳等，而作为添加剂的石墨主要利用它的润滑性。可膨胀石墨所具有的良好的密封特性，在套管钻井专用螺纹脂中加入蠕虫状可膨胀石墨，该种石墨材料具有良好的回弹性，一般回弹率在20%左右，因此，具有良好的抗扭矩、密封性和润滑性。

研制的专用螺纹脂是在API螺纹脂的基础上研究开发的，除了满足API标准所有的性能外，在润滑性、密封性能方面优于API螺纹脂，并且该螺纹脂的流变性、抗温性能非常好，不管在炎热的夏季或在寒冷的冬季，均具有易涂敷、使用方便的特点。同时提供的螺纹脂因原料成本低廉，制备工艺简单，使用方便，综合成本低，可以满足套管钻井的低成本要求。

第三节 套管钻井专用螺纹脂性能试验

为了进行全面评价，对开发研制的套管钻井专用螺纹脂进行了物理、化学性能试验和实物使用性能试验。

一、物理、化学性能试验

在实验室依据 API RP 5A3 对套管钻井专用螺纹脂的工作锥入度、滴点、蒸发量、分油量、水沥滤、腐蚀性、热稳定性、刷涂性能、逸气量和密度等物理、化学性能进行评价，试验结果见表 11-3。

表 11-3 套管钻井专用螺纹脂物理、化学性能评价试验结果

检测项目	检测结果	质量指标	使用仪器	检测条件
外观颜色	黑色膏状	—	目测	室温
工作锥入度 (1/10mm)，150g	318	不偏离制造商所定锥入度值的±15 个单位	SYP4001Z 锥入度测定器、WGD2005 高低温试验箱	25℃
	240	≥200		-7℃
滴点，℃	181	≥138	SYP4111 润滑脂滴点试验器	—
蒸发量(V/V)，%	0.51	≤3.75	DGSB/20-002C 台式干燥箱、WGD2005 高低温试验箱	100℃，24h
分油量(V/V)，%	6.07	≤10.0		100℃，24h
腐蚀性	1B	1B 或更好		100℃，3h
稳定性(V/V)，%	1.89	≤25		138℃，24h
涂刷性能	能涂刷	能涂刷	WGD2005 高低温试验箱	-7℃
水沥滤，%	0.94	≤5.0	水沥滤试验仪	66℃，2h
逸气量，mL	3.15	≤20	逸气量试验仪	65℃，120h
密度，g/mL	1.89	不偏离制造商所定锥入度值的5%	A/D FR-300 电子天平、37mL 密度瓶	25℃

由试验结果可以看出，开发的套管钻井专用螺纹脂物理、化学性能指标优良。

二、实物使用性能评价试验

1. 润滑性能试验

采用 φ139.7mm×7.72mm N80 LC 套管进行了实物试验，对比了研制的套管钻井专用螺纹脂与 API SHELL TYPE3 型螺纹脂的润滑性能。

上扣前，在套管螺纹部位均匀涂抹适量螺纹脂，按照 API RP 5C1 推荐的扭矩值，以 3~6r/min 速度进行上扣。上扣过程中，分别测量工厂端及现场端的 J 值，并绘制上扣曲线图。

实物试验中，分别对两种螺纹脂的相对摩擦系数进行计算。为了计算方便，采用无螺纹、带锥度的接头过盈扭矩计算公式，计算模型如图11-1和图11-2所示。

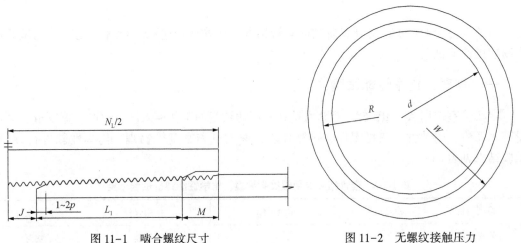

图 11-1　啮合螺纹尺寸　　　　　　　图 11-2　无螺纹接触压力

计算模型：

接触压力计算公式：

$$p_C = \frac{E\delta(R^2-d^2)(W^2-R^2)}{2R^3(W^2-d^2)} \tag{11-1}$$

过盈量计算公式：

$$\delta = \frac{圈数 \cdot 半径锥度}{每英寸螺纹数} \tag{11-2}$$

扭矩计算公式：

$$T = \mu \cdot p_C \cdot 2\pi \cdot R^2 \cdot L \tag{11-3}$$

式中　p_C——平均半径处的接触压力，MPa；

　　　δ——螺纹过盈量，mm；

　　　μ——摩擦系数；

　　　T——扭矩，N·m；

　　　R——啮合螺纹平均半径，mm；

　　　L——啮合螺纹长度，mm（$L=N_L/2-J-$镗口深$-$管端倒角$-$（最大圈数$-$上扣圈数）×螺距）；

　　　d——管体内径，mm；

　　　W——接箍外径，mm；

　　　J——上扣J值，mm（镗口深为17.88mm，管端倒角长取1个螺距，锥度为0.0625，每英寸牙数为8牙/25.4mm）。

根据式(11-3)可得：

$$\mu = T/(P_C \cdot 2\pi \cdot R^2 \cdot L) \tag{11-4}$$

实物试验上扣结果见表11-4，由公式(11-4)计算两种不同螺纹脂上扣过程中的摩擦系数，计算结果分别如图11-3、图11-4、图11-5所示。

表 11-4　上/卸扣试验结果

试样	上扣次序	上扣扭矩 ft·lbf	上扣圈数	J 值 mm	卸扣扭矩 ft·lbf	螺纹脂类型	N_L mm
外螺纹 1WA-内螺纹 1WA	1	4115	3.84	11.14	4534	API SHELL TYPE3	203.68
	2	4246	3	9.14	4500		
	3	4303	3.4	10.04	4400		
外螺纹 1WB-内螺纹 1WB	1	4193	3.57	14.14	4613	API SHELL TYPE3	
	2	4167	3.48	12.90	4403		
	3	4172	2.94	12.84	4225		
外螺纹 2WA-内螺纹 2WA	1	4298	3.38	10.41	4927	套管钻井专用螺纹脂	204.74
	2	4219	2.61	9.25	4639		
	3	4120	3.19	8.27	4513		
外螺纹 2WB-内螺纹 2WB	1	4324	3.41	13.17	4691	套管钻井专用螺纹脂	
	2	4141	2.49	13.03	4953		
	3	4146	2.52	13.59	4408		

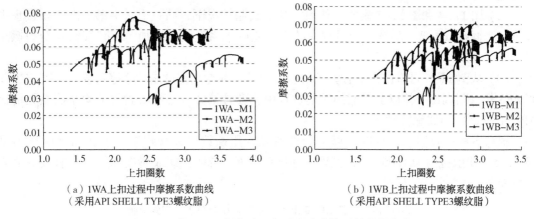

（a）1WA上扣过程中摩擦系数曲线
（采用API SHELL TYPE3螺纹脂）

（b）1WB上扣过程中摩擦系数曲线
（采用API SHELL TYPE3螺纹脂）

图 11-3　使用 API 螺纹脂上扣过程中摩擦系数变化曲线

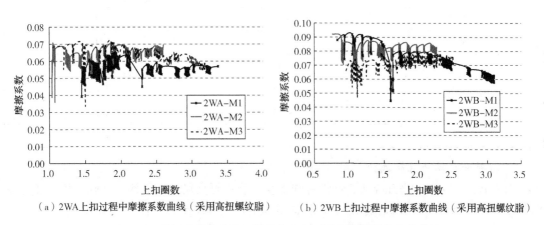

（a）2WA上扣过程中摩擦系数曲线（采用高扭螺纹脂）

（b）2WB上扣过程中摩擦系数曲线（采用高扭螺纹脂）

图 11-4　使用套管钻井专用螺纹脂上扣过程中摩擦系数变化曲线

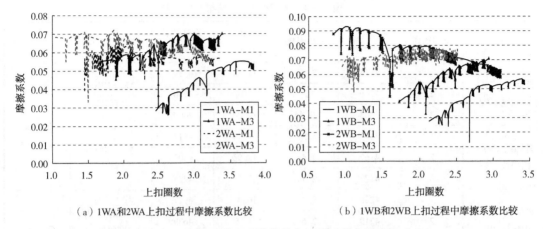

（a）1WA和2WA上扣过程中摩擦系数比较　　　　（b）1WB和2WB上扣过程中摩擦系数比较

图 11-5　API 螺纹脂和套管钻井专用螺纹脂摩擦系数对比

从计算结果可看出：

（1）图 11-3 中，API SHELL TYPE3 螺纹脂的摩擦系数随扭矩（即接触压力）增加而增加。图 11-4 显示套管钻井专用螺纹脂的摩擦系数比较稳定，和接触压力关系不大，还有下降的趋势。

（2）图 11-4 和图 11-5 表明，使用 API 螺纹脂情况下，同一个接头第 1 次上扣过程中螺纹脂摩擦系数最低，后续上扣过程中的螺纹脂摩擦系数明显增加，而套管钻井专用螺纹脂则比 API 螺纹脂明显稳定。

（3）从图 11-5 可看出，上扣开始阶段，套管钻井专用螺纹脂的摩擦系数比 API SHELL TYPE3 螺纹脂高出 1 倍以上。上扣后期过程中，套管钻井专用螺纹脂的平均摩擦系数仍比 API SHELL TYPE3 螺纹脂高。

根据实物试验结果，可以计算出套管钻井专用螺纹脂卸扣扭矩与上扣扭矩的比值见表 11-5。比值范围为 1.06~1.20，该范围比较合理，说明该螺纹脂在卸扣时具有较好的润滑性能。

表 11-5　套管钻井专用螺纹脂卸扣扭矩与上扣扭矩比值

上扣扭矩，ft·lbf	卸扣扭矩，ft·lbf	卸扣扭矩与上扣扭矩比值
4298	4927	1.15
4219	4639	1.10
4120	4513	1.10
4324	4691	1.08
4141	4953	1.20
4146	4408	1.06

2. 密封和抗粘扣性能试验

采用 φ339.7mm×9.65mm J55 钢级特殊螺纹套管进行全尺寸性能评价试验，评价了套管钻井专用螺纹脂密封性和抗粘扣性能。具体试验的过程和结果如下：

（1）上、卸扣试验：试验采用随机组合，组合结果见表 11-6。

表 11-6　试样组合

试样号	试样端	原始编号	
		外螺纹	内螺纹
1Z	现场端	07#	09#
1Y	现场端	12#	14#
1W	现场端	08#	03#

对组合后的试样 1Y、1W、1Z 进行上、卸扣试验。试验在扭矩试验系统上完成，试验温度为室温，试验方法依据 API RP 5C5 相关规定，按最佳扭矩 17500N·m 控制上扣。试验中采用套管钻井专用螺纹脂，均匀涂抹适量，圈数—扭矩曲线使用的参考扭矩为 136 N·m。试验结果如下：

试样 1Y、1W 经过 4 次上扣和 3 次卸扣，无粘扣现象发生。试样 1Z 分别于第 2 次上扣和第 3 次上扣后，进行拉伸/压缩各 3 次的拉—压循环试验，其中，拉伸载荷为 1350kN，压缩载荷为 500kN，然后继续进行上、卸扣试验，总计 4 次上扣和 3 次卸扣，未见粘扣。

试样 1Z 第 3 次卸扣(第 2 次拉—压循环)后内螺纹形貌如图 11-6 所示；

试样 1Z 第 3 次卸扣(第 2 次拉—压循环)后外螺纹形貌如图 11-7 所示；

试样 1Y 第 3 次卸扣后内螺纹形貌如图 11-8 所示；

试样 1Y 第 3 次卸扣后外螺纹形貌如图 11-9 所示；

试样 1W 第 6 次卸扣(内压条件下拉—压循环)后外螺纹形貌如图 11-10 所示。试验结果见表 11-7。

表 11-7　套管钻井专用螺纹脂上、卸扣及过扭矩试验结果

试样号	上扣次数	参考扭矩 N·m	上扣扭矩 N·m	上扣圈数	上扣速度 r/min	卸扣扭矩 N·m	试验结果
1Z	1	136	17154	3.72	低速	16113	未粘扣
	2		17501	3.71	低速	13859	未粘扣
	3		17528	2.45	低速	20825	未粘扣
	4		17977	3.05	低速	—	—
1Y	1	136	17501	3.11	低速	18266	未粘扣
	2		18335	4.57	低速	6215	未粘扣
	3		17883	3.20	低速	19098	未粘扣
	4		18022	3.20	低速	—	—
1W	1	136	17569	3.66	低速	15939	未粘扣
	2		17605	3.65	低速	15799	未粘扣
	3		18057	2.82	低速	16738	未粘扣
	4		17605	2.36	低速	14019	未粘扣
	5		27792	2.14	低速	26246	未粘扣
	6		27617	0.99	低速	26352	未粘扣
	7		27617	1.66	低速	—	—

图 11-6　试样 1Z 第 3 次卸扣(第 2 次拉—压循环)　　图 11-7　试样 1Z 第 3 次卸扣(第 2 次拉—压循环)
　　　　　后内螺纹形貌　　　　　　　　　　　　　　　后外螺纹形貌

图 11-8　试样 1Y 第 3 次卸扣后内螺纹形貌　　　　图 11-9　试样 1Y 第 3 次卸扣后外螺纹形貌

图 11-10　试样 1W 第 6 次卸扣(内压条件下拉—压循环)后外螺纹形貌

（2）拉伸至失效试验。

对试样 1Y 进行拉伸至失效试验，试验在复合加载试验系统上完成，试验温度为室温，试验方法参考 API RP 5C5 的有关规定，试验结果如下：

1Y 试样在拉伸载荷为 5502.0kN 时，现场端螺纹滑脱失效。

API TR 5C3 中规定该规格套管偏梯形螺纹正规接箍接头的最低连接强度为 4043.4kN。

（3）拉伸—压缩循环试验。

对试样 1Z 分别于第 2 次上扣和第 3 次上扣后，在复合加载试验系统上进行拉伸/压缩各 3 次的拉—压循环试验，其中，拉伸载荷为 1350kN，压缩载荷为 500kN，实验在室温下进行，从载荷—位移曲线及随后的卸扣检查结果看，未见异常。

（4）内压条件下拉伸及压缩循环试验。

对试样 1W 进行内压条件下拉伸及压缩循环试验，试验在复合加载试验系统上完成，试验温度为室温，试验方法参考 API RP 5C5 中相关规定，加压速率小于 34MPa/min，加压介质为水。试样在压力为 15MPa 的恒定内压条件下进行拉伸载荷为 1350kN、压缩载荷为 50kN 的拉—压循环试验，经 3 次循环，未发生泄漏。试验结果见表 11-8。

表 11-8　内压条件下拉伸及压缩循环试验结果

循环次数	步骤	轴向载荷, kN	压力, MPa	保压时间, min	泄漏情况
1	F0	1350	15	15	无泄漏
	F1	−50	15	15	无泄漏
2	F0	1350	15	15	无泄漏
	F1	−50	15	15	无泄漏
3	F0	1350	15	15	无泄漏
	F1	−50	15	15	无泄漏

（5）过扭矩试验。

对经内压条件下拉伸及压缩循环试验的试样 1W 进行过扭矩试验。试验在扭矩试验系统上完成，试验温度为室温，试验方法依据 API RP 5C5 相关规定，试验中采用 API 螺纹脂 SHELL TYPE3，均匀涂抹适量，圈数—扭矩曲线使用的参考扭矩为 136N·m。试验结果为：试样在高扭矩 27600N·m 下经 3 次卸扣和 3 次上扣，未发生粘扣，见表 11-7 中第 4 次卸扣到第 7 次上扣试验结果。

（6）封堵管端静水压及内压爆破试验。

对经 4 次上扣的 1Z 试样进行封堵管端静水压试验及内压至失效试验，对经过过扭矩试验的 1W 试样单纯进行内压至失效试验。试验加压介质为水，试验在水压爆破试验系统上完成，试验温度为室温，试验方法依据 API RP 5C5 的有关规定，加压速率小于 34 MPa/min，试验结果如下：

试样 1Z 在 11.5MPa 压力下保压 3min、在 19.0MPa 压力下保压 25min、在 25.0MPa 压力下保压 30min，均未发生泄漏，继续加压至 42.16MPa 时，焊接堵头连接处泄漏。

试样 1W 持续加压未发生泄漏，直至压力达到 53.12MPa 时，现场端管体爆裂。

API TR 5C3 中规定该规格偏梯形螺纹正规接箍套管最低内屈服压力为 18.82MPa。

（7）外压挤毁试验。

对试样 1T 进行外压挤毁试验，试验在外压挤毁试验系统上完成，试验温度为室温，试验方法参考 API TR 5C3、API RP 5C5 中相关规定，端部封堵采用焊接堵头，加压介质为水，加压速率小于 34MPa/min，试验结果如下：

外压达到 9.34MPa 时，试样管体中间部位挤毁失效。屈服变形后形貌如图 11-11 所示。

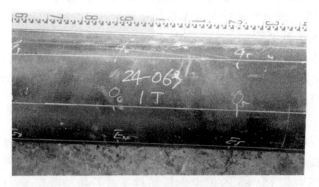

图 11-11　试样 1T 外压挤毁后形貌

API TR 5C3 中规定该规格偏梯形螺纹正规接箍套管最低抗挤强度为 7.79MPa。

从实物试验结果可以看出，与 API SHELL Ⅲ 型螺纹脂相比，所开发出的套管钻井专用螺纹脂具有良好的抗粘扣性、密封性及较高摩擦系数等综合特性。

第四节　套管钻井专用螺纹脂性能评价试验方法

通过对 API RP 5A3、ISO13678、SY5198、ASTM D2596、GB/T 3142 等相关标准进行研究，结合套管钻井管柱力学特性，建立了一套"套管钻井专用螺纹脂性能评价试验方法"。

一、物理、化学性能

套管钻井专用螺纹脂基本的物理、化学性能见表 11-9。

表 11-9　套管钻井专用螺纹脂物理、化学性能试验

项目	试验方法	指标要求
工作锥入度，（mm×1/10）25℃，工作 60 次	GB/T 269	每批的极差不大于 30 个锥入度单位
滴点/℃	GB/T 4929 或 GB/T 3498	≥180
蒸发量(体积分数)，% (100℃，24h)	API RP 5A3 附录 D	≤3.75
分油量(体积分数)，% (65℃，24h)	SH/T 0324	≤10.0
水沥滤(质量分数)，% (65℃，2h)	API RP 5A3 附录 H	≤5.0
逸气量，mL (65℃，120h)	API RP 5A3 附录 G	≤20
密度，%	制造商控制	不偏离制造商密度值的±5
涂覆性	API RP 5A3 附录 F	-7℃能涂敷
腐蚀性	ASTM D4048	1B 或更好
稳定性(体积分数)，% (138℃，24h)	API RP 5A3 附录 M	≤25.0

二、套管钻井专用螺纹脂使用性能

套管钻井专用螺纹脂应进行以下使用性能试验，并满足相应的要求。

1. 摩擦性能

螺纹脂的一个主要的用途是作为一种润滑材料，在螺纹接头的相互配合部位提供一致的和可重复的摩擦性能。对于一个给定的上扣连接量（啮合的螺纹圈数），所用的扭矩与接头系统的摩擦系数成正比变化。摩擦性能的改变将影响下列三个重要扭矩值：

（1）上扣所需的扭矩；

（2）造成进一步上扣所需的扭矩；

（3）卸扣所需的扭矩。

螺纹脂的摩擦性能在连接中还与几个外加因素有关。这些外加因素包括表面处理、配合面的相对速度、螺纹脂膜厚度和表面接触压力。在确定摩擦性能的试验设计和油田使用螺纹脂时，这些因素中的每一个都应受到控制。

应完成测定螺纹脂摩擦性能的试验室试验。一种方法是 API RP 5A3 所描述的程序。另一种试验室的方法是 GB/T 3142 所描述的四球机法，在实际评定承载能力过程中，可得出润滑脂的摩擦系数。相对来讲，此方法测出的摩擦系数的一致性和重复性较好，但可能和模拟实物试验测得的结果有较大的差异。

2. 抗粘扣性能

螺纹脂的一个主要用途是在极限表面接触压力下防止螺纹配合连接面的粘着磨损。评价螺纹脂的抗螺纹粘着倾向，可由制造商和用户选用双方认可的 API 圆螺纹或偏梯形螺纹，参照 API RP 5C5 中所述方法进行，同时推荐按 GB/T 3142 的规定测量最大无卡咬负荷 P_B（kg）。

注意：表面加工不合适的连接件很容易产生粘着磨损，这与装卸、组装工艺的好坏关系不大。相反，即使表面加工合适的连接件，也会因装卸或组装工艺的不合适而造成磨损。为了减少磨损，应把合适的加工表面、连接部位的涂镀层、螺纹脂的选择和应用综合起来加以考虑。

3. 密封性能

螺纹脂一个主要的用途是提供螺纹间隙的密封。密封是由螺纹脂中的固体颗粒聚集在一起塞住这些螺纹间隙完成的，以防止所装载的流体通过连接部位。制造商和用户可参照 API RP 5C5 中 3.3 条的方法，选择双方认可的在标准公差范围内的 API 圆螺纹/偏梯形螺纹，进行全尺寸实物试验评价螺纹脂的密封能力。

第五节　套管钻井专用螺纹脂现场推广应用

在对套管钻井专用螺纹脂性能进行全面评价的基础上，于 2004 年 10 月至 11 月在吉林油田扶余采油区进行了 2 口井的油层套管钻井试验。试验井号为扶北 2-3 井及扶北 2-1 井。

2005 年集团公司安排部署了 9 大现场试验项目，"吉林油田套管钻井技术重大现场试验"是这 9 大现场试验项目之一。吉林石油有限责任公司于 2005 年 10 月 3 日~22 日在扶余采油厂、新民采油厂进行了西 25-0134 井 530m、西 25-134 井 541m、西 25-011 井 535m、西25-144井530m及民+12-29井等5口套管钻井推广应用试验。

在这7口井作业过程中，使用了开发的套管钻井专用螺纹脂，累计进尺达4295m。并且在西25-144井完钻后进行了裸眼测井，开创了中国套管钻井之先河。民+12-29井井深1160m，超过了1000m，创中国套管钻井井深之最。

更为关键的是，现场试验过程中，有一个套管钻井专用承扭保护器在钻完25-144井全井后又在民+12-29井上钻进了55m，使用该承扭保护器累计施工进尺达550m，接续单根套管达61根之多，该保护器螺纹部分虽出现磨损但没有发现任何粘扣现象，如图11-12所示。

在西25-144井完钻后进行了裸眼测井，将套管柱起出了4柱套管，起到449m油层顶之上。每起出一柱套管都对螺纹进行了严格检查，没有发现有任何粘扣现象。如图11-13所示。而且，测井工作完成后所有起出的套管接续、下井都很顺利，完井后试压非常成功，取得了良好的应用效果。

图11-12 完钻后的承扭保护器螺纹

图11-13 裸眼测井后起出的套管

推广应用实践表明，开发的套管钻井专用螺纹脂具有良好的抗粘扣、抗扭矩、润滑及密封等方面的综合性能。

套管钻井在我国浅层低渗透油田的推广应用，将有力地提升在高新钻井技术领域中的竞争能力，实现有效降低"钻井成本"目标。随着套管钻井技术的大力拓展应用，必将带动套管钻井专用螺纹脂的推广实践。可以预见，套管钻井专用螺纹脂具有广阔的推广应用前景。

参 考 文 献

[1] 宋生印，杨龙，等．套管钻井用套管与岩石磨损的试验研究[J]．石油钻探技术，2004，32(6)：1-5.

[2] 宋生印．刘永刚，等．套管钻井套管外表面磨损后剩余强度分析[J]．石油机械，2006，34(2)：7-10.

[3] 宋生印，高德利．石油套管钻井中套管柱疲劳寿命实验研究[J]．科技导报，2007，25(21)：27-32.

[4] 杨龙，宋生印，等．油气井套管技术现状及发展方向[J]．石油矿场机械，2005，34(03)：20-26.

[5] 王绪华．套管钻井技术发展与应用[J]．焊管，2009，32(10)：33-36.

[6] 闫相祯，邓卫东，高进伟，等．套管钻井中套管柱疲劳可靠性及相关力学特性研究[J]．石油学报，2009，30(05)：769-777.

[7] Xu Xin, Song Shengyin. Study on the precipitation behavior of the drill pipe steel microalloyed with Nb [J]. Advanced Materials Research, 2011, 335-336：63-68.

[8] Xu Xin, Song Shengyin. Cause analysis of butress premium thread connection pullout for a well[J]. Advanced Materials Research, 2011：627-632.

[9] Xu Tianhan, Feng Yaorong. et al. Study on fatigue crack growth behavior of casing-drilling steel 80N[J]. Applied Mechanics and Materials, 2011, 44-47：2852-2856.

[10] Xu Tianhan, Song Shengyin. Evaluation of Mechanical Properties and Microstructures of Casing-Drilling Steel [J]. Advanced Materials Research, 2011, 146-147：674-677.

[11] Kotow K J, Pritchard D M. Riserless drilling with casing: Deepwater casing seat optimization[C]//SPE/IADC Drilling Conference, Proceedings, 2010.

[12] Shen Hengry, Aadnoy B. Feasibility study of combining drilling with casing and expandable casing[C]//Society of Petroleum Engineers - SPE Russian Oil and Gas Technical Conference and Exhibition 2008, 2008.

[13] Kenga Y, Atebe J, Feasey G. Successful implementation of 9⅝in casing drilling in Nigeria case history of AKAMBA-2[C]//The 33rd Annual SPE International Technical Conference and Exhibition, 2009.

[14] Bailey G, Strickler R D, Hannahs D, et al. Evaluation of a casing drilling connection subjected to fatigue and combined load testing[C]//The 2006 Offshore Technology Conference, 2006.

[15] Zhao Zhixin, Gao Deli. Casing strength degradation due to torsion residual stress in casing drilling[J]. Journal of Natural Gas Science and Engineering, 2009, 1(4-5)：154-157.

[16] Gokhale S, Ellis S. API Specification 5CT N-80 grade casing may burst or part unexpectedly if supplementary metallurgical requirements are not specified[C]//SPE/IADC Drilling Conference, Proceedings, 2005.

[17] Kotow K J, Pritchard D M. Riserless drilling with casing a new paradigm for deepwater well design[C]//The 2009 Offshore Technology Conference, 2009.

[18] Robinson S D, Bealessio T M, Shafer RS. Casing drilling in the San Juan Basin to eliminate lost returns in a depleted coal formation[C]//SPE/IADC Drilling Conference, Proceedings, 2008.

[19] Bourassa K, Husby T, Watts R, et al. A case history of casing directional drilling in the Norwegian sector of the north sea[C]//SPE/IADC Drilling Conference, Proceedings, 2008.

[20] Buntoro A. Casing drilling technology as the alternative of drilling efficiency[C]//IAD/SPE Asia Pacific Drilling Technology Conference 2008, 2008.

[21] Lu Qing, Hannahs D, Buster J, et al. Casing drilling connection qualification for shell rocky mountain project

[C] // Society of Petroleum Engineers-Rocky Mountain Oil and Gas Technology Symposium 2007, 2007.

[22] Lu Qing, Hannahs D, Wu Jiang, et al. Connection performance evaluation for casing-drilling application [J]. SPE Drilling and Completion, 2008, 23(2) : 184-189.

[23] Payne M L, Letuno R E, Harder C A. Fatigue failure of API 8-Round casings in drilling service[C]//The 68th annal technical conference and exhibition of the society of petroleum engineers, 1993.

[24] 李鹤林, 李平全, 冯耀荣, 等. 石油钻柱失效分析及预防[M]. 北京：石油工业出版社, 1999：297.

[25] 宋治, 冯耀荣, 等. 油井管与管柱技术及应用[M]. 北京：石油工业出版社, 2007：273.

[26] 李舜酩. 机械疲劳与可靠性设计[M]. 北京：科学出版社, 2006.